# HID 跨接口设计与开发

王宇辉　编著

北京航空航天大学出版社

## 内容简介

本书是首本以HID为中心的中文技术书籍，针对HID技术规范，讲述的详细程度远超现有的USB、蓝牙、Linux内核等方面的相关书籍和文档。本书以HID概念为中心，详细介绍了USB HID、BLE HID等实现方式，并横向串通了其中的HID概念；同时以HID实现为中心，详细介绍了在多个开发环境、多个硬件平台上实现复合HID设备的方法。理解HID概念和使用方法，有助于开发人员绕过驱动程序开发，减少各操作系统的开发差异，实现免驱动的设备。

本书面向的读者主要是技术爱好者和从业者，同时对技术方向决策者、产品经理能提供一些产品方向分析依据，对嵌入式开发、驱动开发、应用软件开发人员等能提供具体的理解思路、开发方法。

**图书在版编目(CIP)数据**

HID跨接口设计与开发 / 王宇辉编著. -- 北京 ：北京航空航天大学出版社，2024.6. -- ISBN 978-7-5124-4436-2

Ⅰ. TP334

中国国家版本馆CIP数据核字第2024ZY9159号



**HID跨接口设计与开发**

王宇辉 编著

策划编辑 董立娟 责任编辑 孙兴芳 杜友茹

*

北京航空航天大学出版社出版发行

北京市海淀区学院路37号(邮编100191) http://www.buaapress.com.cn

发行部电话:(010)82317024 传真:(010)82328026

读者信箱: emsbook@buaacm.com.cn 邮购电话:(010)82316936

北京富资园科技发展有限公司印装 各地书店经销

*

开本:710×1 000 1/16 印张:16.75 字数:377千字

2024年9月第1版 2024年9月第1次印刷

ISBN 978-7-5124-4436-2 定价:69.00元

若本书有倒页、脱页、缺页等印装质量问题，请与本社发行部联系调换。联系电话:(010)82317024

# 序

自 1996 年 USB 接口标准推出以来，计算机的外设接口 PS/2、串口、并口等就已全部被取代，USB 成为当今计算机与大量外部设备连接的必备接口。但是，对于大多数开发人员来说，实现一个 USB 设备连接并不容易，因为 USB 协议非常复杂，不仅需要具备下位机程序的开发能力，还需要实现上位机的驱动程序。其实，从 Windows 98 开始，就内置了 USB HID 驱动程序，为复杂的 USB 开发提供了简单的解决方案。大多数 USB 设备都可以遵循 HID 协议进行设计，不用再单独实现 Windows 驱动程序，用户软件通过调用 HID 相关 API 即可与设备通信。至今已过去 20 多年，HID 被各主流操作系统（Windows、Linux、Android、macOS）所支持，并且还拓展到了 SPI、I2C、BLE 等 USB 之外的通信接口。

但遗憾的是，我们发现国内的大多数嵌入式开发人员和相关专业毕业生还局限在串口通信，并不了解 USB HID 这种已经高度普及的通信方法。幸运的是，王宇辉先生在十多年的研发实践过程中，深切地感受到了这个问题，于是萌生了写本书的念头。近两年来，他利用业余时间，把十几年来做过的 HID 相关开发进行了总结，然后结合自己深厚的软硬件开发功底，编写了本书！其介绍了多种嵌入式平台、主流的上位机操作系统及常见通信接口（USB、I2C、SPI、BLE）的 HID 接口实现及应用方法，是一本非常好的关于 HID 开发的参考书。

我很期待本书的出版。再次对王宇辉先生的辛勤付出表示敬意！

吴振宇

2023 年 2 月

# 前　　言

作为一名工程师，我在 2021 年底计划写一些文档总结自己对 HID 的认识和经验，然而列出大纲后发现内容比较多，一篇或几篇文档根本无法覆盖，于是开始撰写本书。撰写之前我也对一些概念存在理解模糊或缺失的问题，为了确保内容的严谨性和准确性，撰写过程中查阅了很多相关资料，这个过程令我受益匪浅。撰写过程历时一年，截至 2023 年初，我仍未见到过针对 HID 技术的中文图书，本书可能在一定程度上起到填补空白的作用。

本书的“跨接口”指 HID 可以实现于不同接口（物理接口或下层协议）之上，使用相同的代码，实现相同的功能。相较于开发中常见“跨平台”的说法，即指一段源码在不同平台上可以实现相同的功能，HID 不仅可以跨平台，而且可以跨接口。

第 1 章简述了 HID 的历史、基本概念、工作方式等，希望读者能快速地对 HID 技术有所了解。本章不仅是简单的介绍，更是作者对 HID 技术的体验总结，读者在了解全书内容后再重读本章，可能会有拨云见日的感觉。

第 2～7 章是平行的关系，分别介绍了一种 HID 的下层协议（主要是设备部分，因为主机部分通常由操作系统提供标准驱动），也即一种 HID 的实现方式。追求特定平台实现的读者可以直接阅读对应内容。每章内容均详细阐述了相应平台下实现 HID 所需的技术规范、时序、数值定义等。显然，本书无法将每种下层协议的所有内容都包括进来，甚至无法包含大部分内容，仅包含了各协议下的 HID 相关资料，以及实现 HID 依赖的通用相关资料。

第 8 章是第 2～7 章的总结，提取了各协议的通性。

第 9～10 章介绍 HID 协议的设计以及实现方式。基于第 8 章的内容，这里不需要再考虑所有下层协议的差异与特性，所有的内容均适用于任意形式的 HID 设备。

第 11 章介绍主机驱动差异，是作者实际工作中的经验，它的存在完全基于 HID 协议本身的不严谨或各平台对 HID 协议实现的不准确。

第 12 章以 C 语言源代码的形式实现了 HID 设备，它是跨平台、跨接口的。

第 13～20 章是基本平行的关系，分别介绍了不同的实现 HID 的平台、接口组合。每章均详细介绍了对应平台下的开发工具、HID 设备配置和开发过程。每组实现都可以直接套用第 12 章的源代码，以实现完整的 HID 设备。

撰写第 1～10 章的目的是使读者理解 HID，而其中的表格、数值可供开发人员快速查阅使用。对于不同的接口，这些资料的官方文档存在于不同领域中，都可以公开查阅到，但多数是英文的，因此本书可以作为一个翻译和汇总结果用于查阅。

这里根据作者自己的经验，介绍学习一种新技术的几个步骤。首先快速阅读文档，不拘泥于细节；其次是实践过程，要快速搭建一个可行的样例，其间可以不求甚解；然后再回头来了解样例的细节，结合理论对样例调整并验证，通过这个过程理解文档；最后形成自己对技术的认知。基于这个思路，第 12～20 章的目标是使读者可以在没接触过 HID 开发的前提下，一步步根据本书内容实现书内的样例。

对于技术方向的决策者、产品经理等，建议阅读目录及第 1 章，这将有助于判断 HID 技术是否适合自己的产品。对于嵌入式工程师，建议顺序阅读，但第 2～7 章、第 13～20 章都可以任选。对于有一定基础或是有明确任务导向的读者，可以直接阅读相关章节。同时对于驱动开发者、应用软件开发者等，本书也能提供一定程度的帮助。

作为一名工程师，深知读代码之苦，因此尽量减少了书中的源代码，希望做到文档归文档、代码归代码。虽然后几章包含了大量源代码，但作者已经尽量对其实施精简，目标是在逻辑描述完整无歧义的前提下，尽量减少源代码，完整的源代码在随书附件中。

特别感谢吴振宇先生、刘四达先生、周广道先生、李妍彦女士、王楚夏女士、王晋寒女士，他们在本书的成书过程中提供了极大的支持和帮助。

王宇辉

2024 年 3 月

# 目 录

# 第1章 HID 概述

## 1.1 HID 是什么

HID 全称 Human Interface Device,即人机接口设备,在不同的操作场景下可能有不同的翻译。HID 协议是一个数据传输协议,通过 HID 协议与主机通信的设备被主机认为是 HID 设备。本书讨论的主要是 HID 协议,在不引起混淆的前提下,后文中将不再强调区分 HID 设备与协议概念。

常见且典型的 HID 设备有鼠标、键盘等。但是,并非所有键盘、鼠标都以 HID 形式实现。

HID 规范由 USB - IF(USB Implementers Forum, USB 开发者论坛)定义,定义为 USB 的一个上层协议,设计用于低带宽、低延迟的数据传输。USB HID 基础规范文档可以在 www.usb.org/hid 上得到。

HID 可以描述并传输几乎所有可数值化的物理量,如位置、速度、键值、状态等,并且为这个物理量定义一个用途。例如,它可以报告:这是一个鼠标(用途),它在位置(25 cm, 15 cm)上(物理量),左键状态是按下(物理量)。HID 有一套完整的数值、单位定义系统,已经定义了许多用途,而且仍然可以扩展出几乎无限的用途定义。

早期的 HID 设计主要用于实现计算机输入设备,但实际上数据是可以双向传输的。在不考虑延迟和带宽的情况下,可以被用于一个实时的数据采集、设备控制系统。

HID 协议是点对点非对称协议,通信的两端是主机和设备。主机可以控制设备或者向设备发送数据,而设备只能向主机发送数据,不能控制主机。

目前所有 HID 规范都是定义在 USB 规范之上的 HID 设备类规范,而 USB 以外的规范一般会定义特定平台的行为、数据用于代替 USB 规范中的行为、数据。因此现在没有一个纯粹的 HID 规范,用于规定一个 HID 设备必须满足什么条件、可选满足什么条件等。但事实上已经可以将 HID 理解为这样一个协议,其中的必须、可选项实际是由每个下层协议的 HID 实现方法规定的。

HID 可以被认为是一个可跨底层协议的上层协议，最常见的是 USB HID，后来有了 BLE HID，I2C HID 等其他实现方式。这时 HID 不应规定它的下层协议是什么，相反的，应该由 USB、BLE 等下层协议定义 HID 行为的实现方式。类似于文字的目的是表达的信息，不依赖于它的载体，同时文字并不需要定义自己如何被承载，而是计算机、报纸、手机等要定义出自己如何承载文字。

同时 HID 协议并非只能支持人机交互、数据采集、设备控制，也可以被用于无类型数据或自定义数据传输。

作者认为未来可能存在一个独立且纯粹的 HID 规范，它可以由 USB HID 规范分拆所得，也可以独立成文并修订 USB HID 规范的描述方式。本书将以此思路整理 HID 的通性及各场景下的差异。

## 1.2 为什么使用 HID

HID 诞生之初就是为了用于不同的接口之上。键盘、鼠标、触摸设备、游戏控制器等传统 HID 领域内的设备自不待多言，其他设备使用 HID 协议也有其价值。在作者看来，万物皆可 HID。

HID 的好处主要有以下几点：

① 可扩展：任何人定义的任何数据，都可以通过 HID 规范内的“自定义”用途承载，使其传输任意数据成为可能。

② 免驱动：对设备的访问无需复杂的驱动开发，直接调用操作系统提供的 API 即可实现，降低了配套驱动开发、认证等过程的成本和风险。

③ 跨平台：主流平台均支持 HID 设备，并且开发知识资源丰富，方便快速将产品部署至不同场景。

④ 跨接口：产品迭代更平滑，能够降低项目风险，例如有线 USB 连接的产品更新为无线 BLE 连接，主机端应用程序甚至完全无须变更。

⑤ 适应性广：可以根据需求选择合适的下层协议及物理接口，随着接口种类的增加，未来还有更多可能。

## 1.3 规范版本

本书中所有 HID 概念均依照 USB HID 规范 1.11[①]，该规范成文最后一次修订于 2001 年 6 月 27 日，迄今已超过 20 年。在这 20 年间仅仅扩充了数值定义，且应用范围越来越广，足以说明它稳定、可靠且完备。在可预见的将来，它可能不会再有变更。

USB HID 规范共发布过 1.0、1.1、1.11 三个版本，本书不讨论版本之间的差异。

本章只简单地介绍 HID 概念，有关概念的具体解析将在“第 8 章　下层协议与主

① https://www.usb.org/sites/default/files/hid1_11.pdf。

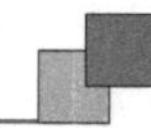

机驱动”总结。

## 1.4 工作模式

一组完整的 HID 功能聚合在一个 HID 实例(Instance)内,有的文档可能将其描述为“设备”。考虑到后文会提到 USB 复合设备,是指其中可以包含多个 HID 实例,本书在可能混淆的场景使用“实例”一词。

每个 HID 实例应当定义一种或多种报告(Report),每种报告分别对应一个报告数据包格式。每个 HID 实例有一个报告描述符(Report Descriptor),它被用于精确地描述每个报告数据包的格式,它在该实例的生存周期内不能改变。事实上,实例也可以没有报告数据包,但这样的设备似乎没有存在的意义。另外,HID 实例必须拥有自己的设备属性(Device Attribute)。

### 1. 设备属性

一般来说,设备属性(Device Attribute)用于上层访问者甄别设备,包括:

厂商 ID(Vendor ID,VID):2B 数据,用于标识厂商。商业开发者需要由 USB - IF(USB Implementers Forum, USB 开发者论坛)分配或由厂商 ID 持有者授权,一般的非零数值不影响设备逻辑。

产品 ID(Product ID,PID):2B 数据,用于标识产品,由厂商自行定义。

修订值(Revision):2B 数据,用于标识产品版本,由厂商自行定义。

制造商(Manufacture)①:字符串,用于标记制造商名称。

产品(Product)②:字符串,用于标记产品名称。

序列号(Serial number)③:字符串,用于标记产品。

国家代码(Country code):1B 数据,用于表示产品支持的国家,一般为 0 即可。

### 2. 报　告

报告(Report)是主机与设备之间数据通信的唯一载体,主机和设备之间通过互相发送报告数据包实现数据通信。

报告以传输方式区分,有三个类别:输入(Input),输出(Output),特征(Feature)。

**输入报告:**由设备发起,数据内容由设备填充,设备不关注内容是否送达。输入报告一般用于传输用户操作对应的数据。

**输出报告:**由主机发起,数据内容由主机填充,主机不关注内容是否送达。输出报告一般用于传输展示给用户对应的数据。

**特征报告:**由主机发起,分为获取特征报告(Get Feature Report)和设置特征报告

① 可选实现,非强制。

② 可选实现,非强制。

③ 可选实现,非强制。

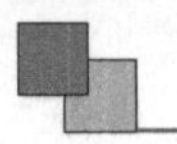



(Set Feature Report)两种。前者为设备填充数据，并传输至主机，后者为主机填充数据，并传输至设备，主机会获取数据传输成功状态。特征报告一般用于设置或获取设备配置等数据。

注意在 HID 的语境下，数据方向均以主机为主体，例如设备发送数据给主机，不论在设备端还是在主机端均称为“输入”。

一般鼠标、键盘的数据信息通过输入报告传输，键盘的 CapsLock、NumLock 等指示灯状态由输出报告传输。

在一个实例、一个类别范围内，如果存在多于一种报告，则此范围内每种报告格式都必须有一个唯一的报告 ID(Report ID)，报告 ID 占 1 字节，并且不能为零。不同类别的报告使用相同的报告 ID 不会引起冲突。

### 3. 报告描述符

报告描述符(Report Descriptor)用于描述报告数据包的长度和格式。一般情况下主机会在发现 HID 设备后只获取一次报告描述符。

报告数据包内每个数据元素称作一个字段(Field)，每个字段长度可能不同。多个字段可以聚合成为集合(Collection)，集合可以嵌套。HID 使用用途(Usage)来描述每个字段与集合，每个用途以用途 ID 表示。用途 ID 是一个数字，HID 已经定义了很多用途对应的用途 ID 数值，并且是可以扩展的。自 HID 规范发布以来，各成员厂商贡献的许多标准用途定义已被采纳，并且还在持续增加①。HID 还规定了专用的用途 ID 数值段，用于厂商自定义的用途，这些用途不会被通用 HID 驱动解析，只由厂商自己的驱动或应用程序读取，而厂商的驱动或应用程序应当根据设备的厂商 ID 加载驱动。

关于报告描述符的详细格式将在“第 9 章　报告描述符”中深入分析。

## 1.5 理想的模型

我们从一个简单的例子开始。考虑这个场景：在 Windows 下，我们有一个 USB HID 键盘设备，稍后 CapsLock 键被按下一次，随后 CapsLock 指示灯被开启。我们关注 6 个层面的内容：主机应用层、HID 驱动层、接口驱动层、固件框架层、HID 实现层、设备应用层。实际上，主机应用层和 HID 驱动层之间还有事件驱动层，但这不是我们要关注的内容，所以这里忽略它。

如图 1-1 所示，依次发生了如下事件：

**Ⅰ 初始化阶段：**

e1：框架代码启动 HID 实例。

e2：框架代码启动用户代码。

**Ⅱ HID 启动阶段**

① https://www.usb.org/hid。

e3：HID实例发起连接。

e4：设备USB发起连接，并使主机加载USB驱动。

e5：USB驱动请求设备类型，并得到d5反馈指示为HID类，取得HID报告描述符。

e6：USB驱动加载HID驱动，并传入设备属性与报告描述符。

**Ⅲ 设备应用事件阶段**

e7：用户按键，触发用户代码向HID实例发起CapsLock按键消息。

e8：HID实例编码并传递用户消息。

e9：框架代码编码并向主机传递HID实例数据。

e10：USB驱动向HID驱动传递事件。

e11：HID驱动将事件报告给桌面。

**Ⅳ 主机应用事件阶段**

e12：桌面向HID驱动设置CapsLock指示灯状态。

e13：HID驱动向USB驱动发送数据。

e14：主机USB接口发送数据。

e15：框架代码向HID实例发送数据。

e16：HID实例向用户代码发送数据，用户代码设置CapsLock指示灯物理状态。

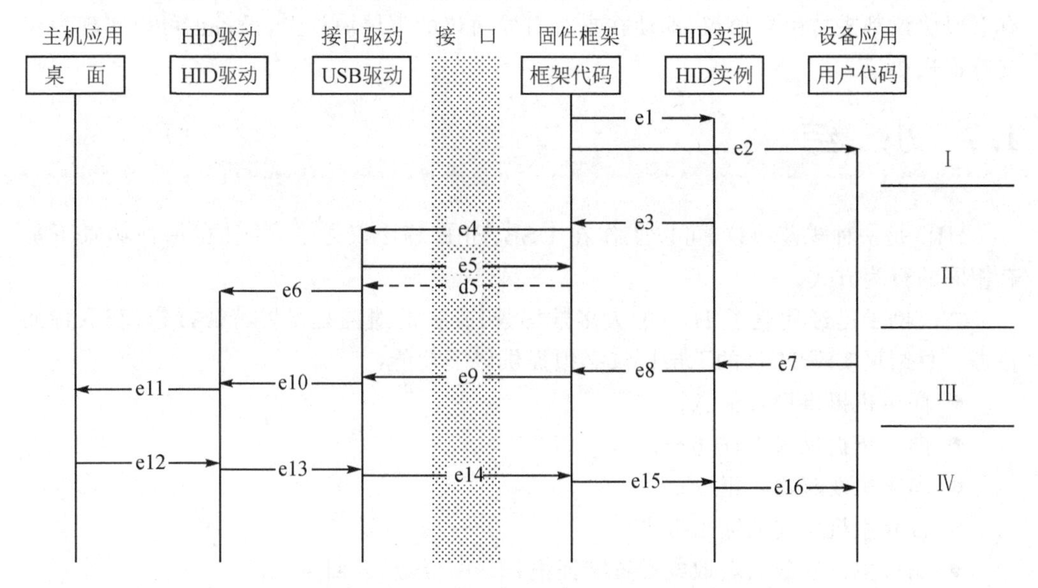


**图1-1　一个典型HID设备连接场景**

理解这个场景后可以知道，固件框架和接口驱动之间的接口即使替换成任何接口，仍然能实现相同的功能。这个例子中的USB接口可以代表任意接口，按键事件可以代表任意HID输入事件，设置指示灯事件可以代表任意HID输出事件。另外，当我们专注于设备应用和主机应用开发时，并不关注任何中间层面的实现机制，而这恰好是产品开发时最重要的场景。

遗憾的是，作者见到的几乎所有硬件平台提供的样例和模板，固件框架层和 HID 实现层都存在着相当强的耦合，以至于如果要实现自己的 HID 设备，需要改动许多框架代码。不仅设备端如此，部分主机端的接口驱动层和 HID 驱动层也存在着相当强的耦合，例如 Windows 中 USB HID 和 BLE HID 就没有加载相同的驱动程序文件。后面的章节将深入分析这个模型，并将在设备端实现跨设备、跨平台、跨接口的源代码级兼容。

## 1.6 引导协议

引导协议（Boot protocol）对 HID 传输限制了报告数据格式，用于支持主机能力受限、不能完整加载 HID 驱动的场景，例如计算机的引导（Boot）界面。非引导的协议称作报告协议（Report Protocol）。主机加载引导协议时可能会忽略报告描述符。已定义的引导协议仅有 2 种，分别是键盘和鼠标。引导设备需要上述模型中的 HID 实例定义的报告数据格式符合引导协议的限制。引导协议的具体限制将在“第 10 章　设计和实现”中解析。

支持了引导协议的 HID 设备可以作为引导设备（Boot Device），它需要 HID 声明为引导接口子类（Boot Interface Class）。支持引导协议对 HID 来说是可选的，并非所有下层协议都支持引导协议，即使在支持引导协议的下层协议上，设备也可以实现为仅支持报告协议。

## 1.7 小　结

HID 是一种规范协议，可以工作在 USB、BLE 等协议之上，并且在每种场景下都有相同的行为方式。

之前例子已经代表了 HID 的大多数场景，唯一的遗漏是设置特征报告、获取特征报告。总结可实现 HID 的下层协议必须提供以下功能：

- 向主机提供设备信息；
- 向主机提供报告描述符；
- 向主机发起输入报告；
- 接收主机发起的输出报告；
- 响应主机发起的获取或设置特征报告，并将结果返回主机；
- 可以声明自己是否支持引导协议及支持的类型。

如果下层协议不是 HID 专用协议，还应当有能力声明自己可以实现为 HID 设备。如果下层协议的一个实例可以承载不只一个 HID 实例，它必须能够区分并正确响应每个 HID 实例的事务。

HID 只定义了时序、数据类型、格式，并没有定义带宽和延时，这也使得其在更多下层协议上可兼容，为更多场景支持提供了极大可能性。

# 第 2 章 USB HID

本章主要介绍 USB 技术中与 HID 相关的部分，其他内容只做简介或略过。

## 2.1 USB 简介

USB 即通用串行总线（Universal Serial Bus），通信两端分别为主机（Host）和设备（Device）。

USB 有多个版本，工作状态包括低速（Low - speed，LS）1.5 Mb/s，全速（Full - speed，FS）12 Mb/s，高速（High - speed，HS）480 Mb/s，超高速（Super Speed，SS）5～20 Gb/s 等。对于 HID 来说，它们仅在带宽、传输间隔、数据包长度方面存在差异，并且它们的差异不是本书要重点讨论的内容。读者须知下文中所有对带宽、时间等描述都基于特定的 USB 版本。USB 规范由 USB - IF 定义。

与前文提到的 HID 语境类似，在 USB 的语境下，“输入”和“输出”都是相对于主机的。一个设备向主机发送的数据，不论在设备端还是主机端，都称为“输入”。实际上，HID 的约定沿袭了 USB 的约定。

本章中所有多字节数值均使用小端字节序。

## 2.2 数据传输

USB 数据传输有 4 种方式，分别为控制传输（Control Transfer）、中断传输（Interrupt Transfer）、块传输（Bulk Transfer）和等时传输（Isochronous Transfer）。所有的传输都支持输入和输出。

控制传输为默认传输方式，仅由主机直接发起；其他 3 种传输类型可以由主机或设备发起①。USB 设备通过描述符（Descriptor）告知主机自己支持的传输类型。描述符

① 早期的 USB 版本并非如此。

有多种，一般情况下主机会在设备连接后尽快通过控制传输获取设备的各种描述符，并根据描述符内容向设备提供支持。

控制传输用于设备配置，目的是高可靠性数据传输。由于控制传输的请求确认机制，它可实现的带宽比较小，对延迟也不敏感。在全速(USB FS)场景下，有效载荷最大只能达到 832 000 B/S，约占理论总带宽的 55%。

中断传输延迟较低，但对单个数据包长度有限制(Full－speed 为 64 B，High－speed 为 3 072 B)，因此带宽略有受限。在全速场景下，有效载荷最大能达到 1 216 000 B/S，约占理论总带宽的 81%。

块传输与中断传输类似，差异是允许更大的数据块，相应地传输延迟也会较大，并且总线带宽不足的时候，传输延迟会有较大波动。在全速场景下，速率与中断传输一样，有效载荷最大能达到 1 216 000 B/S，约占理论总带宽的 81%。当总线带宽不足时，主机将优先保障中断传输，推迟块传输。

等时传输延迟最低，主要用于传输音频、视频等流数据，在数据传输异常或错误时会直接丢弃而不尝试重发或修复。在全速场景下，有效载荷最大能达到 1 023 000 B/S，约占理论总带宽的 68%。

一个 USB 设备可以存在多个接口(Interface)和至多 16 个端点(Endpoint)。端点 0 用于控制传输，同时支持输入和输出，且所有控制传输均通过端点 0 实现。其他端点可以自由定义为其他三种传输方式中的任意一种，也可以不使用，USB 规范定义端点 0 以外的其他 15 个端点可以是双向或单向的(也可以理解为独立的输入端点和输出端点各 15 个)。一般情况下，每个接口需要实现为一个功能类(Class)，加载独立的驱动，例如 HID 类、存储类、通信类等。当指定的类需要控制传输以外的传输方式时，需要分配一个或多个非 0 端点用于该接口功能。

USB 设备内端点是物理资源，接口是逻辑对象，端点可以分配给接口使用。所有接口的控制传输都通过端点 0 实现，其他类型的数据传输需要分配特定的端点实现。一般来说，每个接口承载一组功能，独立加载驱动程序。特殊情况下使用接口聚合(Interface Association)功能使用多个接口实现一个功能，但它与 HID 无关，不再讨论。图 2－1 描述了一种 USB 设备内可能的分配方式：接口 0 需要一个输入端点，接口 1 需要一对输入、输出端点，接口 2 需要一个输出端点，接口 3 不需要控制传输以外的数据传输，接口 4 需要一个输入端点。

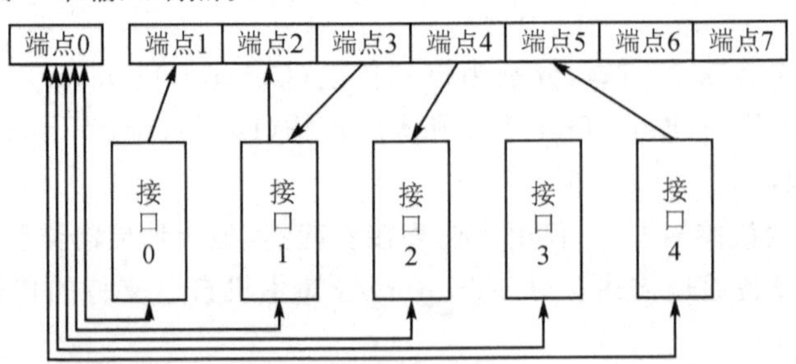


**图 2－1 一种 USB 设备可能的端点、接口分配方式**

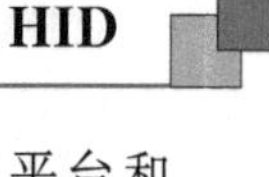

HID 使用了 USB 的控制传输与中断传输。根据作者的经验,在很多主机平台和设备平台上,块传输与中断传输的实现机制极其相似,也可以代替中断传输用于 HID 设备。但必须知道这种行为是不受规范支持和保护的,作者不建议这样使用。USB 1.0 版本不支持中断输出端点,HID 可以使用控制传输实现数据输出。

在 USB 实现层,所有的数据事务都是由主机发起的,设备主动发送的数据实际上是主机在不停地轮询,设备在被轮询到时才有机会发送数据。因此,中断传输事务要设置一个轮询间隔(Polling Interval),该值也包括在描述符内。

对于设备开发来说,应当选择合适的轮询间隔,因为较大的轮询间隔导致数据传输延迟较大,较小的轮询间隔导致响应 USB 事务开销较大。

USB 设备内每一个 HID 实例都以一个 USB 接口实现,因此一个 USB 设备可以承载多个 HID 实例。

## 2.3 状态与地址

主机可以向设备发送复位(RESET)信号,这是非数据事务,直接由 USB 线电平驱动,要求设备恢复默认状态。收到复位信号的设备必须将 USB 相关状态复位,例如地址(Address)、端点状态、配置状态等。

USB 是一种总线结构,一个总线上的每个设备都有独立唯一的地址。设备上电后默认地址为 0,主机通过标准设备请求向设备设置地址。设备只响应与自身地址匹配的信号。

USB 定义了许多状态(State),实际上设备无须跟踪状态,只需正确响应复位信号和各种请求(Request),就能够满足所有状态的行为定义。

## 2.4 描述符

设备初始化过程中,主机通过控制传输获取描述符(Descriptor)以了解设备。主机通过标准设备请求“获取描述符(GET_DESCRIPTOR)”来获取描述符,其中配置包中将描述符类型作为参数。

本节介绍与 USB HID 相关的描述符。

### 1. 设备描述符(Device descriptor)

主机通过设备描述符获得设备的基本信息,并且这些信息在设备存续期间不会变更。

对于高速 USB 设备,设备端点 0 的最大数据长度必须为 64,并且还需要以设备限定描述符(Device Qualifier Descriptor)声明,在此不做展开。

表 2-1 所列为设备描述符的详细定义。

表 2-1　设备描述符的定义

| 位　置 | 名　称 | 描　述 |
| --- | --- | --- |
| 0x00 | 长度 | 以字节为单位，必须是 0x12 |
| 0x01 | 描述符类型 | 必须是 0x01 |
| 0x02 | USB 版本 | bcd 格式的 USB 版本号，小端字节序。例如 USB 2.00 写为[0x00，0x02] |
| 0x03 | | |
| 0x04 | 设备类型 | 类代码①，由 USB-IF 分配。0x00 表示由接口描述符表示每个接口的类；0xFF 表示供应商定义类；其他数值分别有各自的定义。HID 设备应当用 0x00，表示由接口描述符定义 |
| 0x05 | 设备子类型 | 子类代码，由设备类定义 |
| 0x06 | 设备协议 | 设备协议代码，由设备类、设备子类定义 |
| 0x07 | 端点 0 最大数据包长度 | 以字节为单位的端点 0(即控制端点)一次传输最大数据包的长度，只有 8、16、32、64 是有效值 |
| 0x08 | 厂商 ID | 由 USB-IF 分配的厂商 ID。用于 HID 设备属性厂商 ID |
| 0x09 | | |
| 0x0A | 产品 ID | 厂商定义的产品 ID。用于 HID 设备属性产品 ID |
| 0x0B | | |
| 0x0C | 设备版本 | 厂商定义的设备版本。用于 HID 设备属性修订值 |
| 0x0D | | |
| 0x0E | 制造商 | 指示制造商的字符串序号，0 表示没有对应字符串。用于 HID 设备属性制造商 |
| 0x0F | 产品 | 指示产品的字符串序号，0 表示没有对应字符串。用于 HID 设备属性产品 |
| 0x10 | 序列号 | 指示序列号的字符串序号，0 表示没有对应字符串。用于 HID 设备属性序列号 |
| 0x11 | 配置数量 | USB 设备支持的配置数量，用于 USB 设备分时表现为不同功能。一般是 0x01 |

## 2. 配置描述符

对应于设备描述符中的配置数量，主机将逐个获取每个配置的描述符。

主机获取配置描述符(Configuration Descriptor)时，设备必须把对描述符索引对应的配置相关的所有描述一并发送给主机。完整的数据格式为配置描述符在最前，其

① https://www.usb.org/defined-class-codes。

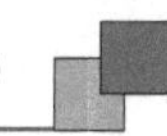

后依次跟随每个接口的相关描述。对于其中任一接口，接口描述符在最前，其后是可选的设备类描述符，再其后是所有用到的端点描述符，如果没有使用额外的端点，则可以没有端点描述符。对于图 2-1 所示的例子，必须按以下顺序将所有描述符首尾相连：配置描述符-接口描述符 0-类描述符 0-端点描述符 1-接口描述符 1-设备类描述符 1-端点描述符 2-端点描述符 3-接口描述符 2-设备类描述符 2-端点描述符 4-接口描述符 3-设备类描述符 3-接口描述符 4-设备类描述符 4-端点描述符 5。

表格 2-2 所列为配置描述符的详细定义。

**表 2-2　配置描述符的定义**

| 位　置 | 名　称 | 描　述 |
|---|---|---|
| 0x00 | 长度 | 以字节为单位，必须是 0x09 |
| 0x01 | 描述符类型 | 必须是 0x02 |
| 0x02<br>0x03 | 总长度 | 以字节为单位，传输数据包的总长度，包括配置描述符和所有接口描述符、端点描述符 |
| 0x04 | 接口数量 | 接口的数量，也是数据包内的接口描述符数量 |
| 0x05 | 配置 | 一个表示此配置的非零数值，用于主机选择配置 |
| 0x06 | 配置 | 指示配置的字符串序号，0 表示没有对应字符串 |
| 0x07 | 属性 | 8 位二进制数 0b$d_7d_6d_5d_4d_3d_2d_1d_0$：<br>$d_7$ 必须为 1；<br>$d_6$ 为 1 表示自带电源，为 0 表示 USB 供电；<br>$d_5$ 为 1 表示支持远程唤醒，为 0 表示不支持；<br>其余必须为 0 |
| 0x08 | 最大功率 | 以 2 mA 为单位描述设备所需的最大电流 |

### 3. 接口描述符

在主机获取配置描述符时得到接口描述符(Interface Descriptor)，主机不能单独地获取接口描述符。接口描述数据必须由接口描述符开始，其后跟随设备类描述符(Device Class Descriptor)，再其后跟随所有用到的端点描述符。如果没有特定的功能，则可以没有设备类描述符。HID 属于特定功能，HID 设备必须实现 HID 描述符作为设备类描述符。

表 2-3 所列为接口描述符的详细定义。

**表 2-3　接口描述符的定义**

| 位　置 | 名　称 | 描　述 |
|---|---|---|
| 0x00 | 长度 | 以字节为单位，必须是 0x09 |
| 0x01 | 描述符类型 | 必须是 0x04 |

续表 2-3

| 位　置 | 名　称 | 描　述 |
|---|---|---|
| 0x02 | 接口序号 | 表示此接口的序号，从 0 开始计数，将用于主机访问接口索引 |
| 0x03 | 轮候设置 | 代表此描述符对应配置的一个值，0 表示该配置为默认配置 |
| 0x04 | 端点数量 | 此接口声明的端点数量，也是接口描述符后跟随的端点描述符数量 |
| 0x05 | 接口类 | 定义与设备描述符内的设备类一致，不应设置为 0。0x03 表示 HID 设备 |
| 0x06 | 接口子类 | 定义与设备描述符内的设备子类一致。当设备为 HID 类时，0x00 表示无子类，0x01 表示引导接口子类(Boot Interface Subclass)，其他值保留 |
| 0x07 | 接口协议 | 定义与设备描述符内的接口协议一致。当设备为 HID 类且子类为引导接口子类时，0x00 表示无协议，0x01 表示键盘，0x02 表示鼠标，其他值保留 |
| 0x08 | 接口 | 指示接口的字符串序号，0 表示没有对应字符串 |

## 4. HID 描述符

HID 描述符(HID Descriptor)必须附加在接口描述符之后，作为设备类描述符。表 2-4 只描述了一般情况下的 HID 描述符，当存在物理描述符(Physical Descriptor)时，数据将存在差异。但物理描述符不是必需的，并且在 USB 以外的 HID 平台没有广泛支持，很少有设备实现，本书将不再讨论这种场景。

表 2-4 所列为 HID 描述符的详细定义。

**表 2-4　HID 描述符的定义**

| 位　置 | 名　称 | 描　述 |
|---|---|---|
| 0x00 | 长度 | 以字节为单位，一般为 0x09 |
| 0x01 | 描述符类型 | 必须是 0x21 |
| 0x02<br>0x03 | HID 版本 | bcd 格式的 HID 版本号，小端字节序。例如 HID 1.00 写为[0x00, 0x01] |
| 0x04 | 国家代码 | 表示硬件本地化的代码，没有本地化的设置为 0x00。键盘设备可以用这个字段说明键帽上的语言。设置为 0x00 即可(即使是键盘) |
| 0x05 | 描述符数量 | 一般为 0x01 |
| 0x06 | 描述符类型 | 一般为 0x22，表示报告描述符 |
| 0x07<br>0x08 | 描述符长度 | 以字节为单位的报告描述符长度 |

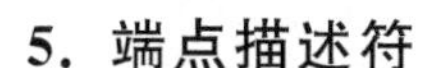



## 5. 端点描述符

端点描述符(Endpoint descriptor)必须附加在接口描述符之后(对应接口无设备类描述符时),或紧邻接口描述符的设备类描述符之后,如果一个接口声明的端点多于一个,则依次排放。

表 2-5 所列为端点描述符的详细定义。

**表 2-5 端点描述符的定义**

| 位 置 | 名 称 | 描 述 |
|---|---|---|
| 0x00 | 长度 | 以字节为单位,必须是 0x07 |
| 0x01 | 描述符类型 | 必须是 0x05 |
| 0x02 | 端点地址 | 二进制最低 4 位标识端点编号;最高位为 0 表示输出端点,最高位为 1 表示输入端点;其他位填 0 |
| 0x03 | 属性 | 二进制最低 2 位标识传输方式:0 为控制传输,1 为等时传输,2 为块传输,3 为中断传输,其余位仅等时传输配置有效,否则填 0 |
| 0x04 | 最大数据包长度 | 以字节为单位的端点一次传输最大数据包的长度 |
| 0x05 | | |
| 0x06 | 轮询间隔 | 对于低速、全速设备可以设置为 1~255,表示以毫秒为单位的轮询间隔;对于高速设备可以设置为 1~16,表示轮询间隔为 $2^{n-1}$ 微帧,$n$ 为设置值,每微帧为 0.125 ms,仅用于中断传输端点 |

## 6. 字符串描述符

USB 描述符中对任何字符串的描述都以一个非零序号表示,以参数中的描述符索引作为字符串序号来得到对应的字符串。字符串描述符(String Descriptor)在参数序号为 0 或不为 0 时使用不同的格式。

参数序号为 0 时用于获取设备支持的语言 ID(LANGID),字符串描述符的详细定义如表 2-6 所列。

**表 2-6 字符串描述符的定义(LANGID)**

| 位 置 | 名 称 | 描 述 |
|---|---|---|
| 0x00 | 长度 | 以字节为单位,一般为 4 |
| 0x01 | 描述符类型 | 必须是 0x03 |
| 0x02 | 语言 ID | 一般使用 0x0409([0x09, 0x04]),表示英语(美国) |
| 0x03 | | |

参数序号非 0 时用于获取指定的字符串,当字符数量为 $N$ 时,字符串描述符的详细定义如表 2-7 所列。

表 2-7　字符串描述符的定义(指定字符串)

| 位　置 | 名　称 | 描　述 |
| --- | --- | --- |
| 0x00 | 长度 | 以字节为单位,$N\times2+2$ |
| 0x01 | 描述符类型 | 必须是 0x03 |
| 0x02 | 第 1 个字符 | |
| 0x03 | | |
| ⋮ | | |
| $N\times2$ | 第 $N$ 个字符 | |
| $N\times2+1$ | | |

注意这里的字符串与程序语言无关,不以空字符结尾,并且字符格式为 Unicode。例如,字符串“USB”编码后如下:

```
0x08,   // length
0x03,   // string
0x55,   // 'U'
0x00,
0x53,   // 'S'
0x00,
0x42,   // 'B'
0x00
```

虽然 USB 定义了 LANGID,但作者查询 USB 2.0 spec 里提供的链接时发现其已经不再提供内容[①]。在 www.usb.org 内搜索得到的结果导向了微软的页面[②],该页面说明 LANGID 已经被弃用,以后将使用本地名称(Locale Name),但仍然能下载到曾经定义过的 LANGID 列表[③]。www.usb.org/hid 记录 HID 主语言(HID Primary LANGID)定义为 0x0FF,但作者没有见过类似的设计或实现。另外,虽然 USB 文档里指明要用 Unicode,即便文档发布已超过 20 年,但很多场景下仍未能支持多语言。当时的 Unicode 只有 16 位,现在已经有了多种标准。

因此,作者建议开发者将设备实现为只声明设备支持语言 ID 英语-美国(0x0409),字符串内只包含可见的 ASCII 字符并用高字节补零将其扩展为 16 位 Unicode。

### 7. HID 报告描述符

HID 报告描述符(HID Report Descriptor)即 HID 概念中的报告描述符,这里只需了解该概念,其格式将在“第 9 章　报告描述符”中详解。获取报告描述符是针对接口的请求,参数索引的低字节表示接口索引。

---

① http://www.usb.org/developers/docs.html。

② https://docs.microsoft.com/en-us/windows/win32/intl/language-identifier-constants-and-strings

③ https://winprotocoldoc.blob.core.windows.net/productionwindowsarchives/MS-LCID/%5bMS-LCID%5d.pdf。

## 2.5 请 求

请求(Request)用于USB主机发起控制传输事务,由主机发出一个配置包(Setup Packet)开始。配置包总是8个字节,内容由表2-8定义。

表2-8 USB请求配置包定义

| 位 置 | 名 称 | 名 称 | 描 述 |
| --- | --- | --- | --- |
| 0x00 | 类型 | bRequestType | 以比特位指示传输请求分类 |
| 0x01 | 请求 | bRequest | 请求代码 |
| 0x02 | 数值 | wValue | 用于参数的数值 |
| 0x03 | | | |
| 0x04 | 索引 | wIndex | 用于参数的索引 |
| 0x05 | | | |
| 0x06 | 长度 | wLength | 以字节为单位的数据包长度 |
| 0x07 | | | |

请求之后会跟随一个指定长度的数据包,数据包的传输方向由类型字段定义。即使长度为0,也会有个零长度数据包(Zero-length Packet)。

USB定义了一系列标准设备请求(Standard Device Request),用于通用控制传输;USB HID定义了一系列类请求(Class-specific Request),用于HID控制传输。每种请求用特定的配置包表示。

与USB HID相关的请求如表2-9所列。

表2-9 USB请求数据包定义

<table>
<tr><th rowspan="3">事 务</th><th colspan="8">配置包</th><th rowspan="3">定义范围</th></tr>
<tr><th>类 型</th><th>请 求</th><th colspan="2">数 值</th><th colspan="2">索 引</th><th colspan="2">长 度</th></tr>
<tr><th>字节0</th><th>字节1</th><th>字节2</th><th>字节3</th><th>字节4</th><th>字节5</th><th>字节6</th><th>字节7</th></tr>
<tr><td>设置地址</td><td>0x00</td><td>0x05</td><td>地址</td><td>0</td><td colspan="2">0</td><td colspan="2">0</td><td>USB</td></tr>
<tr><td rowspan="2">获取描述符</td><td rowspan="2">0x80</td><td rowspan="2">0x06</td><td rowspan="2">描述符索引</td><td rowspan="2">描述符类型</td><td colspan="2">语言ID</td><td colspan="2" rowspan="2">描述符长度</td><td rowspan="2">USB</td></tr>
<tr><td>接口</td><td>0</td></tr>
<tr><td>设置配置</td><td>0x00</td><td>0x09</td><td>配置</td><td>0</td><td colspan="2">0</td><td colspan="2">0</td><td>USB</td></tr>
<tr><td>获取配置</td><td>0x80</td><td>0x08</td><td colspan="2">0</td><td colspan="2">0</td><td colspan="2">1</td><td>USB</td></tr>
<tr><td>设置接口</td><td>0x01</td><td>0x0B</td><td>轮候设置</td><td>0</td><td>接口</td><td>0</td><td colspan="2">0</td><td>USB</td></tr>
<tr><td>获取接口</td><td>0x81</td><td>0x0A</td><td colspan="2">0</td><td>接口</td><td>0</td><td colspan="2">1</td><td>USB</td></tr>
<tr><td>设置报告</td><td>0x21</td><td>0x09</td><td>报告ID</td><td>报告类型</td><td>接口</td><td>0</td><td colspan="2">报告长度</td><td>USB HID</td></tr>
</table>

续表 2-9

| 事务 | 配置包 | | | | | | | | 定义范围 |
|---|---|---|---|---|---|---|---|---|---|
| | 类型 | 请求 | 数值 | | 索引 | | 长度 | | |
| | 字节 0 | 字节 1 | 字节 2 | 字节 3 | 字节 4 | 字节 5 | 字节 6 | 字节 7 | |
| 获取报告 | 0xA1 | 0x01 | 报告 ID | 报告类型 | 接口 | 0 | 报告长度 | | USB HID |
| 设置空闲 | 0x21 | 0x0A | 报告 ID | 间隔 | 接口 | 0 | 0 | | USB HID |
| 获取空闲 | 0xA1 | 0x02 | 报告 ID | 0 | 接口 | 0 | 1 | | USB HID |
| 设置协议 | 0x21 | 0x0B | 协议 | 0 | 接口 | 0 | 0 | | USB HID |
| 获取协议 | 0xA1 | 0x03 | 0 | | 接口 | 0 | 1 | | USB HID |

设置协议、获取协议仅在引导接口子类接口中必须支持；设置空闲、获取空闲对所有 USB HID 接口都是可选支持。

### 1. 设置地址(Set Address)

设置设备地址。

地址：新的设备地址。

设备在总线复位后地址为 0，设置后响应新的地址。

### 2. 获取描述符(Get Descriptor)

获取上一节所述的各种描述符。

描述符索引：仅用于配置描述符和字符串描述符。

描述符类型：与 USB HID 相关的描述符数值定义如表 2-10 所列。

表 2-10　与 USB HID 相关的描述符数值定义

| 描述符类型 | 数值 | 定义范围 |
|---|---|---|
| 设备描述符 | 0x01 | USB |
| 配置描述符 | 0x02 | USB |
| 接口描述符 | 0x04 | USB |
| HID 描述符 | 0x21 | USB HID |
| 端点描述符 | 0x05 | USB |
| 字符串描述符 | 0x03 | USB |
| HID 报告描述符 | 0x22 | USB HID |

语言 ID：仅用于字符串描述符，对于其他描述符仅使用 0 值。

长度：预留的接收数据长度。

设备应当向主机发送对应的描述符，如果主机预留的数据长度不足以容纳完整的描述符，则应将对应的数据截断尾部并传送至主机。从描述符的格式可以看出，被截断尾部后的描述符总是能尽量表示自己的数据长度。

### 3. 设置配置(Set Configuration)

设置配置。

配置：与配置描述符中的配置序号匹配的数值。

设备应当改变自身的配置状态，变更为参数中配置值对应的配置描述符描述的配置状态，如果设置的配置值为0，则设备进入未配置状态。

### 4. 获取配置(Get Configuration)

获取当前的配置。

设备应当向主机发送1 B数据，数值为当前的配置，0表示设备未配置。

### 5. 设置接口(Set Interface)

设置指定接口的状态。

轮候设置：与接口描述符中的轮候设置匹配的数值。

接口：接口索引。

设备应当改变指定接口的配置状态，变更为参数中轮候设置对应的接口描述符中描述的配置状态。

### 6. 获取接口(Get Interface)

获取指定接口的状态。

接口：接口索引。

设备应当向主机发送1 B数据，数值为对应接口当前的轮候设置匹配的数值，未设置时默认为0。

### 7. 设置报告(Set Report)

报告ID：HID定义的报告ID。

报告类型：HID定义的报告类型、数值如表2-11所列。

表2-11　USB HID报告类型及数值的定义

| 报告类型 | 数　值 |
| --- | --- |
| 输入(Input) | 0x01 |
| 输出(Output) | 0x02 |
| 特征(Feature) | 0x03 |

接口：接口索引。

长度：数据长度。

报告ID为0时表示不存在报告ID，否则指定该值作为报告ID。如果存在报告ID，则数据包内首字节应当为报告ID。当报告类型为特征时，设备应当使用数据包内容实施HID设置特征报告。当报告类型为输出时，设备应当使用数据包内容实施HID输出报告。用于主机实现设置特征报告，并且当HID实例没有关联输出端点时主机会以此方式实施输出报告。

**8. 获取报告(Get Report)**

报告 ID：HID 定义的报告 ID。

报告类型：HID 定义的报告类型，数值与前文定义一致。

接口：接口索引。

长度：数据长度。

报告 ID 为 0 时表示无报告 ID，否则指定该值作为报告 ID。当报告类型为特征时，设备应当使用报告 ID 实施 HID 获取特征报告，并将结果数据发送至主机。当报告类型为输入时，设备应当将待发送的输入数据发送至主机。如果存在报告 ID，则数据包首字节应当为报告 ID。

**9. 设置空闲(Set Idle)**

报告 ID：HID 定义的报告 ID。

间隔：以 4 ms 为单位的时间间隔。

接口：接口索引。

设备应当对指定的接口，对指定报告 ID 的输入报告数据设置重复时间间隔，相邻的相同数据在指定的间隔内不应重复发出。报告 ID 为 0 时表示设置对所有报告 ID 生效，时间间隔最小为 4 ms、最大为 1 020 ms，时间间隔设为 0 时表示相邻的重复报告永远不发出。

**10. 获取空闲(Get Idle)**

报告 ID：HID 定义的报告 ID。

接口：接口索引。

设备应当发送 1 B 数据，包含指定接口的空闲状态，内容与设置空闲的间隔参数定义相同[①]。

**11. 设置协议(Set Protocol)**

协议：0 为引导协议(Boot Protocol)，1 为报告协议(Report Protocol)。

接口：接口索引。

仅当设备描述符或接口描述符内的设备子类字段为引导接口子类时需要支持，当使用引导协议时，其协议数据与设备描述符或接口描述符内的协议字段定义相关。

**12. 获取协议(Get Protocol)**

接口：接口索引。

设备应当发送 1 B 数据，包含指定接口的当前协议，内容与设置协议的协议参数定

① 报告 ID 字段设置为 0 时表示获取所有报告的空闲值，当不同的报告 ID 对应的空闲值被设置为不同的值时，此时的行为文档未明确定义。

义相同。

## 2.6 基于 USB 的 HID

USB 设备启动期间主机获取设备描述符、接口描述符，通过其中的设备类字段将特定的接口识别为 HID 类。

**HID 设备信息**：通过 USB 定义的设备描述符、对应接口的 HID 描述符得到。其中一个 USB 设备中的所有 HID 实例共享设备描述符中的设备信息。

**HID 报告描述符**：通过控制端点的获取描述符(Get Descriptor)请求获取。

**HID 输入报告**：使用接口关联的输入端点以中断传输输入数据；或通过控制端点的获取报告(Get Report)请求输入数据。

**HID 输出报告**：可选地使用接口关联的输出端点以中断传输输出数据；或通过控制端点的设置报告(Set Report)请求输出数据。

**HID 获取特征报告**：通过控制端点的获取报告(Get Report)请求实现。

**HID 设置特征报告**：通过控制端点的设置报告(Set Report)请求实现。

**引导协议**：通过设备描述符或接口描述符中的子类声明。

可以看到对于输入报告和输出报告的定义是不对称的，输出报告使用输出端点仅是可选的。因此，HID 对 USB 设备的端点需求也是不对称的，HID 规范明确输入端点是必须的，而输出端点是可选的[1]。典型的输出是键盘的指示灯，如果有输出端点，则输出报告将数据发送至输出端点，否则输出报告通过控制端点发出。使用输出端点的好处是延迟较小，但很多场景下我们不需要这个特性，多数场景下无须为 HID 分配输出端点。实际上，如果设计了一个无需输入的实例(例如自定义功能)，甚至可以不给它分配输入端点。

通过获取报告取得输入报告的方式很罕见，也许有些用途需要低频率报告，同时支持主机主动查询的数据需要这个功能。例如电池电量数据，当它变化时要通知主机，主机也可能主动询问这个数值。但作者没有见过类似的应用方式。

从 USB 的配置包结构可以看出，USB HID 的报告描述符长度、报告长度都不能超过 65 535 B。

通过硬件 USB 分析仪可以看到传输的过程。一个拥有 HID 接口的 USB 设备连接主机后，一般会顺序发生以下事务：

① 获取设备描述符；

② 获取配置描述符、接口描述符、HID 描述符、端点描述符；

③ 通过 HID 类设备请求获取 HID 报告描述符；

④ 启动中断端点轮询。

此时，HID 实例进入工作状态。

---

① 在 USB 1.0 规范中不支持中断输出端点。

# 2.7 USB 实践

2.6 节所述过程能够通过 USB 分析仪配合软件看到全过程，以下是同一次记录的几个片段。

图 2-2 所示为设备加载过程的一个片段：

- 事务 42 获取 18 B 设备描述符，事务 44 得到完整设备描述符。因为设备描述符的长度总是 18 B，因此可以直接指定长度获取。
- 事务 46 获取 9 B 配置描述符，事务 48 得到 9 B 配置描述符，其中第 3、4 个字节指示数据总长 109(0x006D) B；事务 50 获取 109 B 配置描述符，事务 52～55 得到 109 B 的完整配置描述符、接口描述符、设备类描述符、端点描述符。因为配置描述符总是 9 B，并且其中记录了所有相关数据的总长度，因此可以先获取 9 B，再根据 9 B 内的数据重新获取完整的数据。

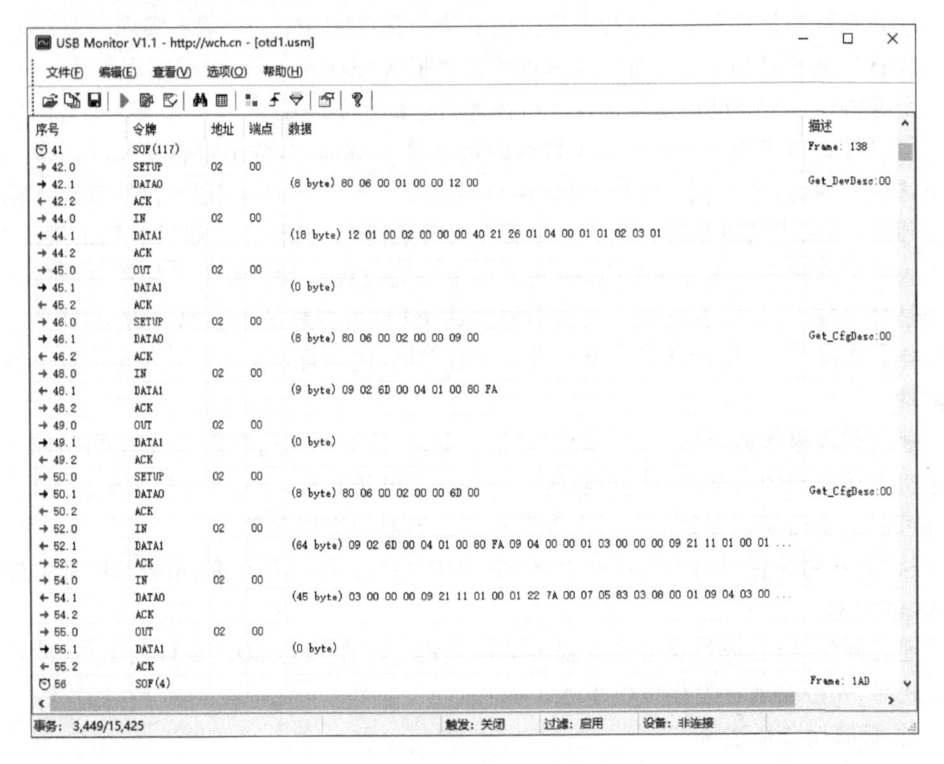


**图 2-2　一个 USB HID 设备加载过程片段**

图 2-3 所示为读取字符串描述符的一个例子：

- 事务 114 获取 4 B 字符串描述符，事务 116 得到字符串描述符的前 4 B，其中第 1 个字节指示总长 42(0x2A) B；事务 118 获取 42 B 字符串描述符，事务 120 得到 42 B 完整的字符串描述符。因为每个字符串描述符长度都可能不同，至少

4 B,因此可以先获取 4 B,再根据其中数值获取完整的描述符。

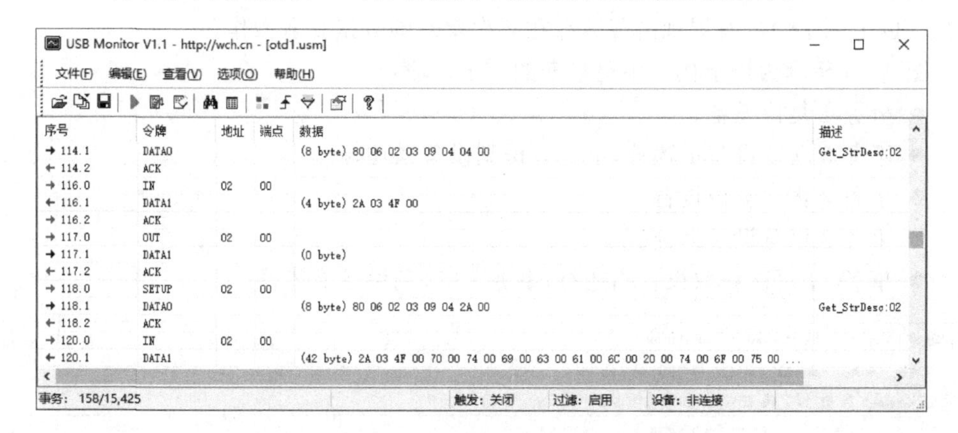


| 序号 | 令牌 | 地址 | 端点 | 数据 | 描述 |
|---|---|---|---|---|---|
| → 114.1 | DATA0 | | | (8 byte) 80 06 02 03 09 04 04 00 | Get_StrDesc:02 |
| ← 114.2 | ACK | | | | |
| → 116.0 | IN | 02 | 00 | | |
| ← 116.1 | DATA1 | | | (4 byte) 2A 03 4F 00 | |
| → 116.2 | ACK | | | | |
| → 117.0 | OUT | 02 | 00 | | |
| → 117.1 | DATA1 | | | (0 byte) | |
| ← 117.2 | ACK | | | | |
| → 118.0 | SETUP | 02 | 00 | | |
| → 118.1 | DATA0 | | | (8 byte) 80 06 02 03 09 04 2A 00 | Get_StrDesc:02 |
| ← 118.2 | ACK | | | | |
| → 120.0 | IN | 02 | 00 | | |
| ← 120.1 | DATA1 | | | (42 byte) 2A 03 4F 00 70 00 74 00 69 00 63 00 61 00 6C 00 20 00 74 00 6F 00 75 00 ... | |

**图 2-3　一个 USB HID 设备读取字符串描述符过程**

图 2-4 所示为获取 HID 报告描述符的一个例子:

- 事务 126 获取 475(0x01DB) B 报告描述符,事务 128～141 得到 475 B 的报告描述符。报告描述符没有记录自己的长度,它的长度记录在 HID 描述符内,因此解析了 HID 描述符后可以直接以合适的长度获取报告描述符。HID 描述符已经在较早的获取配置描述符阶段获得。

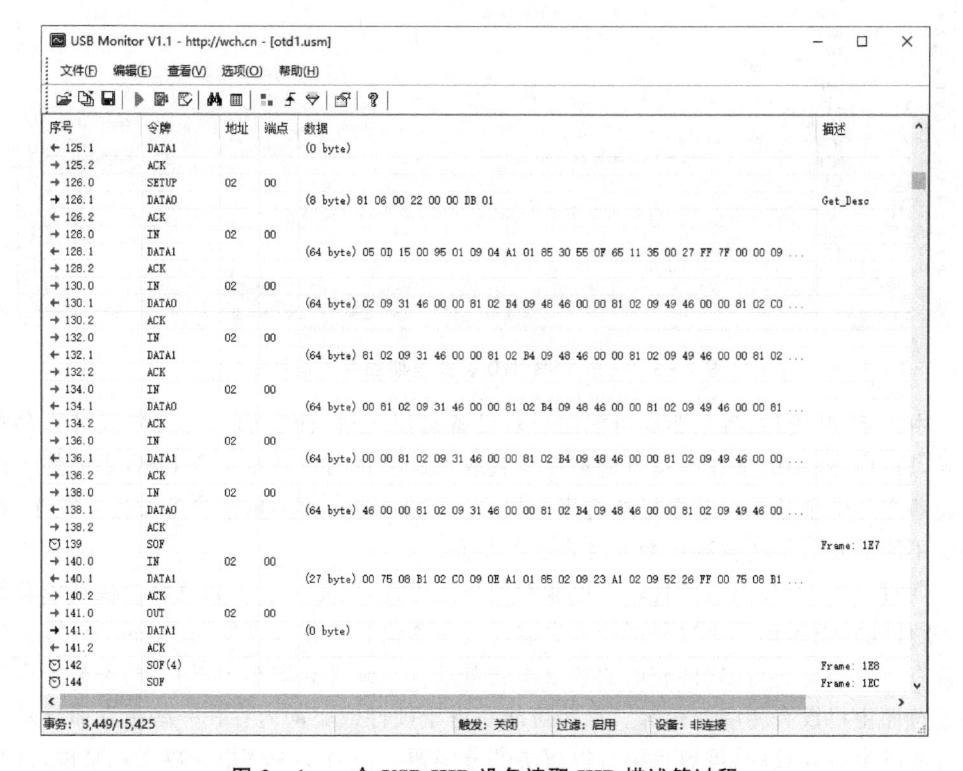


| 序号 | 令牌 | 地址 | 端点 | 数据 | 描述 |
|---|---|---|---|---|---|
| ← 125.1 | DATA1 | | | (0 byte) | |
| → 125.2 | ACK | | | | |
| → 126.0 | SETUP | 02 | 00 | | |
| → 126.1 | DATA0 | | | (8 byte) 81 06 00 22 00 00 DB 01 | Get_Desc |
| ← 126.2 | ACK | | | | |
| → 128.0 | IN | 02 | 00 | | |
| ← 128.1 | DATA1 | | | (64 byte) 05 0D 15 00 95 01 09 04 A1 01 85 30 55 0F 65 11 35 00 27 FF 7F 00 00 09 ... | |
| → 128.2 | ACK | | | | |
| → 130.0 | IN | 02 | 00 | | |
| ← 130.1 | DATA0 | | | (64 byte) 02 09 31 46 00 00 81 02 B4 09 48 46 00 00 81 02 09 49 46 00 00 81 02 C0 ... | |
| → 130.2 | ACK | | | | |
| → 132.0 | IN | 02 | 00 | | |
| ← 132.1 | DATA1 | | | (64 byte) 81 02 09 31 46 00 00 81 02 B4 09 48 46 00 00 81 02 09 49 46 00 00 81 02 ... | |
| → 132.2 | ACK | | | | |
| → 134.0 | IN | 02 | 00 | | |
| ← 134.1 | DATA0 | | | (64 byte) 00 81 02 09 31 46 00 00 81 02 B4 09 48 46 00 00 81 02 09 49 46 00 00 81 ... | |
| → 134.2 | ACK | | | | |
| → 136.0 | IN | 02 | 00 | | |
| ← 136.1 | DATA1 | | | (64 byte) 00 00 81 02 09 31 46 00 00 81 02 B4 09 48 46 00 00 81 02 09 49 46 00 00 ... | |
| → 136.2 | ACK | | | | |
| → 138.0 | IN | 02 | 00 | | |
| ← 138.1 | DATA0 | | | (64 byte) 46 00 00 81 02 09 31 46 00 00 81 02 B4 09 48 46 00 00 81 02 09 49 46 00 ... | |
| → 138.2 | ACK | | | | |
| ⏱ 139 | SOF | | | | Frame: 1E7 |
| → 140.0 | IN | 02 | 00 | | |
| ← 140.1 | DATA1 | | | (27 byte) 00 75 08 B1 02 C0 09 0E A1 01 85 02 09 23 A1 02 09 52 26 FF 00 75 08 B1 ... | |
| → 140.2 | ACK | | | | |
| → 141.0 | OUT | 02 | 00 | | |
| → 141.1 | DATA1 | | | (0 byte) | |
| ← 141.2 | ACK | | | | |
| ⏱ 142 | SOF(4) | | | | Frame: 1E8 |
| ⏱ 144 | SOF | | | | Frame: 1EC |

**图 2-4　一个 USB HID 设备读取 HID 描述符过程**

通过以上场景可以知道，主机可能获取同一个描述符一次或两次，事实上可能是更多次。以上例子中没有展现的部分存在多次重复的数据获取操作。

图2-5所示为以上例子中更早期的一个片段：

- 事务1复位设备。
- 事务3获取设备描述符，事务5得到设备描述符。
- 事务7再次复位设备。
- 事务9设置设备地址。
- 事务14再次获取设备描述符，事务16得到设备描述符。

USB Monitor V1.1 - http://wch.cn - [otd1.usm]

文件(F) 编辑(E) 查看(V) 选项(O) 帮助(H)

| 序号 | 令牌 | 地址 | 端点 | 数据 | 描述 |
|---|---|---|---|---|---|
| 1 | RESET(2) | | | | Bus Reset |
| 2 | SOF(34) | | | | Frame: 9F |
| → 3.0 | SETUP | 00 | 00 | | |
| → 3.1 | DATA0 | | | (8 byte) 80 06 00 01 00 00 40 00 | Get_DevDesc:00 |
| ← 3.2 | ACK | | | | |
| → 5.0 | IN | 00 | 00 | | |
| ← 5.1 | DATA1 | | | (18 byte) 12 01 00 02 00 00 00 40 21 26 01 04 00 01 01 02 03 01 | |
| → 5.2 | ACK | | | | |
| → 6.0 | OUT | 00 | 00 | | |
| → 6.1 | DATA1 | | | (0 byte) | |
| ← 6.2 | ACK | | | | |
| 7 | RESET | | | | Bus Reset |
| 8 | SOF(33) | | | | Frame: FA |
| → 9.0 | SETUP | 00 | 00 | | |
| → 9.1 | DATA0 | | | (8 byte) 00 05 02 00 00 00 00 00 | Set_Address:02 |
| ← 9.2 | ACK | | | | |
| 11 | SOF | | | | Frame: 11B |
| → 12.0 | IN | 00 | 00 | | |
| ← 12.1 | DATA1 | | | (0 byte) | |
| → 12.2 | ACK | | | | |
| 13 | SOF(10) | | | | Frame: 11C |
| → 14.0 | SETUP | 02 | 00 | | |
| → 14.1 | DATA0 | | | (8 byte) 80 06 00 01 00 00 12 00 | Get_DevDesc:00 |
| ← 14.2 | ACK | | | | |
| → 16.0 | IN | 02 | 00 | | |
| ← 16.1 | DATA1 | | | (18 byte) 12 01 00 02 00 00 00 40 21 26 01 04 00 01 01 02 03 01 | |
| → 16.2 | ACK | | | | |
| → 17.0 | OUT | 02 | 00 | | |
| → 17.1 | DATA1 | | | (0 byte) | |

事务：3,449/15,425　触发：关闭　过滤：启用　设备：非连接

**图2-5　一个USB HID设备早期加载过程片段**

由于USB硬件、各层驱动可能需要对设备有所了解，而它们的行为方式可能存在差异，所以越通用的描述符越可能被反复获取。这种行为是完全符合USB规范的。因此设备必须保证总是对获取描述符事务提供正确的响应，而不依赖事务发生的顺序；设备也不能因获取描述符事务而改变自己的状态。

通过一些USB抓包工具软件也能看到类似过程，但是不会这么完整。根据作者经验，软件观察设备初始化过程可能丢失或混淆一些信息。作者在使用Windows做主机时曾有一些经历，包括软件获取的获取描述符过程与硬件获取结果不一致，调整了报告描述符而主机没有相应变化等。这些可能是由于硬件或驱动内存在一些缓存而屏蔽了部分实际事务导致的，重启系统可以解决部分问题。但对于观察报告数据包来说，这类软件还是很方便的。对于使用软件分析USB数据，作者有以下建议：

① 使用软件抓包前，设置好存储容量和单包最大长度，默认设置可能并不合适；

② 根据需要调整是否合并重复的相同包，对于开发者来说，即使数据完全相同，时间间隔也是重要的信息；

③ 对于启动过程获取描述符过程的调试和观察尽量使用硬件 USB 分析仪，开发中的设备如果有变更但没有生效，则重启主机可能会解决问题。

# 第3章

# BLE HID

本章主要介绍BLE技术中与HID相关的部分，其他的只做简介或略过。

## 3.1 BLE简介

BLE(Bluetooth Low Energy，Bluetooth LE)即低功耗蓝牙，有时也翻译为蓝牙低功耗，在蓝牙语境下也称作LE，通信的两端分别为中央设备(Central)和外围设备(Peripheral)。BLE并非蓝牙，而是蓝牙4.0及以后版本的组成部分之一，并且可以不依附于蓝牙而成为独立的协议。BLE的初始版本号即为4.0，之后与蓝牙版本号同步更新。为了与BLE区分，蓝牙有时也称作经典蓝牙(Classic Bluetooth)，同样的，BLE HID与蓝牙HID也不一样，后者也被称作经典蓝牙HID。包括BLE在内的蓝牙规范由Bluetooth SIG(Bluetooth Special Interest Group，蓝牙技术联盟)制定。

BLE的设计尽一切可能的在无线连接的同时降低功耗，主要方式是减少收发机(Transceiver)的工作时间，手段主要是提高时钟精度、减少报文长度、降低通信频次等。

BLE的连接、通信、配对、绑定使用了通用访问规范(Generic Access Profile，GAP)，在连接完成后的数据传输使用了通用属性规范(Generic Attribute Profile，GATT)；较下层的属性协议(Attribute Protocol，ATT)、主机控制器接口(Host Controller Interface，HCI)等不在本书讨论范围。

## 3.2 UTF-8格式字符串

BLE传输字符串使用UTF-8格式字符串，字符串长度在外部定义，不需要以空字符结尾。UTF-8完全兼容ASCII的可见字符部分，因此仅英文字母、常见符号的ASCII编码(即ASCII码0～127部分)可以直接使用。

## 3.3 通用访问规范

在通用访问规范(Generic Access Profile,GAP)层,参与传输的角色(Role)有广播者(Broadcaster)、观察者(Observer)、外围设备(Peripheral)、中央设备(Central)。

在点对点通信场景中,通信的两端分别是中央设备和外围设备。一个中央设备可以同时连接多个外围设备,而一个外围设备不能同时连接多个中央设备。建立连接以后,通信的过程完全受中央设备控制。外围设备主动发起的事务传输实际是由中央设备轮询实现的,因此连接完成后存在持续轮询。这个轮询事务既维护通信,也监控无线连接状态。一般来讲,外围设备对能耗更敏感。

HID设备是外围设备,HID主机是中央设备。

### 1. 地　址

地址(Address)是一个6 B的数值。BLE设备可以用4种表示自己或识别对方的地址形式:公开地址、静态随机地址、不可解析私有随机地址、可解析私有随机地址。所有类型的地址数值没有重叠区间,可以根据数值分段判断地址类型。

公开(Public)地址:在全世界范围是唯一的,它由固定的机构分配,与局域网物理地址共享数值区间。一般会随硬件提供。

静态随机(Random Static)地址:随机生成的地址,不会随时间变化。

不可解析私有随机(Non-resolvable Private Random)地址:随机生成的地址,用于一次连接。

可解析私有随机(Resolvable Private Random)地址:有固定的加密规则,相同的设备可以有不同的数值,掌握密钥的设备可以解析可解析私有随机地址是否来自同一设备。一般来说,设备每次连接会使用不同的可解析私有随机地址。

### 2. 广　播

外围设备在连接之前发出广播(Broadcast),中央设备根据收到的广播连接外围设备。

未配对的外围设备发出非定向广播(Undirect Broadcast),广播数据中包含发送端地址和广告(Advertising)数据,在收到扫描(Scan)数据包后还会反馈扫描回复(Scan Response)数据。广告数据和扫描回复数据均为最多31 B的数据,其中可以包含简单的设备信息用于识别。启动主动扫描(Active Scan)和被动扫描(Passive Scan)的中央设备都能获取到广告数据,但只有启动主动扫描的中央设备能获取到扫描回复数据。外围设备也可以不支持扫描回复数据。

已配对的外围设备发出定向广播(Direct Broadcast),广播数据中仅包含发送端地址和接收端地址。

广播的时间间隔、持续时间均由外围设备设置,但受到蓝牙规范限制;扫描的启动间隔(Scan Interval)、扫描时间窗口(Scan Window)、持续时间均由中央设备设置,但受到蓝牙规范限制。只有在中央设备扫描窗口期间的外围设备广播才能被收到。

### 3. 广告和扫描回复数据

广告(Advertising)和扫描回复(Scan Response)数据格式相同,均由多个不定长的结构组成,数据包内所有结构首尾相连。每个结构的格式如表 3-1 所列。

表 3-1　广告、扫描回复数据包单个结构格式

| 位置/B | 0 | 1 | 2～N |
|---|---|---|---|
| 数值 | N | 类型(AD Type) | 数据(AD Data) |

数据包内存在的结构由开发者自由选择,部分结构类型的定义如表 3-2 所列。

表 3-2　部分结构类型定义

| 名　称 | 类型(AD Type) | 描　述 |
|---|---|---|
| 标记(Flag) | 0x01 | 以比特位标记广播信息 |
| 服务(Service) | 0x02 | 设备包含的部分服务列表,以 16 位 UUID 表示 |
| 服务(Service) | 0x03 | 设备包含的完整服务列表,以 16 位 UUID 表示 |
| 本地名称(Local Name) | 0x08 | 短本地名称,以 UTF-8 格式字符串表示 |
| 本地名称(Local Name) | 0x09 | 完整本地名称,以 UTF-8 格式字符串表示 |
| 发射功率(Tx Power) | 0x0A | 8 位有符号数表示的发射功率,单位为 dBm |
| 外观(Appearance) | 0x19 | 2 B 数据,描述设备外观 |
| 制造商指定数据(Manufacturer Specific Data) | 0xFF | 至少 2 B 的制造商指定数据,前 2 B 为由 Bluetooth SIG 分配的公司标识 |

其中标记(Flag)结构只允许在广告数据中存在,且只能有一个,如果数值为零,可以不存在。一些 BLE 协议栈、开发库已经维护了这个结构,并给开发者提供了以通用属性规范以外的更方便的访问方式,在这种场景下用户可配置的广告数据长度只有 28 B。

计算机上扫描蓝牙设备时看到的名称来自于本地名称结构,它的排序可能基于利用发射功率(广告数据)和接收功率(实测数值)估算出的距离。

### 4. 连　接

中央设备可以发起连接(Connection)事务,一般来说,目标地址来自于接收到的广播数据包含的发射地址。连接成功后连接的两端(中央设备、外围设备)均能收到已连接事件,外围设备收到已连接事件会停止广播。

启动连接事务需要设置连接参数用于连接状态,包括连接间隔、连接从设备延迟、连接监控超时。

连接间隔(connInterval):中央设备向外围设备轮询的间隔,以 1.25 ms 为单位,有效范围为 7.5 ms～4 s(对应数值为 6～3 200)。

连接从设备延迟(connSlaveLatency):外围设备应答轮询间隔,以次数计,每应答

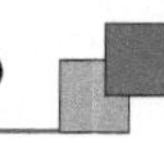

一次后固定次数不再应答，期间可以关闭收发机以降低能耗，有效范围为0～500。例如，此值设为0时每次轮询均应答，设为2时每应答一次后将有2次不应答。

连接监控超时(connSupervisionTimeout)：以10 ms为单位的超时时间，中央设备在连续时间未收到外围设备应答时将认为对方因超时断开连接，有效范围为100 ms～32 s(对应数值为10～3 200)。

上述参数需要合理的配置才能在尽量减少能耗的前提下实现预期的传输速率。保持连接期间，中央设备可以随时改变连接间隔，外围设备可以请求改变连接间隔，双方都可以因对方的请求或响应不合预期而主动断开连接。主动断开连接有相应数据包，不以无响应超时实现。

例如，一个系统轮询间隔为15 ms，仅需要60 ms应答一次，200 ms无应答则认为断开，那么上述参数应分别设置为12、3、20，这时如果外围设备连续3次在该应答的时候没有应答(第4次应答成功距离上次成功已240 ms，超过了200 ms)，中央设备就会认为对方因超时断开连接。

### 5. 绑　定

连接的任何一端都能主动发起绑定(Bonding)，绑定将生成随机密钥并以安全的方式交换。绑定后的设备通信可以使用加密的数据，并且可以使用可解析的私有随机地址。

## 3.4 通用属性规范

在通用属性规范(Generic Attribute Profile，GATT)层，数据传输的两端分别是服务器(Server)和客户端(Client)。服务器运行在外围设备，提供服务，一般不主动发起事务；客户端运行在中央设备，根据自己的需要访问服务。客户端通过读/写服务器内的数据实现数据传输。

HID设备实现为服务器，在外围设备内；HID主机实现为客户端，在中央设备内。HID设备识别和驱动加载均在BLE连接完成后实现，事实上，我们讨论的BLE HID就是GATT HID，主要参考文档即*HID OVER GATT PROFILE SPECIFICATION*①。

### 1. 架　构

每个外围设备内同时存在任意数量的服务(Service)。每个服务可以以引用方式包含(Include)任意数量的其他服务，每个服务可以包含任意数量的特性(Characteristic)②。特性中承载了数据可供客户端读/写，用于传递数据，每个特性可以包含任意数量的描述符(Descriptor)。描述符中也承载了数据，可供客户端读写，但一般仅用于标记状态，不

---

① https://www.bluetooth.org/docman/handlers/downloaddoc.ashx? doc_id=245141。

② 读者应注意区别HID的特征(Feature)与BLE的特性(Characteristic)，两种翻译不代表作者认为两个中文词语的明显差异，仅用于区分两个概念。

用于传递数据。每个服务器应包含一个或多个主要服务(Primary Service),用于被客户端识别服务用途;与之对应的,次要服务(Secondary Service)是不能被客户端直接识别的。数据通信主要是对特性的读/写。

图 3-1 表示了规范内的拓扑关系,其中虚线框部分均可以有任意数量,也可以没有。

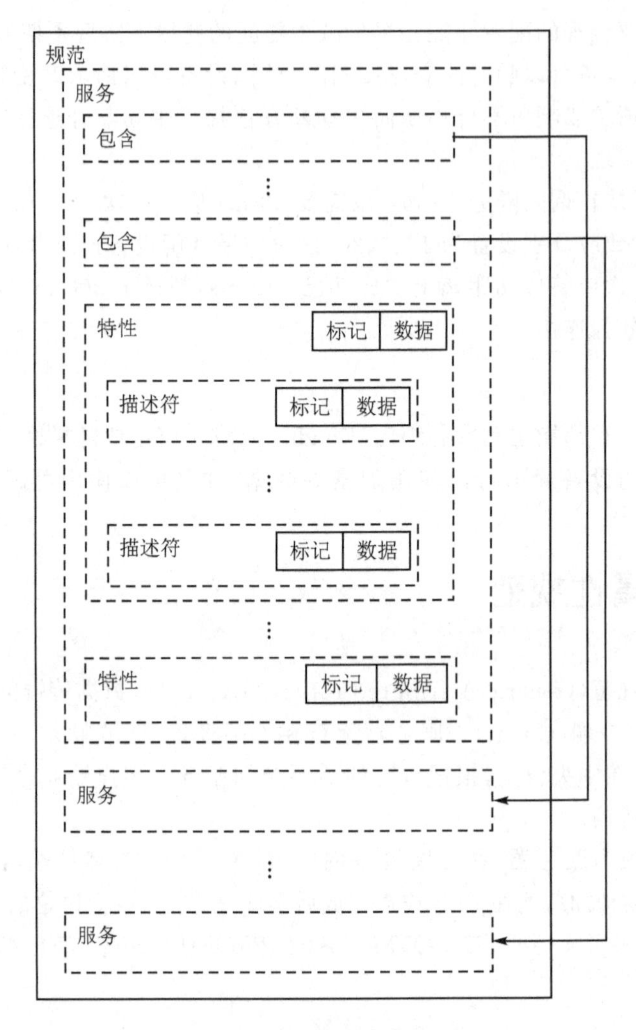


**图 3-1 通用属性规范拓扑关系**

服务、特性、描述符统称为属性(Attribute)。每种属性均由 128 位的 UUID(Universally Unique Identifier,通用唯一识别码)声明其用途,特性、描述符的数据格式也被认定为已知的,每个属性实例在服务器通过一个句柄(Handle)表示。

句柄以一个 16 位非零整数表示,以零值表示无效句柄;句柄存在次序关系,因此可以用两个数值表示句柄范围。

UUID 用十六进制数字表示(但其中的“位”指二进制位),部分已分配的 UUID 可



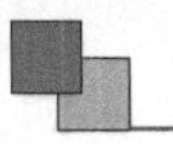

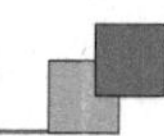

描述为16位或32位[①]。事实上,16或32位的UUID是128位UUID的别名,其换算关系为

$$128\text{位数值}=16\text{位数值}\times 2^{96}+\text{Bluetooth\_Base\_UUID}$$

$$128\text{位数值}=32\text{位数值}\times 2^{96}+\text{Bluetooth\_Base\_UUID}$$

其中,Bluetooth_Base_UUID的取值是00000000-0000-1000-8000-00805 F9B34FB。换言之,16位的NNNN等效为128位的0000NNNN-0000-1000-8000-00805F9B34FB,32位的NNNNNNNN等效为128位的NNNNNNNN-0000-1000-8000-00805F9B34FB。

16位UUID全部由Bluetooth SIG定义或保留,并且还在不断增补。

外围设备总是需要用到的UUID如表3-3所列。

**表3-3 外围设备必需属性的UUID**

| 服 务 | 范 围 | 16位UUID |
|---|---|---|
| 通用访问(Generic Access / Generic Access Profile) | 服务 | 0x1800 |
| 通用属性(Generic Attribute) | 服务 | 0x1801 |
| 设备名称(Device Name) | 特性 | 0x2A00 |
| 外观(Appearance) | 特性 | 0x2A01 |
| 外设首选连接参数(Peripheral Preferred Connection Parameters) | 特性 | 0x2A04 |
| 中央设备地址解析(Central Address Resolution) | 特性 | 0x2AA6 |
| 服务已变更(Service Changed) | 特性 | 0x2A05 |
| 客户端特性配置(Client Characteristic Configuration) | 描述符 | 0x2902 |

与HID相关的UUID如表3-4所列。

**表3-4 HID外围设备必需相关属性的UUID**

| 服 务 | 范 围 | 16位UUID |
|---|---|---|
| 设备信息服务(Device Information Service, DIS) | 服务 | 0x180A |
| 电池服务(Battery Service, BAS) | 服务 | 0x180F |
| HID服务(HID Service, HIDS) | 服务 | 0x1812 |
| 扫描参数服务(Scan Parameter Service, ScPS) | 服务 | 0x1813 |
| 电量(Battery Level) | 特性 | 0x2A19 |
| 引导键盘输入报告(Boot Keyboard Input Report) | 特性 | 0x2A22 |
| 模型号字符串(Model Number String) | 特性 | 0x2A24 |
| 序列号字符串(Serial Number String) | 特性 | 0x2A25 |
| 固件修订字符串(Firmware Revision String) | 特性 | 0x2A26 |

① 32位UUID仅从BLE 4.1开始支持。

续表 3-4

| 服　务 | 范　围 | 16 位 UUID |
|---|---|---|
| 硬件修订字符串(Hardware Revision String) | 特性 | 0x2A27 |
| 软件修订字符串(Software Revision String) | 特性 | 0x2A28 |
| 制造商名字符串(Manufacturer Name String) | 特性 | 0x2A29 |
| 扫描刷新(Scan Refresh) | 特性 | 0x2A31 |
| 引导键盘输出报告(Boot Keyboard Output Report) | 特性 | 0x2A32 |
| 引导鼠标输入报告(Boot Mouse Input Report) | 特性 | 0x2A33 |
| HID 信息(HID Information) | 特性 | 0x2A4A |
| 报告映射(Report Map) | 特性 | 0x2A4B |
| HID 控制点(HID Control Point) | 特性 | 0x2A4C |
| 报告(Report) | 特性 | 0x2A4D |
| 协议模式(Protocol Mode) | 特性 | 0x2A4E |
| 扫描间隔窗口(Scan Interval Window) | 特性 | 0x2A4F |
| 即插即用 ID(PnP ID) | 特性 | 0x2A50 |
| 特性表示格式(Characteristic Presentation Format) | 描述符 | 0x2904 |
| 外部报告引用(External Report Reference) | 描述符 | 0x2907 |
| 报告引用(Report Reference) | 描述符 | 0x2908 |

### 2. 通信方式

服务器为每个属性都分配了一个句柄(Handle),客户端通过句柄访问这些对象。客户端通过服务器配置(Server Configuration)、发现主要服务(Primary Service Discovery)、发现关联(Relationship Discovery)、发现特性(Characteristic Discovery)、发现特性描述符(Characteristic Descriptor Discovery)等方法获取信息,用于建立属性和句柄的对应关系,以及属性的 UUID,属性之间的包含、关联关系。这些事务都由客户端从 HID 主机发起,作为服务器的 HID 设备被动应答即可。一般应答由 BLE 协议栈自动完成,无需固件开发者干预。

需要关注的数据传输过程如下:

特性值读(Characteristic Value Read):客户端读取特性值,如果特性值长度过大,则可能需要多次操作才能完整地读取出一个特性值。根据不同的协议栈实现,固件可能收不到该事件发生的状态,即使能收到事件通知,也可能没有足够的之间在传输前改写特性值,因此可被读取的特性值需要固件持续维护。

特性值写(Characteristic Value Write):客户端写入特性值,如果特性值长度过大,则可能需要多次操作才能完整地写入一个特性值。客户端写入完成后特性值会改变,并且固件能收到特性值改变的事件,以便固件根据操作实施相关行为。客户端可以

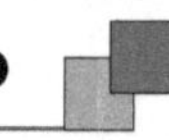

使用写特性值(Write Characteristic Value)或无回复写(Write Without Response)实现写入,区别是前者客户端能收到写入是否成功的消息,后者客户端无法确认。客户端还有其他方式写入特性,在此不做展开。

特性值通知(Characteristic Value Notification):服务器固件写入特性值后主动告知客户端的一种方法,它要求对应的特性值必须包含一个客户端特性配置描述符(Client Characteristic Configuration Descriptor, CCCD),并且该描述符的值被设置为允许通知,否则服务器不应发送通知。服务器无法获知通知是否送达。

特性值说明(Characteristic Value Indication):与通知类似,它要求对应的特性值必须包含一个客户端特性配置描述符必须被设置为允许的说明。但服务器能收到说明是否送达的消息。

特性描述符(Characteristic Descriptor):特性描述符值可以被客户端读或写,如果该值长度过大,也可能需要多次操作才能完成。

所有的特性值、特性描述符值都可以由服务器任意读/写并且没有无线传输开销,服务器必须给每个值设置标记(Characteristic Properties)①。标记可以是以下比特位的任意组合:广播(Broadcast, 0x01)、读(Read, 0x02)、无回复写(Write Without Response, 0x04)、写(Write, 0x08)、通知(Notify, 0x10)、说明(Indicate, 0x20)、签名写(Authenticated Signed Writes, 0x40)、扩展(Extended Properties, 0x80)。

### 3. 客户端特性配置描述符

客户端特性配置描述符(Client Characteristic Configuration Descriptor, CCCD),用于标记特性。每个特性至多只能有一个 CCCD。它的值是 16 位整数,以比特位 1 有效定义行为,定义如表 3-5 所列。

表 3-5 客户端特性配置描述符数值定义

| 值 | 定 义 |
|---|---|
| 0x0001 | 允许发送通知 |
| 0x0002 | 允许发送说明 |
| 0xFFF4 | 保留 |

客户端特性配置描述符只应由客户端设置,表明客户端是否允许发送通知或发送说明。未绑定的连接完成时它的值应当设为默认(默认为 0),已绑定的设备连接完成时它的值应该保持绑定对象状态断开前设置的结果。

### 4. 通用属性

这里将简述 BLE 外设通用的服务、特性。一些 BLE 协议栈、开发库已经开始维护它们,并给开发者提供了通用属性规范以外的更方便的访问方式。

① Characteristic Properties,为了与 Attribute(属性)区分,并且它不仅用于特性也用于特性描述符,作者将其翻译为“标记”。

通用访问规范(GAP)服务：可以包含设备名称特性、外观特性、外设首选连接参数特性等①。

设备名称(Device Name)特性：特性值表示设备名称，为 UTF－8 格式的字符串，特性长度为字符串长度，必须可读。

外观(Appearance)特性：特性值为 2 B，表示外观，一般用于显示设备图标等，必须可读。表 3－6 所列为部分外观特性的取值。

**表 3－6　部分外观特性的取值**

| 值 | 子　类 | 描　述 |
|---|---|---|
| 0x0000 | 未知设备 | 未知设备 |
| 0x03C0 | HID | 通用 HID 设备 |
| 0x03C1 | | 键盘 |
| 0x03C2 | | 鼠标 |
| 0x03C3 | | 手柄 |
| 0x03C4 | | 游戏板 |
| 0x03C5 | | 数字平板 |
| 0x03C6 | | 读卡器 |
| 0x03C7 | | 数字笔 |
| 0x03C8 | | 扫码器 |
| 0x03C9 | | 触摸板 |
| 0x03CA | | 演示器 |
| 0x03CB～0x03FF | | 保留 |

外设首选连接参数(Peripheral Preferred Connection Parameter)特性：特性值为 8 B 数据，表示外围设备希望中央设备设置的连接参数。

通用属性规范(GATT)服务：可以包含服务已变更特性。

服务已变更(Service Changed)特性：应允许通知、说明，特性值为 4 B，包含变更特性范围的句柄值范围，用于告知可信连接(已绑定连接)的对方下次连接时将变更的服务范围。

## 3.5　设备信息服务

设备信息服务(Device Information Service，DIS)应该设置为主要服务，HID 设备必须且只能有一个设备信息服务。该服务用于主机了解设备信息。对于 HID 设备，它的特性如表 3－7 所列。

---

① 蓝牙 4.0/4.1/4.2/5.0 对服务包含的特性定义不一致，此处仅罗列最简场景。

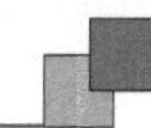

表 3-7 设备信息服务特性需求

| 特 性 | 需 求 |
| --- | --- |
| 即插即用 ID(PnP ID) | 必须一个 |
| 制造商名字符串(Manufacturer Name String) | 可选一个 |
| 模型号字符串(Model Number String) | 可选一个 |
| 序列号字符串(Serial Number String) | 可选一个 |

### 1. 即插即用 ID

特性必须标记可读。

特性值格式如表 3-8 所列。

表 3-8 即插即用 ID 特性值格式

| 位置/B | 字 段 |
| --- | --- |
| 0 | 厂商 ID 源(Vendor ID Source) |
| 1 | 厂商 ID(Vendor ID) |
| 2 | |
| 3 | 产品 ID(Product ID) |
| 4 | |
| 5 | 产品版本(Product Version) |
| 6 | |

厂商 ID 源：1 B 数据。0x01 表示厂商 ID 由 Bluetooth SIG 定义，0x02 表示厂商 ID 由 USB-IF 定义。

厂商 ID：2 B 数据。表示代表厂商的 ID，用于 HID 设备属性厂商 ID。

产品 ID：2 B 数据。由厂商定义的产品 ID，用于 HID 设备属性产品 ID。

产品版本：2 B 数据。由厂商定义的产品版本，用于 HID 设备属性修订值。

### 2. 制造商名字符串

特性必须标记可读。

特性值为 UTF-8 格式字符串，特性长度为字符串长度，用于 HID 设备属性制造商。

### 3. 模型号字符串

特性必须标记可读。

特性值为 UTF-8 格式字符串，特性长度为字符串长度，用于 HID 设备属性产品。

### 4. 序列号字符串

特性必须标记可读。

特性值为 UTF-8 格式字符串，特性长度为字符串长度，用于 HID 设备属性序列号。

## 3.6 电池服务

电池服务(Battery Service, BAS)应该被设置为主要服务，HID 设备必须至少有一个电池服务。常见场景下，BLE 设备电源由电池提供，该服务用于主机了解电池电量。对于 HID 设备，它的特性如表 3-9 所列。

**表 3-9 电池服务特性需求**

| 特 性 | 需 求 |
| --- | --- |
| 电量(Battery Level) | 必须① |

### 电量特性

特性必须标记可读，可选标记可通知，不允许其他标记。

特性值为 1 B 数据，表示电池剩余电量的百分比。

当特性允许通知时，必须包含一个客户端特性配置描述符。

当设备内存在多个电池服务时，每个电量特性必须包含一个特性表示格式(Characteristic Presentation Format)描述符以标记命名空间②。

## 3.7 HID 服务

HID 服务(HID Service, HIDS)应该被设置为主要服务，HID 设备可以有一个或多个 HID 服务。该服务用于报告 HID 实例，每个 HID 服务对应一个 HID 实例。它的特性如表 3-10 所列。

**表 3-10 HID 服务特性需求**

| 特 性 | 需求(引导设备) | 需求(报告设备) |
| --- | --- | --- |
| 协议模式(Protocol Mode) | 必须一个 | 可选一个 |
| 报告(Report) | 无 | 依报告数量必须 |
| 报告映射(Report Map) | 必须一个 | 必须一个 |
| 引导键盘输入报告(Boot Keyboard Input Report) | 引导键盘必须一个 | 可选一个 |
| 引导键盘输出报告(Boot Keyboard Output Report) | 引导键盘必须一个 | 可选一个 |

---

① 官方文档(https://www.bluetooth.com/specifications/specs/battery-service-1-0/)未指出是否支持多个，实现一个实例是常见的场景。

② 本书不详细介绍多个电池服务的场景，特性表示格式详情见参考文献[4]。

续表 3-10

| 特 性 | 需求(引导设备) | 需求(报告设备) |
|---|---|---|
| 引导鼠标输入报告(Boot Mouse Input Report) | 引导鼠标必须一个 | 可选一个 |
| HID 信息(HID Information) | 必须一个 | 必须一个 |
| HID 控制点(HID Control Point) | 必须一个 | 必须一个 |

## 1. 协议模式

特性必须标记可读、无回复写,不允许其他标记。

特性值为 1 B 数据,0x00 表示引导模式,0x01 表示报告模式,写入特性值应改变协议模式。

设备连接后应设为默认值(默认为 0x01)。

## 2. 报 告

根据报告类型,依据表 3-11 限定标记,除表中的必须、可选项之外,不允许其他标记。

表 3-11 报告特性限定标记

| 报告类型 | 读 | 写 | 无回复写 | 通 知 |
|---|---|---|---|---|
| 输入报告 | 必须 | 可选 |  | 必须 |
| 输出报告 | 必须 | 必须 | 必须 |  |
| 特征报告 | 必须 | 必须 |  |  |

特性值为 HID 定义的报告,不论是否存在报告 ID,特性值均不包含报告 ID。

需要通知的报告(输入报告)必须包含一个客户端特性配置描述符。

所有报告特性必须包含一个报告引用(Report Reference)描述符,用于描述特性对应的报告类型和报告 ID,没有报告 ID 的特性报告 ID 填入 0。报告特性用于实现 HID 设备报告传输。

**报告引用描述符**

描述符为只读。

描述符值格式如表 3-12 所列。

表 3-12 报告引用描述符格式

| 位置/B | 字 段 |
|---|---|
| 0 | 报告 ID(Report ID) |
| 1 | 报告类型(Report Type) |

报告 ID：1 B 数据,包含描述符的特性值用于 HID 报告时的报告 ID,0 表示无报告 ID。

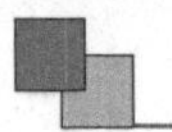


报告类型：1 B 数据，包含描述符的特性值用于 HID 报告时的报告类型，1 表示输入报告，2 表示输出报告，3 表示特征报告。

用于被报告特性或外部报告引用指定的特性包含。

### 3. 报告映射

特性必须标记可读，不允许其他标记。

特性值为 HID 定义的报告描述符，最大不能超过 512 B。报告映射特性用于提供 HID 设备报告描述符。

如果有报告描述符定义的报告需要在其他服务中的特性传输，则需要包含外部报告引用(External Report Reference)描述符，如果有多个报告在服务外的特性传输，则需要多个外部报告引用描述符。

**外部报告引用描述符**

描述符为只读。

描述符值为 2 B，表示外部服务内特性的 16 位 UUID。

用于指示在外部服务内的特性用于报告。当一个 HID 报告需要 HID 服务之外的特性传输时，需要实现：

- HID 服务包含该特性所在的服务；
- 该特性包含对应的报告引用描述符；
- 报告映射特性包含外部报告引用描述符。

例如一个输入报告表示“电量”：在 HID 服务内包含“电池服务”；HID 服务内的报告映射特性添加包含外部报告引用描述符，内容为“电量”特性的 UUID；电池服务内的电量特性添加包含报告映射描述符。

为避免外部报告中相同的 UUID 引用歧义，每个 HID 服务至多只应包含一个服务[①]。

### 4. 引导键盘输入报告

特性必须标记可读、通知，可选标记可写，不允许其他标记。

特性值为 HID 定义的报告，不包含报告 ID。

特性必须包含一个客户端特性配置描述符。

用于 HID 引导键盘的输入报告。

### 5. 引导键盘输出报告

特性必须标记可读、写、无回复写，不允许其他标记。

特性值为 HID 定义的报告，不包含报告 ID。

用于 HID 引导键盘的输出报告。

---

① 官方文档(https://www.bluetooth.org/docman/handlers/downloaddoc.ashx? doc_id=245141)描述为 HID 服务不应包含已被其他 HID 服务包含的服务，本书作者认为原文描述有误。

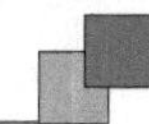

### 6. 引导鼠标输入报告

特性必须标记可读、通知，可选标记可写，不允许其他标记。

特性值为 HID 定义的报告，不包含报告 ID。

特性必须包含一个客户端特性配置描述符。

用于 HID 引导鼠标的输入报告。

### 7. HID 信息

特性必须标记可读，不允许其他标记。

特性值格式如表 3-13 所列。

**表 3-13 HID 信息特性值格式**

| 位置/B | 字 段 |
| --- | --- |
| 0 | HID 版本(bcdHID) |
| 1 | |
| 2 | 国家代码(bCountryCode) |
| 3 | 标志(Flag) |

HID 版本：bcd 格式的 HID 版本号，例如 HID 1.00 写为 0x0100([0x00, 0x01])。

国家代码：用户 HID 设备国家代码。

标志：以比特位 1 有效表示的标记，0x01 表示支持唤醒系统，0x02 表示设备绑定但未连接时会发出广告(Advertising)。

用于报告 HID 设备的相关信息。

### 8. HID 控制点

特性必须标记可无回复写，不允许其他标记。

特性值为 1 B，写入 0x00 时表示 HID 主机令设备进入待机模式以节能，写入 0x01 时表示 HID 主机令设备退出待机模式。

例如，鼠标设备进入待机模式后可以关闭定位功能，仅保留按键功能，按键事件发生后主机会令设备退出待机模式。

## 3.8 扫描参数服务

HID 设备可选一个扫描参数服务作为主要服务，但只能有一个，也可以没有扫描参数服务。该服务用于设备了解主机的扫描特性，以使以后连接时使用合适的广告参数以节省能耗或减少连接延迟。它的特性如表 3-14 所列。

表 3-14 扫描参数服务特性需求

| 特 性 | 需 求 |
|---|---|
| 扫描间隔窗口(Scan Interval Window) | 必须一个 |
| 扫描刷新(Scan Refresh) | 可选一个 |

### 1. 扫描间隔窗口

特性必须标记可无回复写,不允许其他标记。

特性值格式如表 3-15 所列。

表 3-15 扫描间隔窗口特性值格式

| 位置/B | 字 段 |
|---|---|
| 0 | 扫描间隔(LE_Scan_Interval) |
| 1 | |
| 2 | 扫描窗口(LE_Scan_Window) |
| 3 | |

扫描间隔:主机扫描时两次启动扫描之间的间隔,以 0.625 ms 为单位。

扫描窗口:主机扫描时每次启动扫描后的扫描事件,以 0.625 ms 为单位。

### 2. 扫描刷新

特性必须标记可通知,不允许其他标记。

特性值为 1 B,向主机通知数值 0 时表示请求当前的扫描参数。

特性必须包含一个客户端特性配置描述符。

用于 HID 设备向主机请求获得扫描参数。

## 3.9 数据包长度扩展

数据包长度扩展(LE Data Packet Length Extension)有时也称作数据长度扩展(Data Length Extension, DLE)。

链接层一次传输的数据称为协议数据单元(Protocol Data Unit, PDU),它的有效载荷默认为 27 B。通用属性规范层传输数据定义了最大传输单元 ATT_MTU,它的默认值为 23 B,通用属性规范层每次事务传输的长度是可变的。

通用属性规范层限制了应用层对特性的访问,在默认配置下,一个长度为 23 B 的特性值不能使用特性值读(Characteristic Value Read)分类中的读特性值(Read Characteristic Value)规程实现,而应该使用读长特性值(Read Long Characteristic Values)规程实现,它是被分拆为几个事务实现的。传输方法与特性值长度限制关系如表 3-16 所列。

表 3-16 传输方法与特性值长度限制关系

| 传输方法 | 特性值最大长度 |
| --- | --- |
| 读特性值(Read Characteristic Value) | ATT_MTU-1 |
| 无回复写(Write Without Response) | ATT_MTU-3 |

同样地，当通用属性规范层的数据包长度超过协议数据单元的有效载荷时，它将在链接层被拆分为多个协议数据单元传输。要满足单个协议数据单元可传输的通用属性规范层事务，协议数据单元长度需达到 ATT_MTU+4 B。BLE 提供了协商调整 ATT_MTU 的机制，它由通用属性规范层客户端(HID 主机)发起。

增加协议数据单元的长度能显著提升传输带宽，但是对小包数据传输，则浪费了协议数据单元内的大量带宽，没有帮助，反而增加了能耗；反之，当使用较小的协议数据单元传输大包数据时，大包数被拆分为多个协议数据单元，因为有效载荷的比率较低，也增加了能耗。因此，选择合适的协议数据单元长度、ATT_MTU 取值，使得一次数据传输尽量在每个层面都能一次完成，才能达到最好的效果。对于 HID 设备来说，不合适的配置可能导致数据密集时的丢帧或延迟。

BLE 4.2 开始定义了数据包长度扩展功能，令通信的两端均可以发起数据长度更新规程(Data Length Update Procedure)，改变协议数据单元长度，最大值为 251 B，最小值为 27 B。对键盘、鼠标、手柄等一般用不到这么大的数据包，但对于多点触摸设备动辄几十字节的数据，这是有意义的。

从 BLE 5.0 开始，数据包长度扩展功能不再是必需的，而是成为一个选项，它可以通过主机控制器接口(Host Controller Interface, HCI)定义的直接测试模式(Direct Test Mode)指令 LE_Test_Status_Event 获取设备是否支持数据包长度扩展功能。因此，符合 Ble 4.2 的设备必须支持数据包长度扩展，兼容 Ble 5.0 的设备不一定支持数据包长度扩展。

## 3.10 基于 BLE 的 HID

BLE 设备建立连接后主机发现主要服务，将发现的 HID 服务识别为 HID 类。

HID 设备广告(Advertising)和扫描回复(Scan Response)数据中可以包含如表 3-17 所列的信息，用于连接之前(扫描阶段)获取部分设备信息。

表 3-17 BLE HID 设备可选的广告、扫描回复数据

| 结　构 | 用　途 |
| --- | --- |
| 服务 | 包含 HID 服务以告知主机该设备是 HID 设备 |
| 本地名称 | 告知主机设备名 |
| 外观 | 向主机外观，用于显示合适的图标，其数值定义与“外观”特性中定义的数值一致 |

HID 设备的服务如表 3-18 所列。

表 3-18 BLE HID 设备服务需求

| 服 务 | 需 求 |
| --- | --- |
| HID 服务 | 至少必须一个 |
| 电池服务 | 至少必须一个 |
| 设备信息服务 | 必须一个 |
| 扫描参数服务 | 可选一个 |

HID 设备信息：通过读取唯一的设备信息服务内的几个特性、各自 HID 服务内的 HID 信息特性数值得到。一个 BLE 设备中的所有 HID 实例共享设备信息服务中的设备信息。

HID 报告描述符：通过读取 HID 服务内唯一的报告映射特性值，取得的数据为 HID 报告描述符，它最大不能超过 512 B。

HID 输入报告：报告数据存在于报告特性的特性值内，该特性包含报告引用描述符和客户端配置特性描述符，通过通知输入数据。

HID 输出报告：报告数据存在于报告特性的特性值内，该特性包含报告引用描述符，通过无回复写输出数据。

HID 获取特征报告：报告数据存在于报告特性的特性值内，该特性包含报告引用描述符，通过读特性值输入数据。

HID 设置特征报告：报告数据存在于报告特性的特性值内，该特性包含报告引用描述符，通过写特性值输出数据。

引导协议：通过差异化的特性声明实现。

其中，用于报告的特性可以是以下任意一种，且所有特性值均不包含报告 ID。

- HID 服务内的报告(Report)特性。
- HID 服务以外的特性，并同时满足以下条件：
  - HID 服务包含的对应报告所在服务；
  - 该特性在 HID 服务内的报告映射特性包含的外部报告引用描述符内声明。

虽然规范内没有规定 HID 数据需要配对、认证、绑定等数据安全需求，但操作系统会实施这些操作，并且可能因为数据安全原因拒绝加载 HID 驱动程序。因此，实现 HID 设备仍须完整地包含安全需求相关的功能。

# 第 4 章

# 用于 Linux、Android 的 uhid

本章介绍 uhid，需要读者了解 Linux 的一些基础知识。除必要外，本章不会特别提到 Android[①]，它的接口和行为与 Linux 是一致的。

作者没有找到任何 uhid 的权威文档，故本章所有内容都是作者依据 Linux 的源代码所述。没有文档意味着这些功能和特性可能随着版本的迭代而变更。

## 4.1 uhid 简介

uhid 是一个 Linux 内核组件，它允许用户层应用程序实现一个完整的 HID 设备。不应将 uhid 描述为“虚拟”的 HID 设备，因为它有一个重要用途：Android 的 BLE HID 是调用它构造出来的。uhid 向用户层暴露出一个文件节点，它是一个字符文件（字符文件没有缓存），通过对该节点的操作实现所有功能。

Linux 中的“文件”和 Windows 中的有所不同，它不仅用来表示存储在磁盘上的数据块，还可以用来表示磁盘、内存、设备、跨进程通信管道、端口等，甚至能在资源管理器里看到这些“文件”。对所有文件的操作全部被映射到内核的某个动作，除了对磁盘文件的操作会由文件系统驱动对磁盘做相应操作外，对其他文件的操作都由其对应的驱动实现行为。磁盘文件以外的文件有时也被称为节点（Node）。

uhid 导出的文件节点是：/dev/uhid。

## 4.2 存在/dev/uhid

如果目标的系统中没有/dev/uhid 节点，请获取源代码并参考以下步骤。

- 在源代码目录 $ /kernel 下运行 make menuconfig；
- 依次进入 Device Drivers→HID support；

---

① 众所周知，Android 的内核是 Linux。

● 选中 User - space I/O driver support for HID subsystem 并按 Y 键设置为 includes(参见图 4 - 1)；

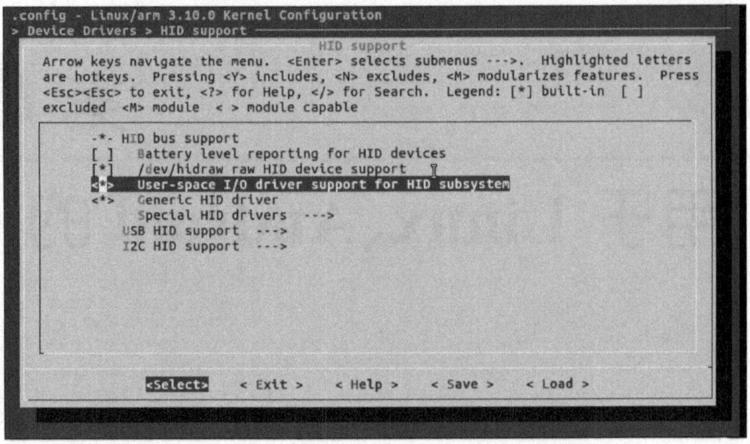

```
.config - Linux/arm 3.10.0 Kernel Configuration
> Device Drivers > HID support
                              HID support
  Arrow keys navigate the menu.  <Enter> selects submenus --->.  Highlighted letters
  are hotkeys.  Pressing <Y> includes, <N> excludes, <M> modularizes features.  Press
  <Esc><Esc> to exit, <?> for Help, </> for Search.  Legend: [*] built-in  [ ]
  excluded  <M> module  < > module capable

        -*- HID bus support
        [ ]   Battery level reporting for HID devices
        [*]   /dev/hidraw raw HID device support
        <*>   User-space I/O driver support for HID subsystem
        <*>   Generic HID driver
              Special HID drivers  --->
            USB HID support  --->
            I2C HID support  --->

            <Select>    < Exit >    < Help >    < Save >    < Load >
```

**图 4 - 1　Linux 编译时的配置界面**

● 保存并退出，重新编译。

作者见过的 Linux 桌面版都包含了 uhid 组件，只有开发板的默认操作系统可能未包含此组件。

## 4.3　打开/dev/uhid

应用程序需要超级用户(Super User)权限才能访问/dev/uhid。

每次打开文件都应该得到一个新的有效的文件描述符(File Descriptor)，它们读/写的内容彼此不会产生关联，内核会分别维护这些文件描述符。实现 HID 设备的方式是用对应的文件描述符读/写文件，同一时刻每个文件描述符最多只能承载一个 HID 实例。

打开文件需要使用 O_RDWR 标记，可选 O_NONBLOCK 标记，打开后获得的文件描述符可以被用于 select、poll、epoll 等轮询等待操作。作者建议打开文件使用 O_RDWR | O_CLOEXEC 标记。

任何情况下关闭文件描述符，其对应的内核资源都将被安全地释放。

## 4.4　使用/dev/uhid

本节内源代码全部源自内核版本 4.19.225[①]。

① https://git.kernel.org/pub/scm/linux/kernel/git/stable/linux.git/tree/include/uapi/linux/uhid.h? h=v4.19.225，https://git.kernel.org/pub/scm/linux/kernel/git/stable/linux.git/tree/drivers/hid/uhid.c? h=v4.19.225

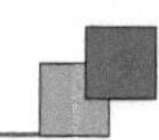

uhid 通过文件读/写表示 HID 设备与主机交互，每次读/写只能发送或接收一个事件。事件及其参数定义在结构体 struct uhid_event 中，它定义在 include/linux/uhid.h 内。事件内的字符串均以 ASCII 编码表示字符，并以空字符(0 值)表示字符串结束。

以下为 uhid 的 12 种事件。

## 1. 创建(UHID_CREATE2)

向文件写入创建事件创建一个 HID 设备，它的参数定义如下：

```
1.    struct uhid_create2_req {
2.          __u8 name[128];
3.          __u8 phys[64];
4.          __u8 uniq[64];
5.          __u16 rd_size;
6.          __u16 bus;
7.          __u32 vendor;
8.          __u32 product;
9.          __u32 version;
10.         __u32 country;
11.         __u8 rd_data[HID_MAX_DESCRIPTOR_SIZE];
12.   } __attribute__((__packed__));
```

name：设备名称字符串，用于显示在设备对应的 uevent 字符文件内，可以任意填写。

phys：设备物理位置字符串，用于显示在设备对应的 uevent 字符文件内，可以任意填写。

uniq：设备唯一标识字符串，用于 HID 设备序列号，可以任意填写。

rd_size：以字节为单位的报告描述符长度。

bus：总线位置，对驱动设备行为没有影响。可以是定义于 include/linux/input.h 内的以下值之一：

```
#define BUS_PCI            0x01
#define BUS_ISAPNP         0x02
#define BUS_USB            0x03
#define BUS_HIL            0x04
#define BUS_BLUETOOTH      0x05
#define BUS_VIRTUAL        0x06
#define BUS_ISA            0x10
#define BUS_I8042          0x11
#define BUS_XTKBD          0x12
#define BUS_RS232          0x13
#define BUS_GAMEPORT       0x14
#define BUS_PARPORT        0x15
#define BUS_AMIGA          0x16
#define BUS_ADB            0x17
#define BUS_I2C            0x18
#define BUS_HOST           0x19
#define BUS_GSC            0x1A
#define BUS_ATARI          0x1B
```

```
#define BUS_SPI            0x1C
#define BUS_RMI            0x1D
#define BUS_CEC            0x1E
#define BUS_INTEL_ISHTP    0x1F
```

vendor：用于 HID 设备厂商 ID。

product：用于 HID 设备产品 ID。

version：可能用于 HID 设备版本。

country：用于 HID 设备国家代码。

rd_data：用于 HID 设备报告描述符数据。

如果设备已经存在，则写入操作的返回值为-EALREADY。

### 2. 销毁(UHID_DESTROY)

向文件写入销毁事件销毁已创建的 HID 设备，它没有参数。

如果设备不存在，则写入操作的返回值为-EINVAL。

### 3. 开始(UHID_START)

从文件读出开始事件表示 HID 设备已创建，它的参数定义如下：

```
1.    enum uhid_dev_flag {
2.        UHID_DEV_NUMBERED_FEATURE_REPORTS          = (1ULL << 0),
3.        UHID_DEV_NUMBERED_OUTPUT_REPORTS           = (1ULL << 1),
4.        UHID_DEV_NUMBERED_INPUT_REPORTS              = (1ULL << 2),
5.    };
6.
7.    struct uhid_start_req {
8.        __u64 dev_flags;
9.    };
```

def_flags：取值为 enum uhid_dev_flag 的按位组合结果，以位标记三种传输方式是否存在报告 ID，当一种传输方式没有报告或仅存在唯一报告且不使用报告 ID 时，不被计入。

### 4. 停止(UHID_STOP)

从文件读出停止事件表示 HID 设备已销毁，它没有参数。

### 5. 打开(UHID_OPEN)

从文件读出打开事件表示 HID 设备已加载事件驱动，它没有参数。

### 6. 关闭(UHID_CLOSE)

从文件读出打开事件表示 HID 设备已卸载事件驱动，它没有参数。

### 7. 输出(UHID_OUTPUT)

从文件读出输出事件表示主机向设备发送了输出报告，它的参数定义如下：

```
1.    struct uhid_output_req {
2.        __u8 data[UHID_DATA_MAX];
3.        __u16 size;
4.        __u8 rtype;
5.    } __attribute__((__packed__));
```

data：输出报告的的数据包，如果存在报告 ID，则首字节为报告 ID。

size：以字节为单位的数据包长度。

rtype：报告类型，从源代码看仅有 HID_OUTPUT_REPORT 是可能的取值。

### 8. 输入(UHID_INPUT2)

向文件写入输入事件，向主机发起输入报告，它的参数定义如下：

```
1.    struct uhid_input2_req {
2.        __u16 size;
3.        __u8 data[UHID_DATA_MAX];
4.    } __attribute__((__packed__));
```

size：以字节为单位的数据包长度。

data：输入报告的数据包，如果存在报告 ID，则首字节为报告 ID。

如果设备不存在，则写入操作的返回值为 - EINVAL。

### 9. 获取报告(UHID_GET_REPORT)

从文件读出获取报告表示主机向设备发起了获取特征报告，它的参数定义如下：

```
1.    struct uhid_get_report_req {
2.        __u32 id;
3.        __u8 rnum;
4.        __u8 rtype;
5.    } __attribute__((__packed__));
```

id：一个用于匹配获取报告和获取报告回复事件的值，注意它并不是报告 ID。

rnum：报告 ID，0 表示无报告 ID。

rtype：报告类型，可能是特征报告(UHID_FEATURE_REPORT)、输出报告(UHID_OUTPUT_REPORT)或输入报告(UHID_INPUT_REPORT)。

### 10. 获取报告回复(UHID_GET_REPORT_REPLY)

向文件写入获取报告回复，向主机反馈获取报告的结果，它的参数定义如下：

```
1.    struct uhid_get_report_reply_req {
2.        __u32 id;
3.        __u16 err;
4.        __u16 size;
5.        __u8 data[UHID_DATA_MAX];
6.    } __attribute__((__packed__));
```

id：用于匹配获取报告和获取报告回复事件的值，本回复将被视为 id 值与获取报告事件 id 值相等的获取报告事件对应的响应。

err：0 表示返回成功，否则表示返回失败。

size：以字节为单位的报告数据长度。

data：报告数据，如果存在报告 ID，则首字节为报告 ID。

如果设备不存在，则写入操作的返回值为-EINVAL，否则返回非负数（即使没有匹配的获取报告事件）。

### 11. 设置报告（UHID_SET_REPORT）

从文件读出设置报告表示主机向设备发起了设置报告，它的参数定义如下：

```
1.    struct uhid_set_report_req {
2.        __u32 id;
3.        __u8 rnum;
4.        __u8 rtype;
5.        __u16 size;
6.        __u8 data[UHID_DATA_MAX];
7.    } __attribute__((__packed__));
```

id：一个用于匹配设置报告和设置报告回复事件的值，注意它并不是报告 ID。

rnum：报告 ID，0 表示无报告 ID。

rtype：报告类型，可能是特征报告（UHID_FEATURE_REPORT）、输出报告（UHID_OUTPUT_REPORT）或输入报告（UHID_INPUT_REPORT）。

size：以字节为单位的报告数据长度。

data：报告数据，如果存在报告 ID，则首字节为报告 ID。

### 12. 设置报告回复（UHID_SET_REPORT_REPLY）

向文件写入设置报告回复，向主机反馈设置报告的结果，它的参数定义如下：

```
1.    struct uhid_set_report_reply_req {
2.        __u32 id;
3.        __u16 err;
4.    } __attribute__((__packed__));
```

id：用于匹配设置报告和设置报告回复事件的值，本回复将被视为 id 值与设置报告事件 id 值相等的设置报告事件对应的相应。

err：0 表示返回成功，否则表示返回失败。

如果设备不存在，则写入操作的返回值为-EINVAL，否则返回非负数（即使没有匹配的事件）。

## 4.5 基于 uhid 的 HID

uhid 是 HID 专用的下层协议，无需额外声明，且每个 uhid 实例仅能容纳一个 HID 实例。

**HID 设备信息：** 通过创建（UHID_CREATE2）事件携带的参数声明。

**HID 报告描述符：** 通过创建（UHID_CREATE2）事件携带的参数声明。

**HID 输入报告：** 通过写入输入（UHID_INPUT2）事件实现。

**HID 输出报告：** 通过读出输出（UHID_OUTPUT）事件实现。

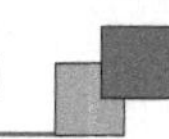

**HID 获取特征报告：** 通过读出获取报告(UHID_GET_REPORT)事件并写入获取报告回复(UHID_GET_REPORT_REPLY)事件实现。

**HID 设置特征报告：** 通过读出设置报告(UHID_SET_REPORT)事件并写入设置报告回复(UHID_SET_REPORT_REPLY)事件实现。

**引导协议：** 不支持引导协议。

## 4.6　事务流程

### 1. 创建设备

如图 4-2 所示，由应用层发出 UHID_CREATE2 事件发起，成功后可以取得事件 UHID_START。

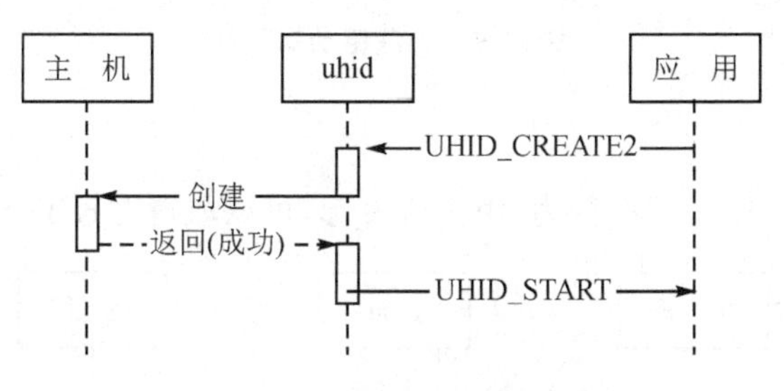


**图 4-2　创建设备时间线**

### 2. 销毁设备

如图 4-3 所示，由应用层发出 UHID_DESTORY 事件发起，成功后可以取得事件 UHID_STOP。

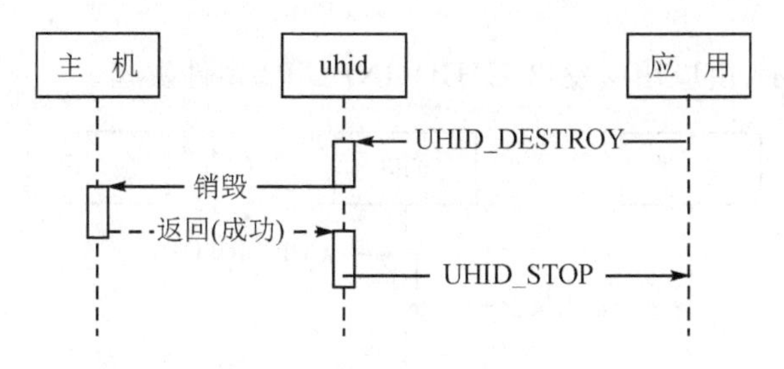


**图 4-3　销毁设备时间线**

### 3. 加载驱动

如图 4-4 所示，加载驱动、驱动打开设备时由主机发起，可以取得事件 UHID_OPEN。

### 4. 卸载驱动

如图 4-5 所示，卸载驱动、驱动关闭设备时由主机发起，可以取得事件 UHID_CLOSE。

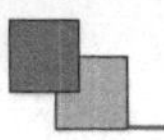

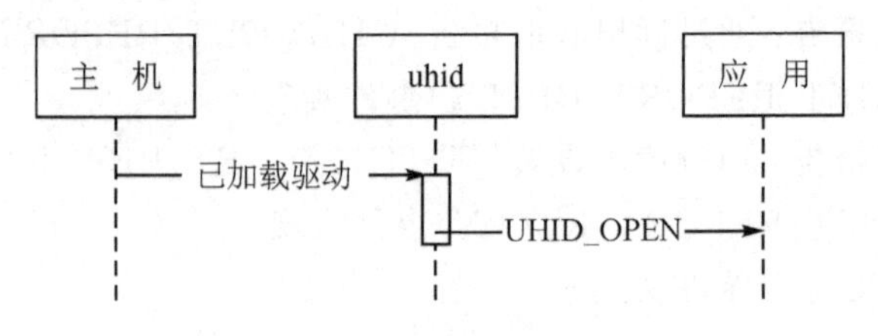


图 4-4 加载驱动时间线

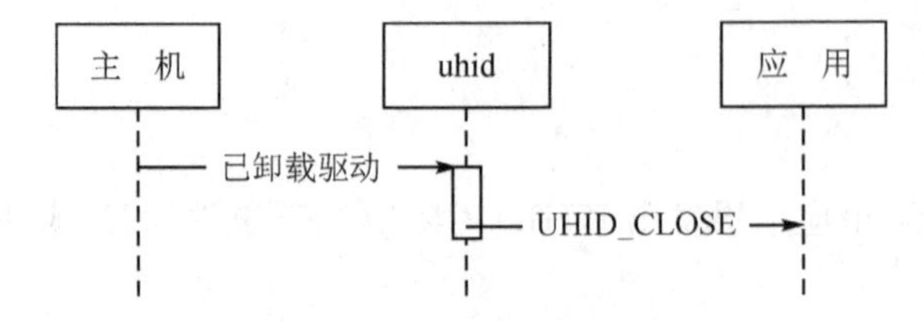


图 4-5 卸载驱动时间线

### 5. 输出报告

如图 4-6 所示，驱动程序行为，由主机发起，可以取得 UHID_OUTPUT 事件。

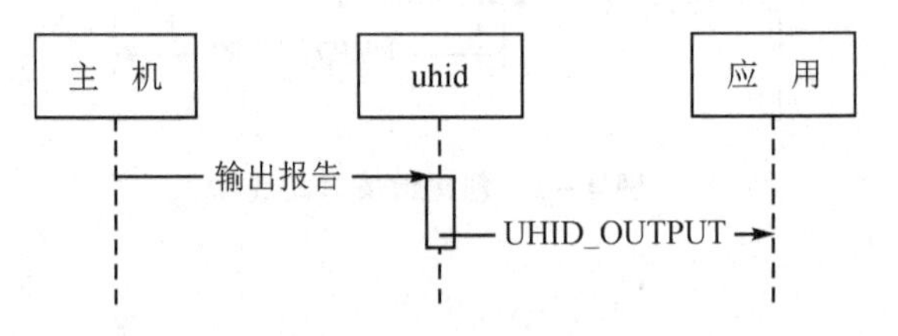


图 4-6 输出报告时间线

### 6. 输入报告

如图 4-7 所示，由应用层发出 UHID_INPUT2 事件发起。

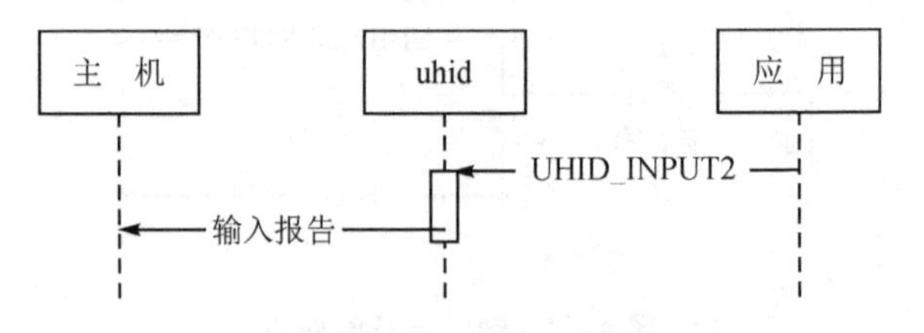


图 4-7 输入报告时间线

### 7. 获取特征报告

如图 4-8 所示，驱动程序行为，由主机发起，应用将取得事件 UHID_GET_REPORT，并应当根据该事件内容发出 UHID_GET_REPORT_REPLY 事件作为回复。

### 8. 设置特征报告

如图 4-9 所示，驱动程序行为，由主机发起，应用将取得事件 UHID_SET_RE-

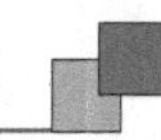

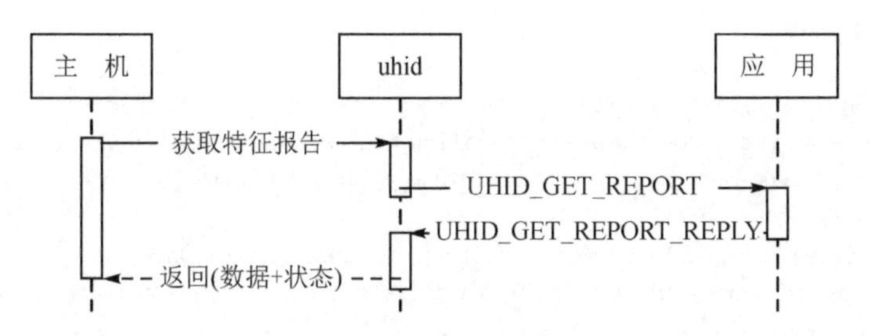


**图 4－8　获取特征报告时间线**

PORT，并应当根据该事件内容发出 UHID_SET_REPORT_REPLY 事件作为回复。

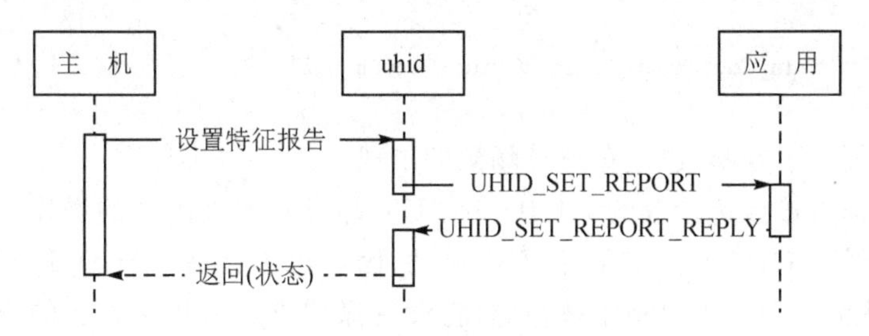


**图 4－9　设置特征报告时间线**

## 4.7　其他特性

根据 uhid. c[①] 源代码分析功能特征，希望能帮助读者加深理解、避免踩坑。

### 1. 已过期的定义

在 uhid. h 内名称带 LEGACY（遗留）字样的事件，其对应的参数结构同样被标记为 Obsolete（过期）。

UHID_CREATE 事件对应的参数结构内存在一个指针，指向报告描述符，这是存在风险的。该参数在由用户层向内核层传递的过程中是不可能变化的，因为传递事件不会解析其中的内容，那么用户空间的指针数值将直接传递至内核空间。若要使该参数能正确传递，必须令指向同一位置的用户空间指针和内核空间指针数值相等，也就是要求用户空间和内核空间的内存映射完全相同。内核空间所有的程序使用相同的内存映射，那么实际上成为要求用户空间的程序也使用相同的内存映射，相当于用户空间运行的程序没有内存映射，彼此没有内存隔离。

一个运行在桌面的现代的操作系统没有内存映射可以说是个相当糟糕的设计，因此也有十足的理由认为 UHID_CREATE 应该被弃用。从 uhid. c 源代码中的注释也可以看出，弃用它的确有关直接传递指针：

① https://git.kernel.org/pub/scm/linux/kernel/git/stable/linux.git/tree/drivers/hid/uhid.c?h=v4.19.225。

```
1.     case UHID_CREATE:
2.         /*
3.          * 'struct uhid_create_req' contains a __user pointer which is
4.          * copied from, so it's unsafe to allow this with elevated
5.          * privileges (e.g. from a setuid binary) or via kernel_write().
6.          */
7.         if (file->f_cred != current_cred() || uaccess_kernel()) {
8.             pr_err_once("UHID_CREATE from different security context by process %d (%s),
   this is not allowed.\n",
9.                     task_tgid_vnr(current), current->comm);
10.            ret = -EACCES;
11.            goto unlock;
12.        }
13.        ret = uhid_dev_create(uhid, &uhid->input_buf);
14.        break;
```

另外,还加上了判断,以避免意外场景的出现。

但是,同样直接传递指针的 UHID_INPUT 却没有实施类似的操作。即便可以认为,错误的场景下 UHID_CREATE 不会成功,因此也不会有 UHID_INPUT 被调用,但作者仍然认为这种编码风格不够稳健,它没有保护或是依赖了太长的逻辑链来保护运行安全。况且,这也只能防止调用旧接口的应用程序触发意外,依然不能阻止 UHID_CREATE2 创建设备后使用 UHID_INPUT 访问设备。

### 2. 设备版本号

创建 HID 设备(UHID_CREATE2)时传入的参数中有字段 version 以标记版本。作者在 uhid 源代码中看到该数值用作 hid->version 字段,并且没有找到该字段除显示信息之外的其他用途。

在 usbhid 驱动 hid-core.c[①](源代码内有两个同名文件,路径不同,此文件为 root/drivers/hid/usbhid/hid-core.c)内,可以看到 hid->version 字段的数值先后来源于 USB 设备版本(设备描述符,设备版本)和 USB HID 版本(HID 描述符,HID 版本),前者用途与厂商 ID、设备 ID 类似,后者用于根据该值实施不同的驱动行为。无论取哪个定义,都不应赋值 2 次。如果以 HID 版本理解,驱动内没有对 HID 版本差异有任何行为差异,则可以认为它并不支持不同的 HID 版本;如果以设备版本理解,则事实上它被覆写成为错误的数值。

在 Ubuntu 16.04 环境下实测 USB HID 设备,从/proc/bus/input/device 内取得或从/sys/class/hid/devices/*/input/input*/uevent 内取得的数据均为 HID 版本,但从/sys/class/usbmisc/hiddev*/device/uevent 内取得的数据为设备版本。

作者认为应当将它理解为设备版本,同时 Linux 对它的解析和使用存在 BUG。

---

① https://git.kernel.org/pub/scm/linux/kernel/git/stable/linux.git/tree/drivers/hid/usbhid/hid-core.c?h=v4.19.225

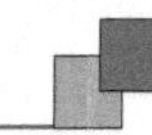

### 3. 不完整的读/写

部分写事件不需要参数，例如 UHID_DESTROY，无须写入完整带参数的的事件结构体，只要写入 4 B 的 UHID_DESTROY 就能实现功能。作者不认为这是好的功能，因为它破坏了写入事件的一致性，并且代价是每次写入指令后内核都要执行一次内存清零和复制动作。

```
1.    static ssize_t uhid_char_write(struct file * file, const char __user * buffer,
2.                                 size_t count, loff_t * ppos)
3.    {
4.        struct uhid_device * uhid = file->private_data;
5.        int ret;
6.        size_t len;
7.
8.        /* we need at least the "type" member of uhid_event */
9.        if (count < sizeof(__u32))
10.           return -EINVAL;
11.
12.       ret = mutex_lock_interruptible(&uhid->devlock);
13.       if (ret)
14.           return ret;
15.
16.       memset(&uhid->input_buf, 0, sizeof(uhid->input_buf));
17.       len = min(count, sizeof(uhid->input_buf));
18.
19.       ret = uhid_event_from_user(buffer, len, &uhid->input_buf);
```

同时，作者也不赞同这种“全零即默认”或“全零即无效”的数值策略，至少我们看到 enum uhid_event_type 的定义中零值不仅不是无效值，还是一个存在风险的过期定义，它显然是不符合这个设计思想的。

当读事件传入的参数不足以容纳完整的数据时，读操作依然能够成功，并且读出的事件会被认为成功读出而移出待读取队列。如果开发者使用了这种方式，甚至连 HID 需要返回状态的特征报告传输都可能被丢弃，则不是一个好的设计。相比之下，作者认为不完整的写入设计缺陷略小一些，至少在应用程序开发者设计严谨的前提下不会有额外的风险和性能开销。

### 4. 事件和命令

uhid 读/写使用了相同的数据结构定义 struct uhid_event，但作者认为完全可以将它拆成两类：读出的称为事件，写入的称为命令。

很显然，每一个 uhid 事件都只可能有一个传输方向：UHID_CREATE2，UHID_DESTROY，UHID_INPUT2，UHID_GET_REPORT_REPLY，UHID_SET_REPORT_REPLY 只支持被写入；UHID_START，UHID_STOP，UHID_OPEN，UHID_CLOSE，UHID_OUTPUT，UHID_GET_REPORT，UHID_SET_REPORT 只支持被读出，那么完全可以将这两类分别对待。

如果区分了事件和命令，则事件参数和命令参数的长度可能不一样，能节省一个方向的数据传递性能开销，代码的可读性也能有一定程度的增加。

**5. 带报告类型的事件**

可以肯定地说：HID报告只有三种，即输入报告、输出报告、特征报告。对应传输报告的方式也只有四种，即设备向主机发起输入报告、主机向设备发起输出报告、主机向设备发起设置特征报告、主机向设备发起获取特征报告。

因此，纯粹的HID接口完全没必要出现形如“设置输出报告”这样的场景。我们有理由认为这样的设计是参考了USB HID规范，输出报告可以使用与特征报告类似的设置方式实现。不论这个需求是否有意义，它都只是增加了USB实现HID的一种方式，而没有重新定义HID的接口形式，不应该成为令纯粹的HID接口做出变更的原因。

# 第5章

# 用于 Windows 的 VirtualHid

VirtualHid 是作者自己编写的一个 Windows 虚拟设备驱动程序，目前为止本章内容是其最正式的文档。该程序用于在系统中生成 HID 设备，对于开发者来说，它的实现目标和 Linux 下的 uhid 一致。本章需要读者对 Windows 开发有一定了解，知晓设备节点(Devnode)在很多场景下与文件是相似的，可以用于打开、关闭、读、写。相比于 Linux，Windows 显然没有把这些节点暴露在资源管理器内，但开发人员应当理解它们的相似性。

## 5.1 VirtualHid 简介

VirtualHid 用于用户层应用程序虚拟 HID 设备。它是一个内核驱动程序，正确安装后系统中将存在一个设备节点，用于应用与内核交互，实现虚拟 HID 设备。

安装 VirtualHid 需要根据目标操作系统和处理器在对应的文件夹内运行 vhinst.exe，运行成功则完成安装。此操作需要管理员权限。驱动没有经过签名，因此安装过程可能弹出警告。在“设备管理器”内看到“VirtualDeviceClass\VirtualHid Root”(见图 5－1)即可认为安装成功。

图 5－1　设备管理器界面示意

文件夹名与系统对应关系如表 5－1 所列。

**表 5－1　目录与操作系统及版本号对应关系**

| 目录名① | 系统名称 | 系统版本号 |
| --- | --- | --- |
| wxp | Windows XP | 5.1 |
| wnet | Windows Server 2003 | 5.2 |
| wlh | Windows Vista | 6.0 |
| win7 | Windows 7 或更高 | 6.1 或以上 |

运行 vhinst.exe /u 卸载 VirtualHid，在命令行下运行或创建快捷方式加参数均可，同样需要管理员权限。

## 5.2　使用 VirtualHid

用户层应用程序可以像打开文件一样打开或关闭这个驱动生成的设备节点，通过读/写数据实现 HID 设备功能。该节点可以多次打开并每次返回独立的句柄(Handle)，内核驱动会跟踪每个句柄，同时保证任意时刻关闭句柄均能正确地释放该句柄对应的所有资源。

每个文件句柄在同一时刻至多只能存在一个 HID 实例，若需要多个 HID 实例共存则需要多次打开设备节点。主机发起的事务称作(Event)，读取该句柄得到事件类型与参数；设备发起的事务或对主机的反馈称作命令(Command)，写入该句柄发送命令类型与参数。

VirtualHid 同时提供了辅助开发的库文件和 C 语言头文件，如表 5－2 所列。

**表 5－2　VirtualHid 文件简介**

| 文件名 | 描　述 |
| --- | --- |
| VirtualHid.h | 头文件，包含类型定义、结构定义、GUID 定义 |
| vhlib.dll | 动态链接库，提供辅助功能，分别提供 x86 与 amd64 版本 |
| vhlib.lib | vhlib.dll 对应的静态链接库，用于编译时静态链接 |
| vhlibll.h | 低层(Low Layer)辅助程序，依赖 vhlib.dll，并需要与 VirthalHid.h 配合使用 |
| vhliboo.h | 面向对象(Object-Oriented)辅助程序，依赖 vhlib.dll |

共有 4 种访问方式，如表 5－3 所列。

类别 A：适合了解设备驱动 API 的开发人员，无需加载任何动态库，通过 VirtualHid.h 提供的 GUID 查找设备类并打开，根据头文件提供的类型写入命令或读出事件。

① 使用 WDK7.1.0 编译，目录名直接使用了 WDK 默认的名称。

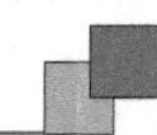

表 5－3　VirtualHid 的 4 种访问方式

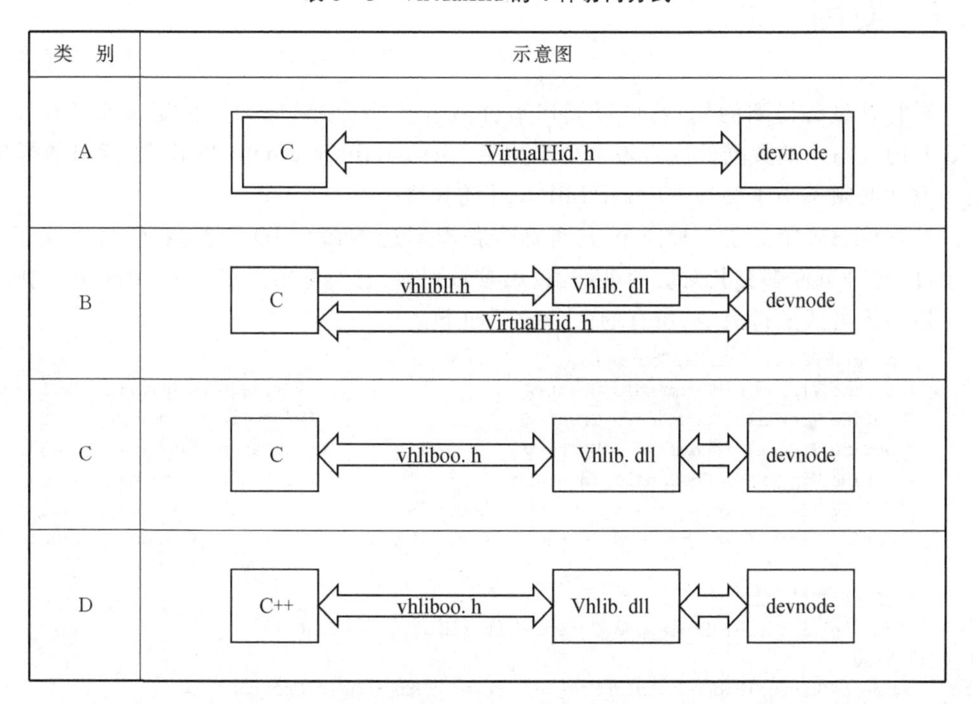


类型 B：适合不熟悉面向对象方法的 Windows 开发人员，需要加载动态库。仅调用 vhlibll. h 内的打开设备方法，通过和 VirtualHid. h 定义的结构写入命令或读出事件。

类型 C：适合理解面向对象方法的 C 语言开发人员，需要加载动态库。仅调用 vhliboo. h 内的 C 语言风格接口。无法收到设备销毁后的停止事件。

类型 D：适合理解面向对象并使用 C++的开发人员，需要加载动态库，仅调用 vhliboo. h 内的 C++类及其方法，这些类是在头文件内以内联(inline)方式实现的，仅使用 C++风格封装了类型 C 的接口。无法收到设备销毁后的停止事件。

以上所有方法、接口、类型遵循 Windows 惯例，对于区分字符集参数的方法都提供了多字节字符集风格和宽字节字符集风格接口，分别以后缀 A 和 W 标记，并根据编译环境映射为不带后缀的宏。

以下将以类型 B 类访问方式解析 VirtualHid 的使用方法，它与用于 Linux、Android 的 uhid 用法最相似。

## 5.3　打开节点

使用 vhlibll. h 内的 VirtualHidCreate 方法打开设备，完全按照文件对待。打开得到的句柄类型为 HANDLE，使用完成后需要用系统提供的 CloseHandle 指令释放句柄。参数、返回值的定义和 CreateFile 方法的定义完全一致，仅默认了文件名参数。

# 5.4 使用节点

对打开设备得到的句柄，可以读出事件或写入指令，对应的结构定义在 VirtualHid.h 内。写入的数据长度必须不小于类型 VirtualHidCommand 的长度，读出数据预设的空间必须不小于类型 VirtualHidEvent 的长度。

VirutalHid 定义了 5 种命令，每种命令都有对应的命令 ID 和参数列表，定义了 7 种事件，每种事件都有其对应的事件 ID 和参数列表，它们都定义在 VirtualHid.h 中。

以写入方式发送命令，所有的命令定义如下：

```
1.  typedef BYTE VirtualHidCommandId;
2.  #define VirtualHidCommandId_CreateA                      ((VirtualHidCommandId)0x01)
3.  #define VirtualHidCommandId_CreateW                      ((VirtualHidCommandId)0x02)
4.  #define VirtualHidCommandId_Destory                      ((VirtualHidCommandId)0x03)
5.  #define VirtualHidCommandId_InputReport                  ((VirtualHidCommandId)0x04)
6.  #define VirtualHidCommandId_GetFeatureReportReply        ((VirtualHidCommandId)0x05)
7.  #define VirtualHidCommandId_SetFeatureReportReply        ((VirtualHidCommandId)0x06)
8.
9.  #ifdef UNICODE
10. #define VirtualHidCommandId_Create VirtualHidCommandId_CreateW
11. #else
12. #define VirtualHidCommandId_Create VirtualHidCommandId_CreateA
13. #endif
```

以读出方式获取事件，所有的事件定义如下：

```
1.  typedef BYTE VirtualHidEventId;
2.  #define VirtualHidEventId_Start                ((VirtualHidEventId)0x01)
3.  #define VirtualHidEventId_Stop                 ((VirtualHidEventId)0x02)
4.  #define VirtualHidEventId_Open                 ((VirtualHidEventId)0x03)
5.  #define VirtualHidEventId_Close                ((VirtualHidEventId)0x04)
6.  #define VirtualHidEventId_OutputReport         ((VirtualHidEventId)0x05)
7.  #define VirtualHidEventId_GetFeatureReport     ((VirtualHidEventId)0x06)
8.  #define VirtualHidEventId_SetFeatureReport     ((VirtualHidEventId)0x07)
```

### 1. 创建(Create)命令

参数如下：

```
1.  typedef struct _VirtualHidCommandCreateA
2.  {
3.      USHORT vendorId;
4.      USHORT productId;
5.      USHORT revision;
6.      BYTE countryCode;
7.      USHORT reportDescriptorLength;
8.      BYTE reportDescriptor[0x400];
9.      BYTE serialNumberCharNumber;
10.     CHAR serialNumber[0x80];
11. }
12. VirtualHidCommandCreateA;
```

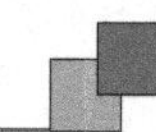

```
13.
14.    typedef struct _VirtualHidCommandCreateW
15.    {
16.        USHORT vendorId;
17.        USHORT productId;
18.        USHORT revision;
19.        BYTE countryCode;
20.        USHORT reportDescriptorLength;
21.        BYTE reportDescriptor[0x400];
22.        BYTE serialNumberCharNumber;
23.        WCHAR serialNumber[0x80];
24.    }
25.    VirtualHidCommandCreateW;
26.
27.    #ifdef UNICODE
28.    #define VirtualHidCommandCreate VirtualHidCommandCreateW
29.    #else
30.    #define VirtualHidCommandCreate VirtualHidCommandCreateA
31.    #endif
```

vendorId：用于 HID 厂商 ID。

productId：用于 HID 产品 ID。

revision：用于 HID 产品版本。

countryCode：用于 HID 国家代码。

reportDescriptorLength：以字节为单位的用于 HID 报告描述符的长度。

reportDescriptor：用于 HID 报告描述符的内容。

serialNumberCharNumber：以字符为单位的用于 HID 序列号的长度。

serialNumber：用于 HID 设备序列号的内容。

用已有的参数创建单 HID 实例设备。如果设备已经存在则被忽略，不会创建新的设备。

### 2. 销毁(Destroy)命令

没有参数。

销毁已创建的设备。如果设备不存在，则没有行为。

### 3. 开始(Start)事件

没有参数。

设备成功创建后发出开始事件。

### 4. 停止(Stop)事件

没有参数。

设备成功销毁后发出停止事件。

### 5. 打开(Open)事件

没有参数。

设备被驱动程序打开后发出打开事件。

### 6. 关闭(Close)事件

没有参数。

设备被驱动程序关闭后发出关闭事件。

### 7. 输出报告(OutputReport)事件

参数如下：

```
1.    typedef struct _VirtualHidEventOutputReport
2.    {
3.        USHORT dataLength;
4.        BYTE data[0x400];
5.    }
6.    VirtualHidEventOutputReport;
```

dataLength：以字节为单位的输出报告长度。

data：输出报告内容，如果有报告 ID，则首字节为报告 ID。

主机向设备发送输出报告时发出输出报告事件。

### 8. 输入报告(InputReport)命令

参数如下：

```
1.    typedef struct _VirtualHidCommandInputReport
2.    {
3.        USHORT dataLength;
4.        BYTE data[0x400];
5.    }
6.    VirtualHidCommandInputReport;
```

dataLength：以字节为单位的输入报告长度。

data：输入报告内容，如果有报告 ID，则首字节应置为报告 ID。

用提供的参数填充报告，由设备向主机发送输入报告。如果设备不存在，则没有行为。

### 9. 获取特征报告(GetFeatureReport)事件

参数如下：

```
1.    typedef struct _VirtualHidEventGetFeatureReport
2.    {
3.        BYTE tag;
4.        BYTE reportId;
5.        USHORT dataLength;
6.    }
7.    VirtualHidEventGetFeatureReport;
```

tag：用于匹配获取特征报告事件和获取特征报告回复命令的标记。

reportId：报告 ID，如果没有报告 ID，则值为 0。

dataLength：以字节为单位，返回值报告允许的最大数据长度。

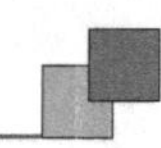

主机向设备获取特征报告时发出获取特征报告事件。设备应当立即向 HID 实例转发并在返回后使用获取特征报告回复命令向主机返回结果。

### 10. 设置特征报告(SetFeatureReport)事件

参数如下：

```
1.   typedef struct _VirtualHidEventSetFeatureReport
2.   {
3.       BYTE tag;
4.       BYTE reportId;
5.       USHORT dataLength;
6.       BYTE data[0x400];
7.   }
8.   VirtualHidEventSetFeatureReport;
```

tag：用于匹配设置特征报告事件和设置特征报告回复命令的标记。

reportId：报告 ID，如果没有报告 ID，则值为 0。

dataLength：以字节为单位的报告数据长度。

data：报告数据，如果存在报告 ID，则首字节为报告 ID。

主机向设备设置特征报告时发出设置特征报告事件。设备应当立即向 HID 实例转发并在返回后使用设置特征报告回复命令向主机返回结果。

### 11. 获取特征报告回复(GetFeatureReportReply)命令

参数如下：

```
1.   typedef struct _VirtualHidCommandGetFeatureReportReply
2.   {
3.       BYTE tag;
4.       BYTE success;
5.       USHORT dataLength;
6.       BYTE data[0x400];
7.   }
8.   VirtualHidCommandGetFeatureReportReply;
```

tag：用于匹配获取特征报告事件和获取特征报告回复命令的标记。

success：表示成功状态，0 为失败，其他值为成功。

dataLength：以字节为单位报告数据长度。

data：报告数据，如果存在报告 ID，则首字节为报告 ID。

用指定参数向主机回复获取特征报告事件的结果。当设备不存在、队列中没有匹配的获取特征报告回复标记时，没有行为。当表示状态失败时，报告数据和它的长度内容被忽略。

### 12. 设置特征报告回复(SetFeatureReportReply)命令

参数如下：

```
1.    typedef struct _VirtualHidCommandSetFeatureReportReply
2.    {
3.        BYTE tag;
4.        BYTE success;
5.    }
6.    VirtualHidCommandSetFeatureReportReply;
```

tag：用于匹配设置特征报告事件和设置特征报告回复命令的标记。

success：表示成功状态，0 为失败，其他值为成功。

用指定参数向主机回复设置特征报告事件的结果。当设备不存在、队列中没有匹配的获取特征报告回复标记时，没有行为。

## 5.5 基于 VirtualHid 的 HID

VirtualHid 是 HID 专用的下层协议，无需额外声明，且每个 VirtualHid 实例仅能容纳一个 HID 实例。

**HID 设备信息：**通过创建（VirtualHidCommandId_Create）命令携带的参数声明。

**HID 报告描述符：**通过创建（VirtualHidCommandId_Create）命令携带的参数声明。

**HID 输入报告：**通过写入输入报告（VirtualHidCommandId_InputReport）命令实现。

**HID 输出报告：**通过读出输出报告（VirtualHidEventId_OutputReport）事件实现。

**HID 获取特征报告：**通过读出获取特征报告（VirtualHidEventId_GetFeatureReport）事件并写入获取特征报告回复（VirtualHidCommandId_GetFeatureReportReply）事件实现。

**HID 设置特征报告：**通过读出设置特征报告（VirtualHidEventId_SetFeatureReport）事件并写入设置特征报告回复（VirtualHidCommandId_SetFeatureReportReply）命令实现。

**引导协议：**不支持引导协议。

## 5.6 事务流程

所有事务流程均与 uhid 事务一致，请参考“第 4 章　用于 Linux、Android 的 uhid”。

## 5.7 其他调用方式

### 1. A 类调用方式

在 B 类调用方式的基础上，需要开发者自行根据 VirtualHid.h 内定义的接口类 GUID 查找设备并打开。需要调用系统方法 SetupDiGetClassDevs、SetupDiGetClass-

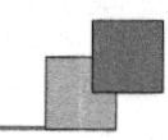

Devs、SetupDiEnumDeviceInterfaces、SetupDiGetDeviceInterfaceDetail、SetupDiDestroyDeviceInfoList 以枚举指定 GUID 的设备(接口),获取设备路径并打开。

## 2. C 类调用方式

将 B 类调用方式的调用封装入两个对象句柄(Handle),分别是 VirtualHidInitialize 和 VirtualHidInstance。

VirtualHidInitialize 需要用对应的 Create 方法生成,用毕后必须用对应 Delete 方法销毁:

```
1.    VirtualHidInitialize WINAPI VirtualHidInitializeCreateA(USHORT vendorId, USHORT productId, USHORT revision, VOID const * reportDescriptor, USHORT reportDescriptorLength);
2.    VirtualHidInitialize WINAPI VirtualHidInitializeCreateW(USHORT vendorId, USHORT productId, USHORT revision, VOID const * reportDescriptor, USHORT reportDescriptorLength);
3.    #ifdef  _UNICODE
4.    #define VirtualHidInitializeCreate          VirtualHidInitializeCreateW
5.    #else
6.    #define VirtualHidInitializeCreate          VirtualHidInitializeCreateA
7.    #endif
8.    WINAPI VirtualHidInitializeDelete(VirtualHidInitialize init);
```

除必要参数需要在生成时输入外,其他参数可以通过对应的方法设置,未设置将保持默认值。包括国家代码(Country code,默认值 0)、序列号(Serial number,默认为空)。

```
1.    VOID WINAPI VirtualHidInitializeSetCountryCode(VirtualHidInitialize init, BYTE countryCode);
2.    VOID WINAPI VirtualHidInitializeSetSerialNumberA(VirtualHidInitialize init, CHAR const * serialNumber);
3.    VOID WINAPI VirtualHidInitializeSetSerialNumberW(VirtualHidInitialize init, WCHAR const * serialNumber);
4.    #ifdef  _UNICODE
5.    #define VirtualHidInitializeSetSerialNumber VirtualHidInitializeSetSerialNumberW
6.    #else
7.    #define VirtualHidInitializeSetSerialNumber VirtualHidInitializeSetSerialNumberA
8.    #endif
```

另外提供一个接口,用于设置在事件发生时回调 HID 实例的方法组:

```
1.    VOID WINAPI VirtualHidInitializeSetRoutines(
2.        VirtualHidInitialize init,
3.        VOID * destination,
4.        VOID(WINAPI * deviceState)(VOID * destination, BOOL start),
5.        VOID(WINAPI * workingState)(VOID * destination, BOOL open),
6.        BOOL(WINAPI * getFeatureReport)(VOID * destination, BYTE reportId, VOID * buffer, USHORT capacity, USHORT * pLength),
7.        BOOL(WINAPI * setFeatureReport)(VOID * destination, BYTE reportId, VOID const * buffer, USHORT length),
8.        VOID(WINAPI * outputReport)(VOID * destination, VOID const * buffer, USHORT length)
9.    );
```

VirtualHidInstance 也需要用对应的 Create 方法生成,用毕后用对应的 Delete 方法销毁:

```
1.    VirtualHidInstance WINAPI VirtualHidInstanceCreate(VirtualHidInitialize init);
2.    VOID WINAPI VirtualHidInstanceDelete(VirtualHidInstance instance);
```

生成时所需的唯一参数是一个构造好的 VirtualHidInitialize 句柄，生成 VirtualHidInstance 后 VirtualHidInitialize 即可被销毁。

提供一个 HID 实例发起输入报告事务所需的接口：

```
1.    VOID WINAPI VirtualHidInstanceInputReport(VirtualHidInstance instance, VOID const *
      buffer, USHORT length);
```

提供一组接口用于异步读取事件：

```
1.    VOID WINAPI VirtualHidInstanceIdle(VirtualHidInstance instance, HANDLE event);
2.    VOID WINAPI VirtualHidInstanceWork(VirtualHidInstance instance, BOOL bWait);
```

调用 VirtualHidInstanceIdle 并传入事件参数启动异步读取事件，当异步读取事件完成时传入事件将被设置，此时调用方可以实施其他逻辑或启动其他异步操作，传入事件可以作为被检测的信号量。异步读取事件完成后，调用 VirtualHidInstanceWork 以解析事件，并将根据解析内容回调初始化参数设置的方法。

### 3. D 类调用方式

在 C 类调用方式的基础上，将 VirtualHidInitialize 和 VirtualHidInstance 分别封装成 C++类 CVirtualHidInitializeA/CVirtualHidInitializeW 和 CVirtualHidInstance，对应类将在析构时分别调用对应句柄的销毁方法。同时，类提供了对应的成员方法以提供支持。

D 类调用方式仅对 C 类调用方式在头文件内实施了内联(inline)。

## 5.8 与用于 Linux 的 uhid 的差异

开发 VirtualHid 的初衷，就是为了在 Windows 环境下有个能与 uhid 类似的功能，因此也很刻意地避开了 uhid 的一些不足。

### 1. 写入操作

写入操作总是成功，不论命令是否能被执行或执行成功。

### 2. 声明报告类型

开始(Start)事件内没有描述报告类型的参数，这个参数没有必要存在。HID 实例模块和 HID 驱动模块都在维护数据结构，正确的实现不会存在有没有报告 ID 的歧义。中间环节作为 HID 的下层协议，无需解析数据包。

作者认为 uhid 提供这个设计可能与 USB 实现思路相关，用于 USB 的 HID 驱动加载后可能会根据 HID 是否存在输入报告(这只是个猜测，即使猜测正确，仍存的问题是 uhid 内无报告 ID 的报告未被计入，但显然这样的报告也是有资源需求的)，来决定是否启动 USB 中断输入端点；输出报告同理，虽然可以使用控制传输实现输出报告，但中断输出端点是承载输出报告的首选方式。在 USB 场景下，输入报告的存在与否可能

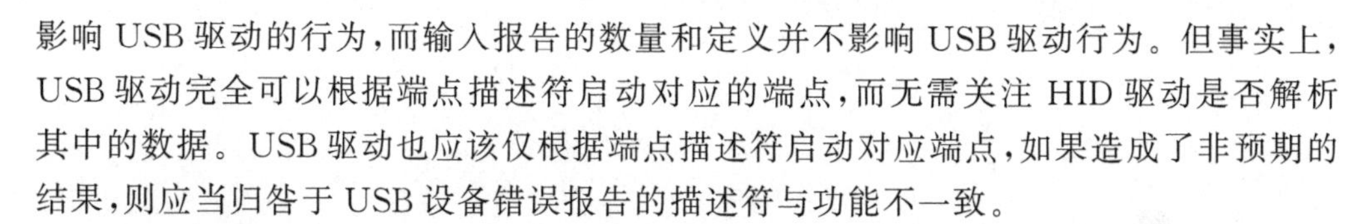

影响 USB 驱动的行为，而输入报告的数量和定义并不影响 USB 驱动行为。但事实上，USB 驱动完全可以根据端点描述符启动对应的端点，而无需关注 HID 驱动是否解析其中的数据。USB 驱动也应该仅根据端点描述符启动对应端点，如果造成了非预期的结果，则应当归咎于 USB 设备错误报告的描述符与功能不一致。

### 3. 报告事件

输出报告(OutputReport)事件没有报告类型字段，输出报告事件的定义就是传输一个输出报告，因此报告类型总是输出报告，无需额外声明。

获取特征报告(GetFeatureReport)、设置特征报告(SetFeatureReport)事件没有报告类型字段，它们总是用于特征报告，无需额外声明。

### 4. 特征报告长度

获取特征报告(GetFeatureReport)内标记了报告数据的最大长度。这种应用方法的便利性不如 uhid 支持的返回任意长度数据的便利性，受限于 Windows 的驱动已经提供的指定长度的内存。在这种场景下，如果实现为支持任意长度，则会增加许多判断逻辑，而这些逻辑需要开发者了解更多的细节，从而提高了开发的复杂性。

假设获取特征报告事件内不声明最大长度，如果 HID 实例返回成功结果，但主机提供的空间不足以容纳设备返回的数据，则驱动程序还有多种可以选择的行为：

① 仅向主机报告失败。驱动传递了错误的结果，但不能保证准确地向主机传递了失败原因，更不能确认主机会调整空间后重试。

② 根据空间长度截断返回数据，并向主机报告失败。驱动同样面临以上的问题，同时也不确定主机是否会试图解析不完整的数据。驱动也无法知晓主机认为不完整的参数是足够的还是主机放弃了这个获取事务。

③ 根据空间长度截断返回数据，并向主机报告成功。驱动无法确认告知主机空间不足。

因此，驱动的行为方式被设计为：在事件内声明可用的空间长度，返回的命令数据不能容纳在该空间时则丢弃该命令。

## 5.9 小　结

第 4 章提到 uhid 的一些缺陷与不便，可能存在一些历史的包袱令 uhid 无法修复一些特性，但 VirtualHid 没有历史包袱，因此得以实现成作者认为的更理想的状态。

# 第 6 章

# I2C HID

I2C HID 不是完全基于 I2C 接口的 HID 实现方案，而是使用 ACPI 定义的、以 I2C 总线为主要数据通信手段的 HID 实现方案。本章内容参考的 I2C HID 版本为 1.00，它由微软公司定义。

本章所有多字节数值数据均使用小端字节序。

## 6.1 I2C 简介

I2C(Inter IC)是一种双线通信总线，它和 TWI(Two - Wire Interface)是彼此完全兼容的通信协议，是一种适用于一主多从的通信方式。总线上有一个主设备(Master)和多个从设备(Slave)，每个从设备都有静态的地址，系统设计者必须保证总线上的每个从设备地址不同，并且令主设备应用了解每个从设备的地址和功能。

用于通信的连线分别是数据(SDA)线和时钟(SCL)线，均定义为"线与(Wired - AND)"，即总线上任一设备输出低电平，则该线为低电平，否则为高电平。一般使用 MOS 管的漏极开路输出(Open - Drain，OD)或晶体三极管的集电极开路(Open - Collector，OC)输出，并配合上拉电阻实现。

所有的数据交换都由主设备发起，发起时需指示数据方向、从设备地址、寄存器地址，寄存器内的数据长度不受协议限制，由从设备自行定义。从设备可以令时钟线保持低电平以实现时钟拉伸(Clock Stretching)，用于阻塞主设备事务。详细的 I2C 逻辑请参考相关文档[①]。

ACPI(Advanced Configuration and Power Interface，高级配置和电源接口)是一种规范，用于描述集成硬件的关联与行为，它的数据记录在 UEFI(Unified Extensible Firmware Interface，统一可扩展固件接口)中，可以提供给操作系统使用。ACPI 中记录的信息由板卡厂商写入，与硬件的连接方式相关。

---

① https://www.nxp.com/docs/en/user-guide/UM10204.pdf。

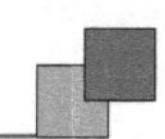

在 Windows 中通过设备管理器可以看到，I2C HID 设备位于符合 ACPI 规范的系统下的设备，在“查看”中选择“按连接列出设备”(图 6-1)可以很明显地看到这一点。

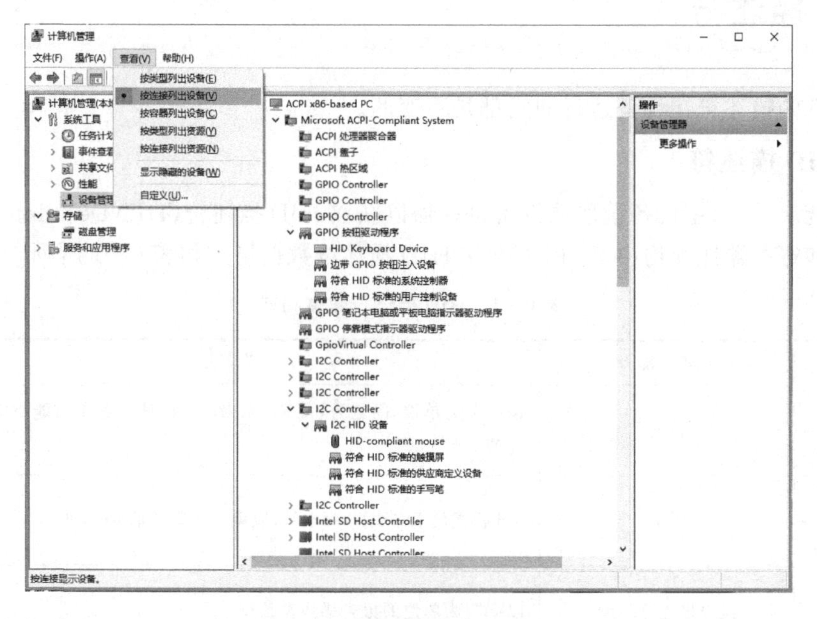


图 6-1　设备管理器界面示意图

一个 HID 实例包括以下资源：

- 一个 I2C 总线上的从设备(Slave)；
- 一个独立的中断(Interrupt)线，它由电平控制。

它的连接方式如图 6-2 所示。

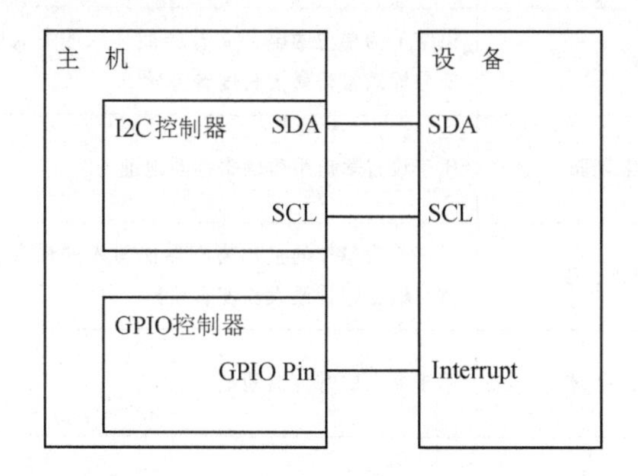


图 6-2　I2C HID 设备连接拓扑

ACPI 数据中记录的信息包括：

- I2C 总线位置；
- 电平控制信号线实例及其电平定义；
- 从设备地址及其 HID 描述符寄存器地址。

HID 主机控制 I2C 总线的主设备(Master),并将中断(Interrupt)信号作为输入。

## 6.2 描述符

所有的描述符在设备运行期间都是不变的。

### 1. HID 描述符

系统启动后,主设备读取从设备寄存器以获取 HID 描述符(HID Descriptor),从设备地址和寄存器地址均由 ACPI 提供。HID 描述符数据格式如表 6-1 所列。

表 6-1 HID 描述符数据格式

| 位置 | 名称 | 描述 |
|---|---|---|
| 0x00 | 长度 | 以字节为单位,固定为 0x1E。未来的 I2C HID 版本可能使用不同的数值 |
| 0x01 | | |
| 0x02 | 版本 | bcd 格式的 I2C HID 版本号,应该使用默认值 0x0100 |
| 0x03 | | |
| 0x04 | 报告描述符长度 | 以字节为单位的报告描述符长度 |
| 0x05 | | |
| 0x06 | 报告描述符寄存器 | 用于获取报告描述符的寄存器地址 |
| 0x07 | | |
| 0x08 | 输入寄存器 | 用于获取输入报告的寄存器地址 |
| 0x09 | | |
| 0x0A | 最大输入长度 | 以字节为单位的输入寄存器能读取的最大数据长度。须注意此数值与输入报告最大长度有差异 |
| 0x0B | | |
| 0x0C | 输出寄存器 | 用于设置输出报告的寄存器地址 |
| 0x0D | | |
| 0x0E | 最大输出长度 | 以字节为单位的输出寄存器能写入的最大数据长度。须注意此数值与输出报告最大长度有差异 |
| 0x0F | | |
| 0x10 | 命令寄存器 | 用于命令的寄存器地址 |
| 0x11 | | |
| 0x12 | 数据寄存器 | 用于数据的寄存器地址 |
| 0x13 | | |
| 0x14 | 厂商 ID | 由 USB-IF 分配的厂商 ID。用于 HID 设备属性厂商 ID |
| 0x15 | | |

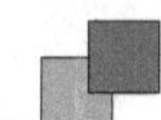

续表 6-1

| 位 置 | 名 称 | 描 述 |
|---|---|---|
| 0x16 | 产品 ID | 厂商定义的产品 ID。用于 HID 设备属性产品 ID |
| 0x17 | | |
| 0x18 | 版本 ID | 厂商定义的产品版本。用于 HID 设备属性修订值 |
| 0x19 | | |
| 0x1A | 保留 | 应以 0 填充 |
| 0x1B | | |
| 0x1C | | |
| 0x1D | | |

### 2. 报告描述符

主设备通过 HID 描述符内的报告描述符(Report Descriptor)长度和寄存器地址读取报告描述符,读出的内容用于 HID 设备报告描述符,其格式遵循 HID 报告描述符格式。

## 6.3 请 求

HID 主机写入命令寄存器发出请求(Request),发出请求前写入数据寄存器设置请求参数,发出请求后读出数据寄存器获取请求结果。

命令寄存器(Command Register)内的数据一般为 2 B,以位段定义,如表 6-2 所列。

表 6-2 命令寄存器数据格式

| 字节 \ 位 | 7 | 6 | 5 | 4 | 3 | 2 | 1 | 0 |
|---|---|---|---|---|---|---|---|---|
| 0 | | | 报告类型 | | 报告 ID | | | |
| 1 | | | | | 操作代码 | | | |

报告类型(Report Type):1 表示输入报告(Input Report),2 表示输出报告(Output Report),3 表示特征报告(Feature Report).

报告 ID(Report ID):0 表示无报告 ID,其他值表示对应报告 ID,不支持大于 15 的报告 ID。

操作代码(Op Code):如表 6-3 所列。

表 6-3 操作代码定义

| 操作代码 | 请 求 | 需 求 |
| --- | --- | --- |
| 1 | 复位(RESET) | 必须 |
| 2 | 获取报告(GET_REPORT) | 必须 |
| 3 | 设置报告(SET_REPORT) | 必须 |
| 4 | 获取空闲(GET_IDLE) | 可选 |
| 5 | 设置空闲(SET_IDLE) | 可选 |
| 6 | 获取协议(GET_PROTOCOL) | 可选 |
| 7 | 设置协议(SET_PROTOCOL) | 可选 |
| 8 | 设置功耗(SET_POWER) | 必须 |

其他字段总是以0填充。

数据寄存器(Data Register)内数据的前2 B为数据总长度(包含前2 B),其后为待传输的参数或结果。数据寄存器初始化后数值应为0。

### 1. 复　位

报告类型、报告ID:忽略。

操作代码:1。

HID主机发出的复位指令,设备收到复位指令后应当启动复位,并在复位完成后通知主机。

### 2. 获取报告

报告类型:输入报告或特征报告。

报告ID:待传输的报告对应的报告ID,无报告ID时填0,报告ID大于或等于15时填15,并在命令寄存器的第三个字节写入报告ID。

操作代码:2。

HID主机获取输入报告时设备应返回最后一次可传输的输入报告,获取特征报告时设备应实现为HID获取特征报告。返回结果为报告数据,如果有报告ID,则报告数据首字节为报告ID。如果操作失败,则返回0长度数据(数据寄存器内填充2 B数据[0x02 0x00])。

当报告ID大于或等于15时,命令寄存器需写入3 B。

### 3. 设置报告

报告类型:输出报告或特征报告。

报告ID:待传输的报告对应的报告ID,无报告ID时填0,报告ID大于或等于15时填15,并在命令寄存器的第三个字节写入报告ID。

操作代码:3。

HID主机设置输出报告时设备实现为HID输出报告,设置特征报告时设备应实

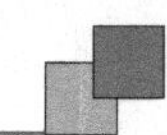

现为设置特征报告。不论是否成功，均无需返回结果。参数为报告数据，如果有报告ID，则报告数据首字节为报告ID。

当报告ID大于或等于15时，命令寄存器需写入3 B。

### 4. 获取空闲

报告类型：忽略。

报告ID：待获取的输入报告对应的报告ID，无报告ID时填0，不支持大于15的报告ID。

操作代码：4。

HID主机获取对应输入报告的空闲数值，设备应当返回结果。结果为2 B数值，0表示总是不发送重复数据，其他数值表示以毫秒为单位，该时间范围内不发送重复数据。

### 5. 设置空闲

报告类型：忽略。

报告ID：待获取的输入报告对应的报告ID，无报告ID时填0，不支持大于15的报告ID。

操作代码：5。

HID主机设置对应输入报告的空闲数值。参数为2 B数值，与获取空闲结果定义一致。

### 6. 获取协议

报告类型、报告ID：忽略。

操作代码：6。

HID主机获取设备当前协议，设备应当返回结果。结果为2 B数值，0表示引导协议，1表示报告协议。

### 7. 设置协议

报告类型、报告ID：忽略。

操作代码：7。

HID主机设置设备当前协议。参数为2 B数值，与获取协议结果定义一致。

### 8. 设置功耗

报告类型：忽略。

报告ID：已复用。

操作代码：8。

HID主机设置设备功耗，不使用数据寄存器获取参数或返回结果。以命令寄存器首字节低2位标识电源状态，0表示开启，1表示睡眠。

# 6.4 报 告

### 1. 输入报告

HID 设备发起输入报告(Report)时,通过设置中断信号线电平通知主机,主机将通过I2C 总线读取输入寄存器以获取输入数据。寄存器内前 2 B 为寄存器内数据总长度(包含前2 B),其后为报告数据。当报告存在报告 ID 时,报告数据的首字节为报告 ID。

例如报告 ID 为 0x03 的输入报告,内容为 2 B [0x10 0x11],则输入寄存器内容以表 6-4 所列。

表 6-4 一个输入寄存器数据样例

| 位置/B | 0 | 1 | 2 | 3 | 4 |
|---|---|---|---|---|---|
| 数值 | 0x05 | 0x00 | 0x03 | 0x10 | 0x11 |

仅当完整的数据被 I2C 主设备读取完成后才能被认为输入报告已传输完成,否则下次应当重新传输相同的数据包。主设备可能先读取寄存器内前 2 B 后再次启动读取完整的数据。

输入报告传输完成后,如果仍存在待传输的输入报告,则中断信号可以保持有效直至所有数据传输完成。

### 2. 输出报告

HID 主机发起输出报告时,直接向输出寄存器写入数据。与输入报告数据结构类似,寄存器内前 2 B 为寄存器内数据总长度(包含前 2 B),其后为报告数据,当报告存在报告 ID 时,报告数据的首字节为报告 ID。

### 3. 特征报告

使用获取报告或设置报告请求实现对特征报告的操作。

# 6.5 设备状态

### 1. 复 位

无论是 HID 主机通过请求发起的复位还是设备自发的复位,复位完成后设备应通过输入寄存器发送 2 B 数据[0x00 0x00]表示复位完成。该数据不会与正常的输入报告混淆,因后者即使为空数据也被描述为 2 B 数据[0x02 0x00]。该数据同样应以中断信号表示存在待发送的数据。

主机发起复位请求后,允许的设备发送复位完成延迟最大长度为 5 s。

### 2. 阻 塞

HID 设备可以通过时钟拉伸(Clock Stretching)阻塞主机数据,例如获取报告时必须保证填充好数据后再传输。允许时钟拉伸的时间最大长度为 10 ms。

# 6.6 使用 I2C 的 ACPI HID

通过 ACPI 数据指示特定的硬件资源以 I2C HID 方式实现为 HID 类，一个 I2C HID 实现只能承载一个 HID 实例。

**HID 设备信息：** 主机获取设备内 HID 描述符，通过其中数据得到，没有实现设备序列号和国家代码。

**HID 报告描述符：** 主机获取设备内报告描述符得到。

**HID 输入报告：** 设备通过中断（Interrupt）线声明存在输入请求，主机读取输入寄存器取得输入报告。

**HID 输出报告：** 主机向设备写入 I2C 寄存器写入输出报告。

**HID 获取特征报告：** 主机通过访问设备的 I2C 命令寄存器和数据寄存器实施获取报告（GET_REPORT）实现。

**HID 设置特征报告：** 主机通过访问设备的 I2C 命令寄存器和数据寄存器实施设置报告（SET_REPORT）实现。

**引导协议：** 主机通过访问设备的 I2C 命令寄存器和数据寄存器实施获取协议（GET_PROTOCOL）和设置协议（SET_PROTOCOL）实现。

原文档特别提到，设备的设备 ID（Hardware ID）和兼容 ID（Compatible ID）不由 HID 描述符内的厂商 ID 和产品 ID 提供，而是由 ACPI 数据提供。实际上这对面向 HID 的开发没有任何影响。在 Windows 下，HID 设备（图 6－1 中“I2C HID 设备”的子节点）的相关设备 ID、兼容 ID 仍然是提供由 HID 描述符内的数据生成的结果（参考图 6－3、图 6－4），ACPI 提供的数据被用于 HID 设备的父系设备（图 6－1 中的“I2C HID 设备”）。在 Linux 下也有类似的数据处理方式。

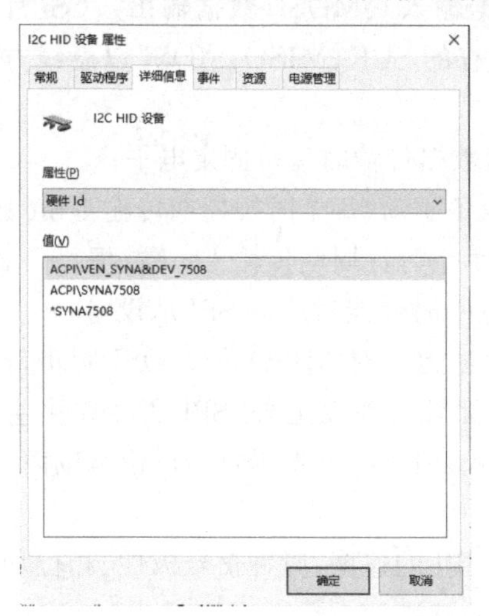


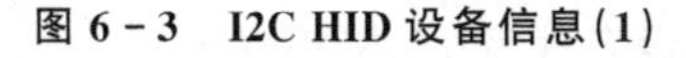
图 6－3 I2C HID 设备信息(1)

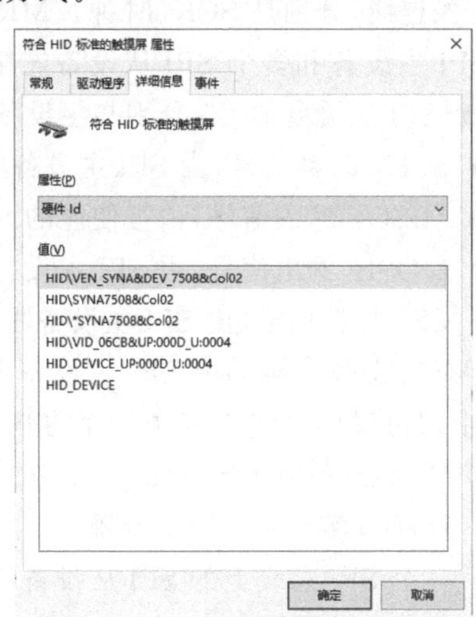


图 6－4 I2C HID 设备信息(2)

设置空闲和获取空闲方法的参数为 2 B 整数，以毫秒为单位，与 USB HID 定义有差异。

# 第7章

# SPI HID

与I2C HID类似，SPI HID不是完全基于SPI(Simple Peripheral Bus)接口的HID实现方案，而是使用ACPI定义的、以SPI总线为主要数据通信手段的HID实现方案。本章内容参考的SPI HID版本为1.0，它由微软公司定义。SPI HID除了支持标准SPI外，还支持由标准SPI扩展出的DSPI和QSPI，本文只介绍标准SPI部分。

## 7.1 SPI简介

SPI是一种非对称的通信协议，通信的两端分别是SPI主设备(Master)和SPI从设备(Slave)。SPI适用于一主多从的通信方式，以总线连接。一对SPI主从设备间一般有4条连线，分别是SCK(时钟)、MISO(数据输入)、MOSI(数据输出)、CS(片选)。单个SPI主设备和多个SPI从设备连接时，所有的SCK、MISO、MOSI以总线方式连接，每个SPI从设备的CS分别与主设备连接。

- SCK：时钟信号，由SPI主设备驱动，无数据传输时保持固定电平；
- MISO：输入信号，由被使能的SPI从设备驱动，每个时钟周期传输1 bit数据；
- MOSI：输出信号，由SPI主设备驱动，每个时钟周期传输1 bit数据；
- CS：片选信号，由SPI主设备驱动，低电平时使能对应的SPI从设备。

所有的数据交换都由SPI主设备发起，时钟运行时MISO和MOSI同步传输数据，但上层协议可以定义其中一个方向的数据无效。除以上外，SPI还存在多主设备(Multi Master)和菊花链(Daisy Chain)连接方式，但这些不在本章的讨论范围内。

一个HID实例包括以下资源：

- 一个SPI总线上的SPI从设备(Slave)，SPI的速度、时钟信号极性、相位均定义于ACPI数据内；
- 一个独立的中断(Interrupt)线，它由HID设备驱动，下降沿触发；
- 一个独立的重置(Reset)线，它由HID主机驱动，低电平持续10 ms时HID设备应当重置。

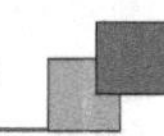

它的连接方式如图7-1所示。

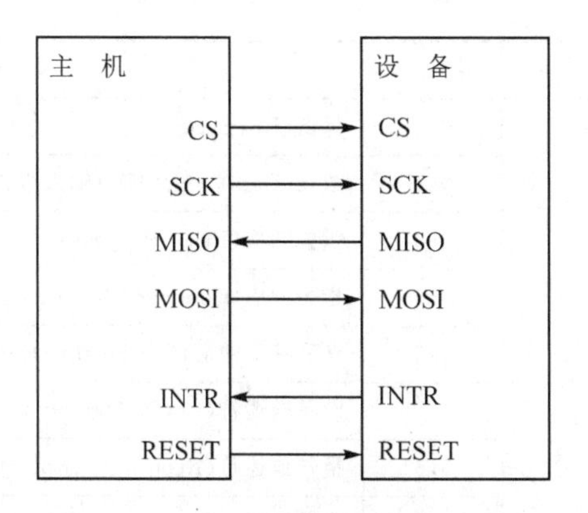


**图7-1 SPI HID设备信号连接关系**

相较于I2C HID,SPI HID能提供更高的带宽、更低的延迟。

## 7.2 数据传输

两种传输方式分别是输入(Input)和输出(Output),所有的数据交互都由二者组合完成,包括发送指令、获取描述符、实现HID功能等。输入由HID设备发起,输出由HID主机发起。

部分用到的数值定义由ACPI数据提供,设备实现时应与ACPI数据一致,包括表7-1所列的内容。

**表7-1 ACPI提供的数据**

| 类 型 | 长 度 | 名 称 | 描 述 |
|---|---|---|---|
| 操作码(Opcode) | 1 | READ | 读 |
| | | WRITE | 写 |
| 地址(Address) | 3 | 输入报头(Input Report Header) | 输入报头 |
| | | 输入数据(Input Report Body) | 输入数据 |
| | | 输出报告(Output Report) | 输出报告 |

部分协议定义的数值如表7-2所列。

本章内地址(Address)(3 B)以大端字节序传输,即先发高位字节后发低位字节;其余所有多字节数据均使用小端字节序,即先发低位字节后发高位字节。所有字节内比特序均为先发最高有效位(MSB First, Most Significant Bit First)。

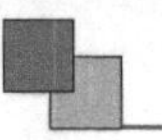

表 7-2　协议定义的数值

| 类　型 | 长　度 | 名　称 | 描　述 |
|---|---|---|---|
| 输入类型<br>(Input Report Type) | 1 | 0x0 | 保留(Reserved) |
| | | 0x1 | 数据(Data),表示 HID 输入报告数据 |
| | | 0x3 | 重置响应(Reset Response) |
| | | 0x4 | 指令响应(Command Response) |
| | | 0x5 | 获取特征响应(Get Feature Response) |
| | | 0x7 | 设备描述符(Device Descriptor) |
| | | 0x8 | 报告描述符(Report Descriptor) |
| | | 0x9 | 设置特征响应(Set Feature Response) |
| | | 0xA | 设置输出报告响应(Set Output Report Response) |
| | | 0xB | 获取输入报告响应(Get Input Report Response) |
| 输出类型<br>(Output Report Type) | 1 | 0x0 | 保留(Reserved) |
| | | 0x1 | 请求设备描述符(Request for Device Descriptor) |
| | | 0x2 | 请求报告描述符(Request for Report Descriptor) |
| | | 0x3 | HID 设置特征(HID SET_FEATURE Content)① |
| | | 0x4 | HID 获取特征(HID GET_FEATURE Content) |
| | | 0x5 | HID 输出报告(HID OUTPUT_REPORT Content) |
| | | 0x6 | 请求输入报告(Request for Input Report (HID Get Report)) |
| | | 0x7 | 指令(Command Content) |

## 1. 输　入

所有输入(Input)的流程均如下:

- 设备在中断线发出下降沿;
- 主机以发送读许可(Read Approval)获取输入报头(Input Report Header);
- 主机以发送读许可(Read Approval)获取输入数据(Input Report Body)。

图 7-2 描述了以上过程的时序。

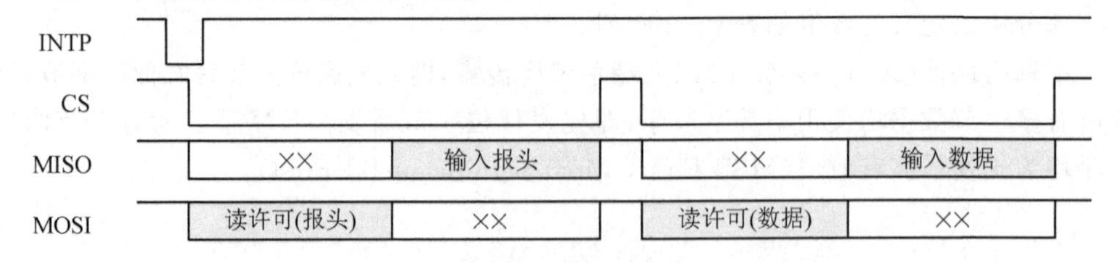


图 7-2　输入时序

① 命名略显凌乱,原文如此。

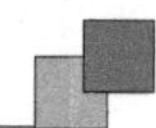

如果输入数据过大,不能置入一个输入数据包,则需要启动多次输入流程分段传输,以传输一组数据,图7-3描述了这一过程的时序。

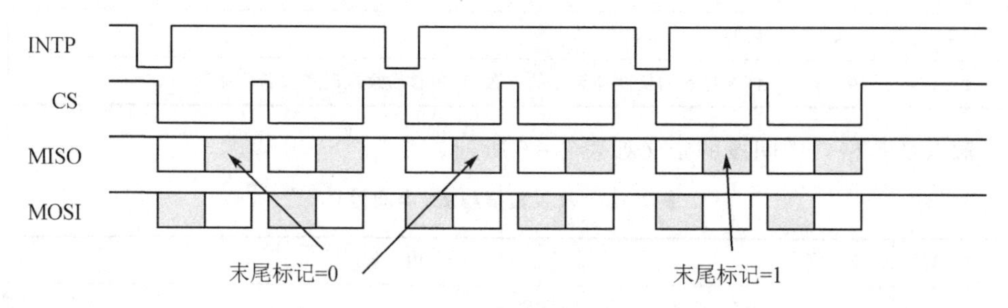


**图7-3 分段传输时序**

读许可格式的定义如表7-3所列。

**表7-3 读许可格式**

| 位 置 | 长 度 | 内 容 |
|---|---|---|
| 0 | 1 | 操作码(Opcode):READ |
| 1 | 3 | 地址(Address):输入报头(Input Report Header)或输入数据(Input Report Body)地址 |
| 4 | 1 | 补白0xFF |

输入报头的定义格式如表7-4所列。

**表7-4 输入报头格式**

| 位 置 | 长 度 | 比 特 | 内 容 |
|---|---|---|---|
| 0 | 1 | 3:0 | 协议版本,必须为0x3 |
| | | 7:4 | 保留,必须为0 |
| 1 | 2 | 13:0 | 输入数据长度:随后的输入数据长度以4 B为单位 |
| | | 14 | 末尾标记:1表示随后的包为数据末尾包或唯一包,0表示还有数据待传输 |
| | | 15 | 保留,必须是0 |
| 3 | 1 | 7:0 | 同步符号,必须为0x5A,用于验证数据正确 |

输入数据格式首段的定义如表7-5所列。

**表7-5 输入数据格式(首段)**

| 位 置 | 长 度 | 内 容 |
|---|---|---|
| 0 | 1 | 输入类型(Input Report Type) |
| 1 | 2 | 内容长度:以 $n$ 表示的数值(可以为0),以字节为单位 |
| 3 | 1 | 内容ID |

续表 7-5

| 位 置 | 长 度 | 内 容 |
|---|---|---|
| 4 | $n$ | 内容 |
| $4+n$ | 0～3 | 将本包数据长度补至 4 的整数倍(包含后续段时本段长度必须为 0) |

输入数据格式中间段的定义如表 7-6 所列。

表 7-6 输入数据格式(中间段)

| 位 置 | 长 度 | 内 容 |
|---|---|---|
| 0 | $n$ | 内容,长度必须为 4 的整数倍 |

输入数据格式尾段的定义如表 7-7 所列。

表 7-7 输入数据格式(尾段)

| 位 置 | 长 度 | 内 容 |
|---|---|---|
| 0 | $n$ | 内容 |
| $n$ | 0～3 | 将本包数据长度补至 4 的整数倍 |

重置响应、输出报告响应、设置特征响应内容的长度为 0,内容为空。

设备描述符、报告描述符、重置响应数据包内内容的 ID 值为 0。HID 内容(设置特征响应、获取特征响应、输入报告、获取输入报告响应)数据包内内容的 ID 值为对应的报告 ID,无报告 ID 则值为 0。指令响应数据包内内容的 ID 值为被响应的指令 ID。

内容为 HID 事务(设置特征报告、输出报告)、设备描述符、报告描述符或其他数据对应原始数据。

## 2. 输 出

所有输出(Output)的流程均如下:

● 主机发送输出结构(Output Report Structure),时序的定义如图 7-4 所示。

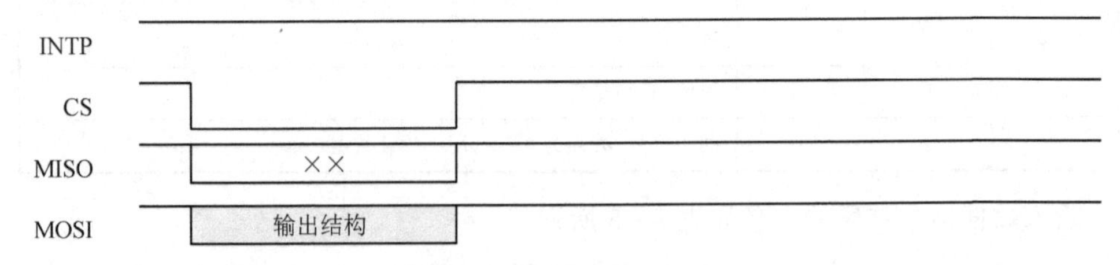


图 7-4 输出时序

输出结构(Output Report Structure)格式的定义如表 7-8 所列。

请求设备描述符、请求报告描述符、HID 获取特征等无内容数据的数据包内,内容长度为 0,内容字段为空。

HID 设置特征、HID 获取特征、HID 输出报告数据包内,内容 ID 为对应的 HID 报

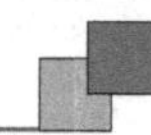

告 ID,无报告 ID 则内容 ID 值为 0。发出指令事务时,内容 ID 为指令操作码。

**表 7-8 输入结构格式**

| 位 置 | 长 度 | 内 容 |
|---|---|---|
| 0 | 1 | 操作码(Opcode):WRITE |
| 1 | 3 | 地址(Address):输出报告(Output Report),以大端字节序表示 |
| 4 | 1 | 输出类型(Output Report Type) |
| 5 | 2 | 内容长度:以 $n$ 表示的数值(可以为 0),以字节为单位 |
| 7 | 1 | 内容 ID |
| 8 | n | 内容 |
| $8+n$ | 0~3 | 将本包数据长度补至 4 的整数倍 |

内容为 HID 事务(设置特征报告、输出报告)对应原始数据或指令参数。

### 3. 指令(Command)

略(请参考原文档)

## 7.3 描述符

所有的描述符在设备运行期间是不变的。设备启动或重置后 1 s 之内应向主机发起重置响应输入。主机获取设备描述符、报告描述符应当在收到重置响应之后启动。当设备发现异常时,应向主机发起重置响应输入。

### 1. HID 描述符

系统启动后,主设备读取从设备寄存器以获取 HID 描述符(HID Descriptor),从设备地址和寄存器地址均由 ACPI 提供。HID 描述符的定义如表 7-9 所列。

**表 7-9 SPI HID 描述符格式**

| 位 置 | 名 称 | 描 述 |
|---|---|---|
| 0x00 | 长度 | 以字节为单位,固定为 0x18 |
| 0x01 | | |
| 0x02 | 版本 | bcd 格式的 SPI HID 版本号,应该使用默认值 0x0300 |
| 0x03 | | |
| 0x04 | 报告描述符长度 | 以字节为单位的报告描述符长度 |
| 0x05 | | |
| 0x06 | 最大输入长度 | 输入报告、获取特征报告的最大输入长度,以字节为单位 |
| 0x07 | | |

续表 7-9

| 位　置 | 名　称 | 描　述 |
|---|---|---|
| 0x08 | 最大输出长度 | 以字节为单位的输出寄存器能写入的最大数据长度。须注意此数值与输出报告最大长度有差异 |
| 0x09 | | |
| 0x0A | 最大数据片长度 | 即输入数据数据包最大长度，以 4 B 为单位 |
| 0x0B | | |
| 0x0C | 厂商 ID | 由 USB-IF 分配的厂商 ID。用于 HID 设备属性厂商 ID |
| 0x0D | | |
| 0x0E | 产品 ID | 厂商定义的产品 ID。用于 HID 设备属性产品 ID |
| 0x0F | | |
| 0x10 | 版本 ID | 厂商定义的产品版本。用于 HID 设备属性修订值 |
| 0x11 | | |
| 0x12 | 标记 | 最低位为 1 表示不对输出报告响应，为 0 表示对输出报告响应。其他位保留 |
| 0x13 | | |
| 0x14 | 保留 | 应以 0 填充 |
| 0x15 | | |
| 0x16 | | |
| 0x17 | | |

### 2. 报告描述符

主设备通过 HID 描述符内的报告描述符长度读取报告描述符(Report Descriptor)，读出的内容用于 HID 设备报告描述符，其格式遵循 HID 报告描述符格式。

## 7.4　使用 SPI 的 ACPI HID

通过 ACPI 数据指示特定的硬件资源以 SPI HID 方式实现为 HID 类，一个 SPI HID 实现只能承载一个 HID 实例。

**HID 设备信息：**主机获取设备内 HID 描述符，通过其中数据得到，没有实现设备序列号和国家代码。

**HID 报告描述符：**主机获取设备内报告描述符得到。

**HID 输入报告：**设备通过中断(Interrupt)线声明存在输入请求，其中输入内容为数据(Data)实现。

**HID 输出报告：**主机通过 HID 输出报告(HID OUTPUT_REPORT)输出实现。

**HID 获取特征报告：**主机通过 HID 获取特征(HID GET_FEATURE)及其回复获取特征响应(Get Feature Response)实现。

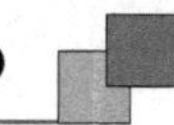

**HID 设置特征报告：**主机通过 HID 设置特征(HID SET_FEATURE)及其回复设置特征响应(Set Feature Response)实现。

**引导协议：**不支持。

此外 SPI HID 还支持主机主动获取输入报告，通过请求输入报告(Request for Input Report (HID Get Report))及回复获取输入报告响应(Get Input Report Response)实现。

# 第 8 章 下层协议与主机驱动

## 8.1 厂商 ID 和产品 ID

一般来说，厂商 ID、产品 ID 仅用作标记，不参与逻辑。

通过 Linux 的源代码(drivers/hid/hid-quirks.c)发现其中针对许多特定的厂商 ID 和产品 ID 做了标记，对每个标记的产品都可以有不同的解析行为或加载不同的驱动，甚至有的驱动内部还变更了设备的报告描述符。

在 Windows 的%windir%\INF 文件夹中也存在很多文件名以 hid 开头的 inf 文件，通过它们的内容可以发现，即使硬件 ID 已标记为 HID 设备，针对特定的厂商 ID 和产品 ID 也会区别加载不同的驱动。

这是一些历史问题，早期的硬件可能并没有严谨地遵循 HID 规范，但是又占有一定的市场，各操作系统为了兼容并向用户提供较好的体验，则标记特定的行为以弥补既有的缺陷。开发者设计实现 HID 设备时不应依赖这些特别的驱动加载，应当避免使用已分配给其他厂商的厂商 ID，并尽量按照 HID 规范实现，以保证各种场景下都能被正确应用。

## 8.2 报告 ID

在 I2C HID 规范中可见，取值小于 15 的报告 ID 是存在性能优化的，该规范也指出，多数 HID 实例不会用到 15 个报告 ID 取值。因此，在设计跨接口的 HID 实现时，报告 ID 应尽量从较小的数值开始使用。

## 8.3 报告数据包内的报告 ID

HID 下层协议必须支持报告 ID，但可以实现为不同的方式。

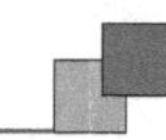

### 1. 实现方式的限制

以设计的观点看，报告ID与报告内容是两个实体，在HID实例-框架代码、接口驱动-HID驱动之间传递时应当作为两个参数同时分别传递；但实际操作中，我们几乎总是将报告ID作为首字节(如果存在报告ID)与报告内容封装到同一个数组内。并且还会发现，在设置特征报告、获取特征报告场景下报告ID还存在重复传输的行为。

清晰地理解这种方式需要结合实际来分析：

① HID设计之初的主要支持对象是USB，而USB的传输方式是首字节报告ID的数组形式；

② HID数据包传输可能用到DMA(直接存储器访问)，它需要被传输的数据连续地放置在存储器中。

首先考虑设备端的输入报告和输出报告。

对于一个以单片机实现的USB HID设备来说，如果HID实例将报告ID和数据分别传递给框架代码，二者的地址很可能不连续，那么框架代码不可避免地要将二者复制到连续的空间以备传输。循此方法，单片机将产生额外的内存空间占用和复制性能开销，而这种开销对于低性能单片机来说是不可忽略的。同时，框架代码向HID实例传递数据时不论拆分与否都不会有上述额外的开销。

### 2. 实现为首字节报告ID

如果下层协议(例如BLE)需要分别使用报告ID和数据，它很容易从数组中分拆报告ID和报告数据，而无需实施内存分配和数据复制工作。

然而输出报告略有不同，框架代码需要将分离的报告ID和数据打包后传递给HID实例，可能发生额外的空间和性能开销。如果在这个方向分别传输二者就可以消除这个弊端。但是，我们仍然认为这样是合理的，一方面我们希望传入和传出的数据格式和抽象层次保持一致，另一方面发生这个需求的时候硬件性能水平已经得到了极大提高，这个开销变得不太敏感。可以认为这个开销是为了维护逻辑一致的可承受代价，因此在设备内使用首字节报告ID的方式是使设计和性能需求之间平衡的一个合理方式。事实上，对于可配置特性地址的BLE协议栈来说，这个开销是可以完全避免的，只需在配置地址前的位置放置报告ID即可。

对应地，主机端接口驱动与HID驱动之间也传递对应的数据结构。

在实现中，特征报告以USB实现已经使用配置包搭载了报告ID，理论上数据包内可以不再搭载报告ID，但为了数据格式与输入报告和输出报告一致，也可以使用相同的格式。事实上，Windows系统、Linux系统的内核驱动、应用接口都使用了重复数据但格式相同的方式实现。因此我们也采用相同的方式理解。

综上所述，如果存在报告ID，报告ID在首字节其后跟随报告数据的方式是代码可读性向性能让步的一种方案，它是合理的。因此，我们总是使用报告ID在首字节其后跟随报告数据的方式传输报告。

## 8.4 虚拟 HID 用途

用于 Linux、Android 的 uhid 和用于 Windows 的 VirtualHid 都可以作为虚拟 HID 使用。

### 1. 学 习

毫无疑问，学习 HID 的途径中，虚拟 HID 是硬件门槛最低的，只要有一台能运行 Linux 或 Windows 及其开发环境的计算机即可。

任何硬件接口都有它的限制，例如 USB 不能在一帧或一微帧时间内多次发出数据。即使硬件条件都满足，对硬件接口的限制也必须了解并控制。这些工作在学习 HID 过程中难免会成为一种负担，可能分散精力，降低效率。

在接口限制之外，每个具体的平台可能还有不同的特性，这也可能进一步增加负担。

物理接口环境学习可能使开发者陷入同时学习 HID、接口协议、平台特性的境遇，甚至产生混淆，以至于换平台后对已有的经验利用率不高，甚至无所适从。

### 2. 演 示

对硬件产品，可以在开发的早期甚至预研阶段借用虚拟 HID 模拟最终产品在软件上的呈现效果。

对软件产品，可以在无硬件的前提下以一致的输入演示性能，并可以进一步对硬件提供者定义数据接口需求。

### 3. 隔离和替代

对软硬件一体解决方案开发者，以 HID 接口为界隔离上下层，使其可以并行开发。例如硬件通过串行端口报告数据、软件处理数据的系统，用虚拟 HID 将串行端口的数据封装为 HID，然后软件再使用标准 HID 接口来获取数据并处理。这种场景下硬件、软件部分可以分别独立开发，降低耦合性，便于团队加速实现。

使用 HID 接口隔离后，产品硬件代际更新可以使用任意形式的 HID 硬件，软件代际更新可以改变为任意形态。早期的简单接口（例如串行端口）对硬件实物和开发人员的能力需求都更低，在产品的前期可以替代后续产品的高级接口（例如 USB）形态。

### 4. 验 证

用于 HID 的软件（或驱动）开发者可以使用虚拟 HID 验证依赖接口纯粹性。虚拟 HID 仅提供了 HID 访问方式，而没有 USB 等其他接口的访问方式。软件如果对 HID 以外的接口有依赖，则会暴露出问题；如果对 HID 以外的接口没有依赖，则可以跨接口使用 HID 设备。

这个方法可以用于黑盒测试，也可以用于验证已有软件的可用性。

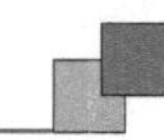

#### 5. 测　试

虚拟 HID 能方便、精确地构建操作序列，有助于对软件实施准自动化测试，鉴于操作系统对指定设备会差异化加载驱动，虚拟 HID 还能模拟特定设备的特定行为。另外，虚拟 HID 亦能以物理设备无法达到的能力对操作界面软件实施压力测试，而不会受限于物理接口的带宽、时序等限制。

## 8.5　引导协议

并非所有的 HID 下层协议都有支持引导协议的必要。引导协议存在的意义是主机未完整实现 HID 协议时用于操作计算机，这个环境一般是引导环境（操作系统加载之前）。对任何 HID 引导协议的支持，都必须首先支持它的下层协议。当主机因资源限制无法完整实现 HID 协议时，一般也没有足够的资源实现 USB 之外的其他 HID 下层协议；反之，如果主机实现了 USB 之外的其他 HID 下层协议，那么它应该有能力实现完整的 HID 协议。USB HID 和 ACPI 定义的 HID 设备不在此列，前者因其被绝对性优势的广泛引用，后者因其通常存在于主机实体内部。

引导协议仅用于键盘和鼠标，HID 开发对象如果不能兼容这两类，则无法使用引导协议支持。

从用途分类角度看，绝大多数分类中，引导协议都是无意义的，多数 HID 下层协议完全可以不支持引导协议。

# 第 9 章 报告描述符

报告描述符(Report Descriptor)用于描述报告的数据格式与数值定义。一个 HID 实例的所有报告信息都包含在同一个报告描述符内。

报告内的每个数据元被称作一个字段(Field),报告描述符通过依次对每个字段声明其用途、有效范围、字长等信息,实现完整地描述报告的数据格式与数值定义。一个字段可能是其他字段的组合,例如一个指针(Pointer)字段可以包含一个横坐标(X)字段和一个纵坐标(Y)字段。

报告描述符内所有多字节数值均使用小端字节序。

## 9.1 样 例

表 9-1 所列为一个报告描述符,它声明了一个鼠标。

**表 9-1 用作鼠标的报告描述符样例**

| 条 目 | 数据(十六进制,逐字节) | 条目类型 |
|---|---|---|
| Usage Page (Generic Desktop) | 05 01 | 全局条目 |
| Usage (Mouse) | 09 02 | 局部条目 |
| Collection (Application) | A1 01 | 主条目 |
| Usage (Pointer) | 09 01 | 局部条目 |
| Collection (Physical) | A1 00 | 主条目 |
| Usage Page (Buttons) | 05 09 | 全局条目 |
| Usage Minimum (1) | 19 01 | 局部条目 |
| Usage Maximum (3) | 29 03 | 局部条目 |
| Logical Minimum (0) | 15 00 | 全局条目 |
| Logical Maximum (1) | 25 01 | 全局条目 |

续表 9－1

| 条　目 | 数据(十六进制,逐字节) | 条目类型 |
| --- | --- | --- |
| Report Count (3) | 95 03 | 全局条目 |
| Report Size (1) | 75 01 | 全局条目 |
| Input (Data, Variable, Absolute) | 81 02 | 主条目 |
| Report Count (1) | 95 01 | 全局条目 |
| Report Size (5) | 75 05 | 全局条目 |
| Input (Constant) | 81 01 | 主条目 |
| Usage Page (Generic Desktop) | 05 01 | 全局条目 |
| Usage (X) | 09 30 | 局部条目 |
| Usage (Y) | 09 31 | 局部条目 |
| Logical Minimum (−127) | 15 81 | 全局条目 |
| Logical Maximum (127) | 25 7F | 全局条目 |
| Report Size (8) | 75 08 | 全局条目 |
| Report Count (2) | 95 02 | 全局条目 |
| Input (Data, Variable, Relative) | 81 06 | 主条目 |
| End Collection | C0 | 主条目 |
| End Collection | C0 | 主条目 |

它只声明了一个输入报告,其格式的定义如表 9－2 所列。

表 9－2　用作鼠标的输入报告格式样例

| 字节＼位 | 8 | 6 | 5 | 4 | 3 | 2 | 1 | 0 |
| --- | --- | --- | --- | --- | --- | --- | --- | --- |
| 0 | 占位符 | | | | | 按钮 3 | 按钮 2 | 按钮 1 |
| 1 | 横坐标(相对值) | | | | | | | |
| 2 | 纵坐标(相对值) | | | | | | | |

在标记为鼠标(Mouse)的应用(Application)集合中,按钮 1、按钮 2、按钮 3 分别是左键、右键、中键(滚轮键)。

## 9.2　条　目

条目(Item)是报告描述符的基本组成单元。其类型分为主条目、全局条目、局部条目。

全局条目用于设置报告中字段的全局属性,例如字长、有效范围、量纲等,后声明的数值将覆盖较早声明的数值。局部条目用于声明报告字段,所有的声明将依次记录,作用范围截止至下一个主条目。主条目用于定义报告字段或声明集合,将局部条目声明的用途以全局报告设置的属性当前值定义报告字段。

## 1. 数据格式①

每个条目都声明了该条目的类型(Type)、标签(Tag)和数据(Data),其中数据长度仅支持 0、1、2、4 B。条目由首字节和其后的对应长度的数据构成,首字节格式如表 9-3 所列。

**表 9-3 条目首字节数据格式**

| 位 | 7 | 6 | 5 | 4 | 3 | 2 | 1 | 0 |
|---|---|---|---|---|---|---|---|---|
| 描述 | 标签 | | | | 类型 | | 长度 | |

长度(bSize):0 表示无数据,1 表示数据长度为 1 B,2 表示数据长度为 2 B,3 表示数据长度为 4 B。

类型(bType):0 表示主条目,1 表示全局条目,2 表示局部条目,3 表示保留。

标签(bTag):由条目定义。

数据值由具体的类型和标签分别定义。当它使用有符号数时,数值 65 535 只能定义为 4 B 数 0x0000FFFF, 2 B 数 0xFFFF 将被解析为-1;同样地,使用有符号数时,4 B 数 0xFFFFFFFF、1 B 数 0xFF 是等价的,都将被解析为-1。

## 2. 主条目

主条目(Main Item)包含数据主条目和非数据主条目。数据主条目包含输入(Input)、输出(Output)和特征(Feature),它将定义对应用途的报告字段。非数据主条目包含集合(Collection)和结束集合(End Collection),用于将声明的一个或多个字段封装为集合。

主条目的标签值定义如表 9-4 所列。

**表 9-4 主条目标签、类型值的定义**

| 描 述 | 标签(二进制) | 类型(二进制) |
|---|---|---|
| 输入 | 1000 | 00 |
| 输出 | 1001 | |
| 特征 | 1011 | |
| 集合 | 1010 | |
| 结束集合 | 1100 | |

① 本书只描述短条目(Short Item),与之对应的长条目(Long Item)仅被 HID 规范定义并描述为保留为未来使用,作者没见过它的应用场景,也不认为它是必要的,从源代码(https://git.kernel.org/pub/scm/linux/kernel/git/stable/linux.git/tree/drivers/hid/usbhid/hid-core.c?h=v4.19.225)看,Linux 甚至不支持长条目。

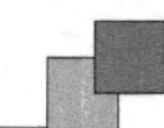

### 3. 输入(Input)、输出(Output)和特征(Feature)

用于定义报告字段，条目包含数据，条目数据为无符号数，以比特位表示字段数值的标志(Flag)，内容的定义如表 9-5 所列。

**表 9-5　报告条目数据格式及限定**

| 比特位位置 | 输　入 | 输　出 | 特　征 |
|---|---|---|---|
| 0(最低位) | 0：数据；1：常数 | | |
| 1 | 0：数组；1：变量 | | |
| 2 | 0：绝对；1：相对 | | |
| 3 | 0：非卷绕；1：卷绕 | | |
| 4 | 0：线性；1：非线性 | | |
| 5 | 0：回弹；1：非回弹 | | |
| 6 | 0：不可空；1：可空 | | |
| 7 | 保留 | 0：非易变；1：易变 | |
| 8 | 0：位段；1：字节数组 | | |
| 9～31(最高位) | 保留 | | |

用于标志的数值默认值为 0。如果标志的所有位全部为 0，可以令条目的数据长度为 0；如果标志的第 8 位及以上全部为 0，可以令条目的数据长度为 1。保留字段的值必须为 0。

由于局部条目中有报告数量(Report Count)功能，所以一个主条目可以定义多个字段，一个主条目定义的所有字段将使用完全相同的数据格式和数值类型。

**数据(Data)/常数(Constant)**：当标志为数据时，字段数据根据已有的声明定义，是可变的；当标志为常数时，字段数据可以根据已有的声明定义，但仅能传输固定数值，字段数据也可以不定义，仅用于占位。

**数组(Array)/变量(Variable)**：当标志为数组时，字段内容表示一个数组的索引，该数组为已声明的用途列表；当标志为变量时，字段内容表示数值，该数值为已声明的用途的数值。例如描述 8 个按键状态时，可以用变量表示，使用 8 个比特位描述它们的状态，并封装为一个字节传递，该字节的每一位独立地表示对应按键的状态；也可以用数组表示，8 个按键状态也可以使用一个字节传输一个已按下的按键索引，当需要支持同时按下多个按键时，必须增加被传输的字段数量。多数场景标志为变量，标准键盘的键值输入数据标志为数组。

**绝对(Absolute)/相对(Relative)**：当标志为绝对时，传输的数值有固定的基准值；当标志为相对时，传输的数值表示当前状态相对于上次报告的变化量。例如鼠标的输入数据使用了相对标志，触控板的输入数据使用了绝对标志。

**非卷绕(No Warp)/卷绕(Warp)**：标志为非卷绕时，数值的最大、最小值限定了有效范围;标志为卷绕时,超过最大值的数值将被认为与从最小值开始增加的数值相同,反之亦然。例如一个自由旋钮的姿态在360°与0°时是完全相同的,可以使用卷绕数据表示改姿态;但是对于带限位旋钮,它应当以非卷绕数据表示。

**线性(Linear)/非线性(Nonlinear)**:当标志为线性时,表示数值与对应的物理量存在线性映射关系,否则不存在线性关系。

**回弹(Preferred State)/非回弹(No Preferred)**[①]:当标志为回弹时,表示用户不操作时设备将回到0值状态;当标志为非回弹时,表示用户不操作时设备将保持当时的状态。常见的键盘、鼠标的按键都是标志回弹的,当用户按下按键时设备发送一次状态数据,抬起按键时设备发送一次状态数据,在抬起之前即使长时间没有发送数据,主机也认为用户在持续操作设备。

**不可空(No Null Position)/可空(Null State)**:标志为不可空的数据在数值超出范围时无效,标志位可空的数据使用无效数据表示该数据为空值。例如游戏手柄的方向帽在按下时才能表示特定的方向,未按下时将报告为空状态。

**非易变(Non Volatile)/易变(Volatile)**:当标志为非易变时,字段仅因响应主机设置值变更;当标志为易变时,设备可能自行变更字段值。

**位段(Bit Field)/字节数组(Buffered Bytes)**[②]:当标志为位段时,表示数值由报告描述符定义;当标志为字节数组时,表示字段不会被当作数值类型解析,仅被用于当作字节数值传输。扫码枪输入数据是字节数组的一个例子。

### 4. 集合、结束集合

集合(Collection)、结束集合(End Collection)条目必须按顺序成对出现,用于描述一组字段组合的用途,集合可以嵌套。集合条目包含数据,条目数据为无符号数,用于指示集合的类型,定义如表9-6所列;结束集合条目不包含数据。

**表9-6 集合条目数值定义**

| 集合类型 | 数据(十六进制) | 集合类型 | 数据(十六进制) |
|---|---|---|---|
| 物理 | 0x00 | 具名数组 | 0x04 |
| 应用 | 0x01 | 用途交换 | 0x05 |
| 逻辑 | 0x02 | 用途修改 | 0x06 |
| 报告 | 0x03 | | |

物理(Physical)集合:用于表示相同位置的传感器获取到的多个数据。

应用(Application)集合:用于表示一系列字段组成的数据的应用场景,可以代表一个HID设备。例如键盘、鼠标、手柄分别是一个应用集合。

逻辑(Logical)集合:用于表示一系列字段组成的有特定目标的数据。例如坐标、

① 直译为首选状态(Preferred State)、无首选(No Preferred)。

② 直译为缓存字节(Buffered Bytes)。

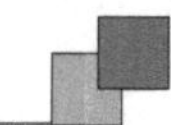

宽、高、压力可以组成逻辑集合，并描述为手指(Finger)用途。

其他类型的集合包括报告(Report)集合、具名数组(Named Array)集合、用途交换(Usage Switch)集合、用途修改(Usage Modifier)集合，它们都是应用于特定场景的逻辑集合。

除顶层集合外，集合可以用一个用途描述，也可以不描述；顶层集合必须为应用集合，并且用一个用途描述。如果一个集合被用途描述，但主机未识别该用途，那么其中所有的字段都会被忽略，即使其中的字段用途可能会被主机驱动正确识别。

所有集合类型的其他信息请参考“第10章 设计和实现”。

### 5. 全局条目

全局条目(Global Item)用于声明全局参数，较晚的声明将覆盖较早的声明，主条目定义字段时将使用当前位置的全局参数作为被定义字段的参数。

全局条目的标签值如表9-7中的定义所列。

**表9-7 全局条目标签、类型值定义**

| 描 述 | 标签(二进制) | 类型(二进制) |
|---|---|---|
| 用途页 | 0000 | 01 |
| 逻辑最小值 | 0001 | |
| 逻辑最大值 | 0010 | |
| 物理最小值 | 0011 | |
| 物理最大值 | 0100 | |
| 单位指数 | 0101 | |
| 单位 | 0110 | |
| 报告长度 | 0111 | |
| 报告 ID | 1000 | |
| 报告数量 | 1001 | |
| 入栈 | 1010 | |
| 出栈 | 1011 | |

用途页(Usage Page)：表示用途页，条目数据为无符号数，值为用途页ID。每个用途页分别定义了用途ID，相同用途ID在不同的用途页定义完全不同，用途页ID为2 B无符号数。

逻辑最小值(Logical Minimum)：报告数据的最小有效值，条目数据为有符号数。

逻辑最大值(Logical Maximum)：报告数据的最大有效值，条目数据为有符号数。

物理最小值(Physical Minimum)：报告数据为逻辑最小值时表示的物理值，条目数据为有符号数，用于表示物理范围。

物理最大值(Physical Maximum)：报告数据为逻辑最大值时表示的物理值，条目数据为有符号数，用于表示物理范围。

单位指数(Unit Exponent)：物理最小值、物理最大值需要附加的指数，条目数据为无符号数，以数值的低 4 位组成的有符号数(即只能表示−8～7 的范围)[①]表示以 10 为底的指数，用于表示物理范围。

单位(Unit)：物理最小值、物理最大值的单位名称，条目数据位无符号数，用于表示物理范围。

报告长度(Report Size)：报告数据的长度，以比特位为单位。

报告 ID(Report ID)：表示报告 ID。

报告数量(Report Count)：表示待定义的报告数量，条目数据为无符号数。一个主条目可以定义多个报告字段。

入栈(Push)：将当前全局条目声明的数值副本压入栈顶，栈符合后入先出原则。

出栈(Pop)：弹出栈顶的数值覆盖当前所有全局条目数值。

### 6. 物理范围

物理范围(Physical Extent)用于指示字段的数值对应的物理量范围。通过物理最小值、物理最大值、单位指数、单位表示一个确定的物理范围。并非所有的用途都需要声明物理范围，但 HID 驱动会为所有字段分配一个物理范围，如果字段用途不需要物理范围，它将被忽略。

例如当逻辑值表示的物理范围为 1～100 m 时，它应当表达为：物理最小值 1，物理最大值 100，单位指数 2，单位厘米，即 $1\times10^2 \sim 100\times10^2$ cm；同理，物理最小值 100，物理最大值 10 000，单位指数 0，单位厘米也可以表示相同的意义。

所有的物理单位都可以由 7 个基本单位导出，单位条目使用了除物质的量之外的其余 6 个度量，使用对每个度量幂次表示的方式导出单位。使用的 6 个度量分别为：长度(Length)、质量(Mass)、时间(Time)、温度(Temperature)、电流(Current)、发光强度(Luminous Intensity)。对每个度量定义一个基本单位后则每个导出单位都可以表示为基本度量的幂次组合与系数的形式。例如：

$$力=长度\times时间^{-2}\times质量$$

使用特定的基本单位后可以导出：

$$1\ \mathrm{N}=100\ 000\ \mathrm{cm\cdot g\cdot s^{-2}}$$

HID 使用 4 B 数表示单位，其中 4 位用于描述单位制，每个度量的幂次分别使用 4 位有符号数表示。单位格式的定义如表 9－8 所列。

① Linux 源代码(https://git.kernel.org/pub/scm/linux/kernel/git/stable/linux.git/tree/drivers/hid/usbhid/hid－core.c? h=v4.19.225,419 行)认为很多设备直接将条目数据作为有符号数应用并对此做了支持。作者也认为用完整有符号数表示比较合理，否则即使常见能量单位千瓦时($1\ \mathrm{kW\cdot h}=3.6\times10^{13}\ \mathrm{cm^2\cdot g\cdot s^{-2}}$)或常见电容单位微法($1\ \mu\mathrm{F}=10^{-13}\ \mathrm{cm^{-2}\cdot g^{-1}\cdot s^4\cdot A^2}$)也无法表示，但本书仍尊重规范定义。

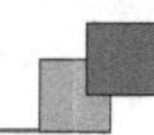

表 9-8 单位数据格式

| 字节 \ 位 | 8 | 6 | 5 | 4 | 3 | 2 | 1 | 0 |
|---|---|---|---|---|---|---|---|---|
| 0 | 长度 | | | | 系统 | | | |
| 1 | 时间 | | | | 质量 | | | |
| 2 | 电流 | | | | 温度 | | | |
| 3 | 保留 | | | | 发光强度 | | | |

系统字段用于定义基本单位，如表 9-9 所列。

表 9-9 基本单位量纲

| 系统取值 | 0 | 1(公制线性) | 2(公制旋转) | 3(英制线性) | 4(英制旋转) |
|---|---|---|---|---|---|
| 长度单位 | 无 | 厘米(cm) | 弧度(rad) | 英寸(in) | 角度(°) |
| 质量单位 | 无 | 克(g) | 克(g) | 斯勒格(slug) | 斯勒格(slug) |
| 时间单位 | 无 | 秒(s) | 秒(s) | 秒(s) | 秒(s) |
| 温度单位 | 无 | 开尔文(K) | 开尔文(K) | 华氏度(°F) | 华氏度(°F) |
| 电流单位 | 无 | 安培(A) | 安培(A) | 安培(A) | 安培(A) |
| 发光强度单位 | 无 | 坎德拉(cd) | 坎德拉(cd) | 坎德拉(cd) | 坎德拉(cd) |

虽然表示单位的数据每 4 位表示一个 4 位有符号数，但单位条目的数据是无符号数，因此当高位均为 0 时可以表示为较短的整数。

例如要表示物理范围能量 0～100 卡路里①，需要换算出：

$$0\ \text{cal}=0\times10^6\ \text{cm}^2\cdot\text{g/s}^2$$

$$100\ \text{cal}\approx4184\times10^6\text{cm}^2\cdot\text{g/s}^2$$

物理最小值为：0，使用 1 B 数 0x00；

物理最大值为：4 184，使用 2 B 数 0x1058；

单位指数为：6，使用 1 B 数 0x06；

单位为：0x0000E121，可简化为 2 B 数 0xE121。

例如要表示物理范围转速 0～10 000 转/分，需要换算出：

$$0\ \text{r/min}=0\times10^{-1}\ \text{rad/s}$$

$$10\ 000\ \text{r/min}\approx10\ 472\times10^{-1}\ \text{rad/s}$$

物理最小值为：0，使用 1 B 数 0x00

物理最大值为：10 472，使用 2 B 数 0x28E8；

单位指数为：−1，使用 1 B 数 0x0F；

① 作者特意选择了与国标存在系数差异的计量单位，以图尽可能清楚地阐述变换逻辑，并不建议实际应用中使用这样的计量单位。

单位为：0x0000F012，可简化为 2 B 数 0xF012。

### 7. 局部条目

局部条目(Local Item)用于声明或描述报告用途。局部条目的部分标签值的定义如表 9－10 所列[①]。

表 9－10 局部条目标签、类型值定义

| 描　述 | 标签(二进制) | 类型(二进制) |
|---|---|---|
| 用途 | 0000 | 10 |
| 最小用途 | 0001 | |
| 最大用途 | 0010 | |
| 分隔符 | 1010 | |

用途(Usage)：用于指示一个用途，条目数据为无符号数，值为用途 ID。

最小用途(Usage Minimum)：用于以范围表示多个用途，条目数据为无符号数，值为该范围的用途 ID 最小值。

最大用途(Usage Maximum)：用于以范围表示多个用途，条目数据为无符号数，值为该范围的用途 ID 最大值。

分隔符(Delimiter)：用于指示将多个用途包装成联合体，条目数据为 1 时表示集合开始，为 0 时表示集合结束。分隔符必须按顺序成对出现，其中包含用途在报告的相同字段表示。

用途 ID 为 2 B 无符号数，0 为无效值，当使用 4 B 数声明时，高 2 B 将被作为用途页(Usage Page)ID 值。用途 ID 值由 *Hid Usage Tables*[②] 定义，根据具体的定义可以用于声明一个用途字段或描述一个集合。以最小用途、最大用途条目声明的用途完全等效于由小至大依次以用途条目声明的用途，它必须为最小用途条目在前、最大用途条目在后成对出现。用途的详细使用方法请参考“第 10 章　设计和实现”。例如：

```
Usage (3)
Usage (4)
Usage (5)
Usage (6)
```

完全等价于

```
Usage Minimum (3)
Usage Maximum (6)
```

因为局部条目作用范围仅至下一个主条目，所以成对的最小用途/最大用途或分隔

① 除表格内容外还有其他定义，但这些定义需要 HID 物理描述符和字符串描述符，所以并不能在所有 HID 设备上被支持。从源代码(https://git.kernel.org/pub/scm/linux/kernel/git/stable/linux.git/tree/drivers/hid/usbhid/hid-core.c?h=v4.19.225)看 Linux 也仅支持表格内的局部条目。

② https://www.usb.org/sites/default/files/hut1_22.pdf。

符之间不能有主条目。

### 8. 填　充

所有字段的长度均以比特位定义，但必须以字节(8 位)对齐，即不足 1 字节的字段定义不能跨越字节，超过 1 字节的字段必须从整字节位置开始。

为了满足对齐条件，可以在未声明用途时使用常量标志填充(Padding)未使用的字段。

## 9.3　解析方式

### 1. 数组和变量

当定义字段使用数组(Array)标志时，报告数量(Report Count)数值指示的多个字段定义完全相同，逻辑最小值(Logical Minimum)为 0 或 1，逻辑最大值(Logical Maximum)至少为已声明的有效用途数量。当逻辑最小值为 0 时，开发者总是将首个用途声明为无效用途，因为很多实现逻辑隐含地认为 0 是无效值；当逻辑最小值为 1 时，开发者无需声明无效用途，并在主条目标志为可空(Null State)。当定义的字段任意项的数值为有效值时，表示相应的用途将被设置为 1，所有未提及的用途均被设置为 0(对应无效用途)，字段中多余的项将被填充为 0。显然，它只适合报告值为 0 或 1 的状态数据。

例如报告描述符片段如下，其中的 U0～U4 均为替代符号：

```
Usage (U0),
Usage (U4),
Usage (U2),
Usage (U3),
Usage (U1),
Report Count (2),
Report Size (8),
Logical Minimum (1),
Logical Maximum (5),
Input (Data, Array, Absolute),
```

对应的字段在输入报告内，为 2 个 8 位数字(字节)，有效的最小值为 0，最大值为 5。注意 Usage 的顺序依次为 U0、U4、U2、U3、U1，因此它们依次以 1～5 表示，0 表示无效值。报告数据为[0x02, 0x00]时表示用途 U4 被设置值 1，其余为 0；报告数据为[0x02, 0x03]时表示用途 U4、U2 被设置值 1，其余为 0；它不支持同时报告多于 2 个用途 ID 为 1 的场景。对于连续的用途 ID，使用最小用途(Usage Minimum)、最大用途(Usage Maximum)也有相同的结果。

当定义字段时使用变量(Variable)标记时，应当设置合适的报告数量(Report Count)数值声明所有的用途，逻辑最小值(Logical Minimum)、逻辑最大值(Logical Maximum)可以设置设计的数值。它对逻辑范围没有限定，也可以支持有效范围仅为 0 或 1 的状态数据。如果对应以上相同的场景，则可以定义如下：

```
Usage (U0),
Usage (U4),
Usage (U2),
Usage (U3),
Usage (U1),
Report Count (5),
Report Size (1),
Logical Minimum (0),
Logical Maximum (1),
Input (Data, Variable, Absolute),
Report Count (3),
Input (Constant),
```

对应的字段中每个用途占 1 位，共 5 个用途，分别表示 U0、U4、U2、U3、U1，还有 3 位用于占位，总共 8 位(1 B)。二进制数 00000010 表示 U4 被设置为 1，其余为 0；二进制数 00000110 表示 U4、U2 被设置为 1，其余为 0；它支持任意组合。

### 2. 报告数量

当报告数量(Report Count)为 0 时，用途声明将用于描述主条目(通常为集合条目)。

当报告数量超过已声明的用途数量时，将重复最后一个用途直至报告数量达到设置值。例如一个定义：

```
Usage (U0),
Usage (U4),
Report Count (5),
Report Size (1),
Logical Minimum (0),
Logical Maximum (1),
Input (Data, Variable, Absolute),
Report Count (3),
Input (Constant),
```

它将等效于

```
Usage (U0),
Usage (U4),
Usage (U4),
Usage (U4),
Usage (U4),
Report Count (5),
Report Size (1),
Logical Minimum (0),
Logical Maximum (1),
Input (Data, Variable, Absolute),
Report Count (3),
Input (Constant),
```

在 Linux 下，当报告数量小于已声明的用途数量时，将以后者作为报告数量。但这个场景未在文档中提及，开发者应当避免这种情况发生。

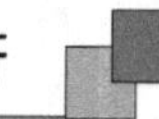

### 3. 解析样例

表9-11演示了报告描述符的解析过程,其中GD表示通用桌面(Generic Desktop),B表示按钮(Button),B:3[1]表示按钮页用途3占用1个比特位,Pad[5]表示占位符占用5个比特位,其余同理。

表9-11　报告描述符样例解析

| 条　目 | 全局数据 | 局部数据 | 已定义(输入) |
|---|---|---|---|
| Usage Page (Generic Desktop) | 用途页GD | | |
| Usage (Mouse) | | | |
| Collection (Application) | | | |
| Usage (Pointer) | | | |
| Collection (Physical) | | | |
| Usage Page (Buttons) | 用途页B | | |
| Usage Minimum (1) | | | |
| Usage Maximum (3) | | 1, 2, 3 | |
| Logical Minimum (0) | 逻辑最小值0 | 1, 2, 3 | |
| Logical Maximum (1) | 逻辑最大值1 | 1, 2, 3 | |
| Report Count (3) | 报告数量3 | 1, 2, 3 | |
| Report Size (1) | 报告长度1 | 1, 2, 3 | |
| Input (Data, Variable, Absolute) | | | B:1[1], B:2[1], B:3[1] |
| Report Count (1) | 报告数量1 | | B:1[1], B:2[1], B:3[1] |
| Report Size (5) | 报告长度5 | | B:1[1], B:2[1], B:3[1] |
| Input (Constant) | | | B:1[1], B:2[1], B:3[1], Pad[5] |
| Usage Page (Generic Desktop) | 用途页GD | | B:1[1], B:2[1], B:3[1], Pad[5] |
| Usage (X) | | X | B:1[1], B:2[1], B:3[1], Pad[5] |
| Usage (Y) | | X, Y | B:1[1], B:2[1], B:3[1], Pad[5] |
| Logical Minimum (−127) | 逻辑最小值−127 | X, Y | B:1[1], B:2[1], B:3[1], Pad[5] |
| Logical Maximum (127) | 逻辑最大值127 | X, Y | B:1[1], B:2[1], B:3[1], Pad[5] |
| Report Size (8) | 报告长度8 | X, Y | B:1[1], B:2[1], B:3[1], Pad[5] |
| Report Count (2) | 报告数量2 | X, Y | B:1[1], B:2[1], B:3[1], Pad[5] |
| Input (Data, Variable, Relative) | | | B:1[1], B:2[1], B:3[1], Pad[5], GD:X[8], GD:Y[8] |
| End Collection | | | B:1[1], B:2[1], B:3[1], Pad[5], GD:X[8], GD:Y[8] |
| End Collection | | | B:1[1], B:2[1], B:3[1], Pad[5], GD:X[8], GD:Y[8] |

Linux 对报告描述符的解析逻辑与以上略有差异，详情请参考“第 11 章　主机驱动差异”。

## 9.4　顶层集合

顶层集合（Top Level Collection，TLC）即最外层的集合，也需要一个用途描述。HID 实例的功能必须被包装在某一个顶层集合内，也就是说，报告描述符内不能有游离的字段。顶层集合必须是一个应用（Application）集合，并且必须描述用途。

所有的报告定义都不能跨越顶层集合，即一个报告的所有字段必须处于同一个顶层集合内。

一个顶层集合通常被看作实现一组 HID 功能的单位。一个报告描述符内可以存在不只一个顶层集合，即一个 HID 实例可以包含不只一个顶层集合。理论上说，一个 HID 实例的顶层集合数量仅受到下层协议传输能力的限制，因此单个 HID 实例可以实现任意数量的 HID 功能，但事实上 Linux 和 Windows 对多个顶层集合的 HID 实例实现并不一致。作者建议开发者在一般的场景下每个报告描述符仅包含一个顶层集合，除非已验证过各操作系统下的行为一致。

## 9.5　构造报告描述符

开发者显然可以逐字节自行构造报告描述符。本节将简介辅助构造报告描述符的工具软件 HID Descriptor Tool[①]，它只能运行于 Win32 或其兼容环境，由 USB - IF 提供给开发者免费下载、使用。下载后的压缩文件内包含可执行文件及其依赖项、配置文件、自述文档等。

工具软件可以帮助（但并不能替代）开发者摆脱繁杂的数值定义，专注于逻辑的设计。工具软件维护了条目格式、条目类型值、条目标签值、计量单位、部分用途表等操作和数据。

### 1. 生成代码

如图 9 - 1 所示，在软件界面下，选择 File→Open 可以打开已保存的报告描述符，文件夹内已有一些作为样例的文件。

打开文件后选择 File→“Save As”，并选择保存格式为“Header File ( *.h)”，生成的文件中包含 C 语言格式、带注释的报告描述符。

```
1.    char ReportDescriptor[50] = {
2.        0x05, 0x01,                    // USAGE_PAGE (Generic Desktop)
3.        0x09, 0x02,                    // USAGE (Mouse)
4.        0xa1, 0x01,                    // COLLECTION (Application)
5.        0x09, 0x01,                    //   USAGE (Pointer)
```

① 下载地址：https://usb.org/sites/default/files/documents/dt2_4.zip。

```
6.        0xa1, 0x00,                    //   COLLECTION (Physical)
7.        0x05, 0x09,                    //     USAGE_PAGE (Button)
8.        0x19, 0x01,                    //     USAGE_MINIMUM (Button 1)
9.        0x29, 0x03,                    //     USAGE_MAXIMUM (Button 3)
10.       0x15, 0x00,                    //     LOGICAL_MINIMUM (0)
11.       0x25, 0x01,                    //     LOGICAL_MAXIMUM (1)
12.       0x95, 0x03,                    //     REPORT_COUNT (3)
13.       0x75, 0x01,                    //     REPORT_SIZE (1)
14.       0x81, 0x02,                    //     INPUT (Data,Var,Abs)
15.       0x95, 0x01,                    //     REPORT_COUNT (1)
16.       0x75, 0x05,                    //     REPORT_SIZE (5)
17.       0x81, 0x03,                    //     INPUT (Cnst,Var,Abs)
18.       0x05, 0x01,                    //     USAGE_PAGE (Generic Desktop)
19.       0x09, 0x30,                    //     USAGE (X)
20.       0x09, 0x31,                    //     USAGE (Y)
21.       0x15, 0x81,                    //     LOGICAL_MINIMUM (-127)
22.       0x25, 0x7f,                    //     LOGICAL_MAXIMUM (127)
23.       0x75, 0x08,                    //     REPORT_SIZE (8)
24.       0x95, 0x02,                    //     REPORT_COUNT (2)
25.       0x81, 0x06,                    //     INPUT (Data,Var,Rel)
26.       0xc0,                          //   END_COLLECTION
27.       0xc0                           // END_COLLECTION
28.   };
```

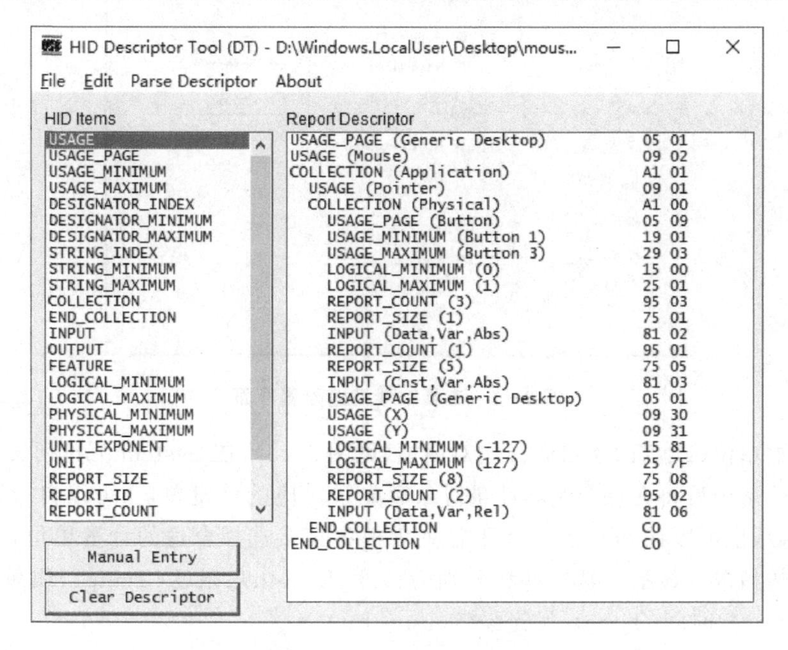


**图9-1　工具软件主界面**

作者不建议直接使用该文件，建议做一定调整：

- 数据内容整体实现至源文件内；
- 根据实际调整数组命名，并根据场景添加 static、const 等限定符；

- 数组长度以宏形式或以命名的结构体字段长度形式定义在头文件内；
- 如果定义了报告 ID，则以宏定义报告 ID 数值并在报告描述符内将其替换为宏。

### 2. 自制报告描述符

打开软件双击左侧 Hid item 下的任意条目即会弹出对话框（见图 9－2），用于输入或选择条目所需的数据，确定后将添加至右侧的 Report Descriptor 框内，新增的条目将插入在当前选择的条目之前，如果需要尾部添加，则需要选择 Edit→Insert after last item。

当添加用途页（USAGE_PAGE）条目时，弹出的窗口用于选择已知的用途页。

当添加用途（USAGE）条目时，弹出的窗口用于选择已知的用途，其列表是根据当前的用途页显示的。

当添加输入（INPUT）、输出（OUTPUT）、特征（FEATURE）条目时，弹出的窗口用于逐个配置字段标志。

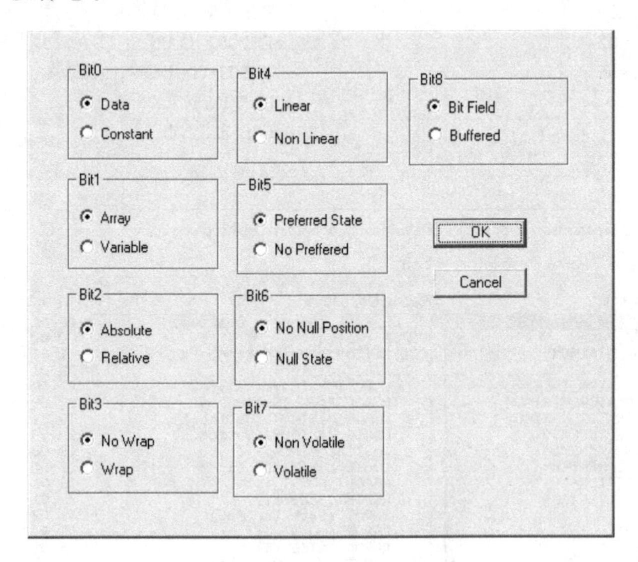


**图 9－2　工具软件用途配置界面**

当添加单位（UNIT）条目时弹出对话框（见图 9－3），在 System 下拉列表框中选择对应的单位系统后将在每个基本计量对象后显示对应的计量单位，可以自行输入每个计量的指数，也可以在 Quick Unit 下拉列表框中直接选择合适的计量单位，它将自动输入对应的指数。显示的基本计量分别为长度（Length）、温度（Temp）、质量（Mass）、电流（Current）、时间（Time）、发光强度（Lum Int）。

软件有一点 BUG，它只接受成对且按顺序的集合（COLLECTION）、结束集合（END_COLLECTION）条目，并且没有记录删除条目对此的影响。因此，删除一个结束集合条目后再添加可能遇到错误提示，解决的方案是把对应的集合条目也删除后重新添加，然后再添加结束集合条目。

如果要添加软件不支持的条目，则可以单击 Manual Entry 并手动输入类型/标签

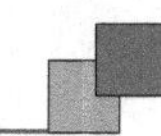

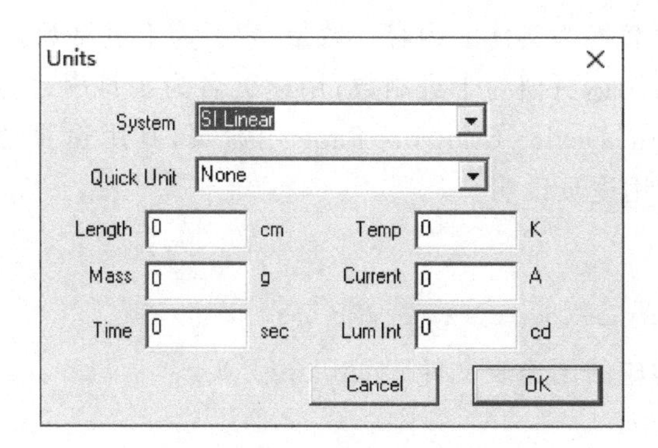


**图 9-3　Units 对话框**

和数据的数值。

### 3. 解析描述符

单击 Parse Descriptor 后软件将解析现有的报告描述符，弹出的窗口显示解析的结果。

作者认为解析功能意义不大，因为构造界面已经显示得相当清楚了。在解析结果中应用集合、逻辑集合、物理集合被分别显示为 Application、Datalink、Linked。如果其中存在错误或警告，将显示在弹出的窗口中，这个功能有助于快速发现报告描述符中明显的错误。

### 4. 添加用途

对于软件中不存在的用途页、用途，可以通过编辑 dt. ini 和 *. upg 来实现添加，在自述文档(readme. txt)中描述了具体的操作方法。

通过编辑 dt. ini、编辑已有的 *. upg 文件、新增 *. upg 文件来实现编辑软件支持的用途表。一般来说，只会添加用途页或用途，不会删除或更改已有的定义。涉及编辑的文件都是纯文本文件，可以使用任意文本编辑器打开。

软件对文本文件的解析容错性并不强，编辑时须注意：

- 尽量关闭输入法；
- 只使用英文字母和常见符号(ASCII 码值小于 128)；
- 字符串内不能出现逗号(,)；
- 避免编辑器自动将 tab 替换为空格。

### 5. dt. ini 格式

dt. ini 中声明用途页数量、每个用途页的用途页 ID、名称、页内用途 ID 所在的文件。新增用途页时修改 Count 数值，并在下面新增表示用途页的行，格式如下：

```
[UsagePages]
Count = <数量>
<用途页列表>
```

其中，用途页列表由多个用途页定义组成，每个用途页定义独占一行，格式如下：

```
UP <索引> = <用途页 ID>, <用途页名>, <用途表文件>
```

尖括号中的项要替换为具体的内容。数量、索引为十进制数，且索引必须覆盖 0～＜数量－1＞的范围；用途页值为十进制数；用途页名为字符串；用途表文件为字符串。例如新增一个 Generic Device Controls Page 用途页，其用途页值为 0x06，需要修改 Count 值并添加一行用途页说明：

```
Count = 2122
...
UP21 = 6,Generic Device Controls Page,gdcp.upg
```

并且必须新增对应的用途表文件(gdcp. upg)。

### 6. ＊. upg 格式

. upg 文件中声明特定用途页的用途 ID，格式如下：

```
<用途页名>
<文件类型>
<用途表>
```

尖括号及其中的项要替换为具体的内容。其中用途页名必须与 dt. ini 内声明的完全一致，文件类型可以是 NORMAL 或 REPEAT。

当文件类型为 NORMAL 时，用途表由多个用途定义、注释或保留定义组成，每条独占一行，格式分别如下：

```
<用途 ID> <tab> <用途名>
;<注释内容>
<用途 ID> - <用途 ID> <tab> <Reserved 或 reserved>
```

当文件类型为 REPEAT 时，用途表定义一个无效用途和一个有效用途，有效用途将被扩展至整个用途页，格式如下：

```
00 <tab> <无效用途名>
01 <tab> <有效用途名>
```

用途 ID 为十六进制数，不带前缀 0x 或后缀 h，字符不区分大小写。表示范围的定义只能定义为保留(Reserved)，并且不会被软件显示出来。tab 表示按下键盘 Tab 键插入的字符。例如在 gdcp. upg 内定义 Battery Strength 和 Wireless Channel 的用途，它们的用途 ID 分别是 0x20 和 0x21：

```
Generic Device Controls Page
NORMAL
00 Undefined
1 - 1f Reserved
20 Battery Strength
21 Wireless Channel
22 - ffff Reserved
```

### 7. 其　他

通过 readme. txt 还可以得到其他信息，包括软件存在一些已知的缺陷。

软件可以满足生成报告描述符的绝大多数需求，但当需要对报告描述符做更精细的控制时，仍需要手动调整软件生成的内容。例如对报告描述符长度极其敏感时，可以

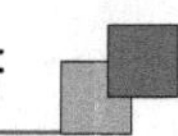

考虑将数据数值为 0 的条目数据长度改为 0；存在大量重复定义时（例如多点触摸设备），可以考虑将重复部分单独定义。

本书作者认为该软件适合用于将已经设计好的报告描述符生成为数值代码，不大适合编辑、调整报告描述符。软件显然不完美，但基本够用；从文件属性看已经 20 多年没有更新了，但仍然能起到重要作用。

# 第10章 设计和实现

设计 HID 设备需要用途表以了解涉及用途页和用途的 ID 数值，它们分别用一个 2 B 数值表示。用途表定义于 *Hid Usage Tables*，可以在 www.usb.org 下载得到，目前最新的版本是 1.22[①]。任意用途页的用途 ID 值 0 均为保留，总是可以认为它代表无效用途。任意用途页的用途 ID 值 1～31(0x01～0x1F)保留为描述顶层集合的用途[②]。

实现为引导设备是 HID 设备的一个选项，它需要设备支持引导协议。

## 10.1 用途类型

本节内容对应文档 *Hid Usage Tables* 定义了用途类型(Usage Types)，用于辅助理解其中的用途定义，未特别指出时，本节所指的参考文档、原文均指该文档。需注意它并不是硬性的规范，仅用作指导，实现时还要根据具体应用调整。

用途按类型被分为 3 类：控制(Controls)、数据(Data)、集合(Collection)，每一类又分为若干种。每种用途分别有相应的使用方法和限制。本节中所有的用途分类仅作为已声明用途的共通之处的提取和描述，并非用途的硬性限定。一个用途可以具备不只一个种类特征，也可以不具备任意已有的种类特征，它完全由用途的具体定义决定。

当用途(Usage)条目之后的首个主条目为非数据主条目(集合(Collection))时，用途 ID 被用于描述集合，不定义字段；当用途(Usage)条目之后的首个主条目为数据主条目(输入(Input)、输出(Output)或特征(Feature))时，用途 ID 被用于声明字段，并由对应的主条目定义字段。

### 1. 控　制

控制(Control)用于声明用途字段，对逻辑最小值、逻辑最大值、对应的数据主条目

---

① https://www.usb.org/sites/default/files/hut1_22.pdf。

② 参考文献[12]，3.1，原文如此，但相同文档内的 Keyboard/Keypad 用途页、LED 用途页等显然没有遵循此约定。

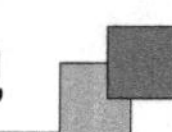

标志有限定。表 10－1 所列为控制类型定义及其取值范围。

**表 10－1　控制类型定义及其取值范围**

| 缩　写 | 类　型 | 逻辑最小值 | 逻辑最大值 | 标　志 |
|---|---|---|---|---|
| LC | 线性控制(Linear Control) | －1 | 1 | 相对(Relative)<br>回弹(Preferred State) |
| | | 任意负数 | 任意正数 | 相对(Relative)<br>回弹(Preferred State) |
| | | 任意数 | 任意数 | 绝对(Absolute)<br>回弹(Preferred State) |
| OOC | 开关控制(On/Off Control) | －1 | 1 | 相对(Relative)<br>非回弹(No Preferred) |
| | | 0 | 1 | 相对(Relative)<br>回弹(Preferred State) |
| | | 0 | 1 | 绝对(Absolute)<br>非回弹(No Preferred) |
| MC | 瞬态控制(Momentary Control) | 0 | 1 | 绝对(Absolute)<br>回弹(Preferred State) |
| OSC | 单发控制(One Shot Control) | 0 | 1 | 绝对(Absolute)[1]<br>回弹(Preferred State) |
| RTC | 连发控制(Re－trigger Control) | 0 | 1 | 绝对(Absolute)<br>回弹(Preferred State) |

线性控制：用于表示线性数值，例如音量、亮度等，它的物理载体可以是一对加减按钮、旋钮、滑动条等。加减按钮、回弹旋钮等适用于报告相对数值，带限位的旋钮、滑动条等适用于报告绝对数值。

开关控制：用于表示开关量。报告为－1～1 的相对数值每次报告使用正数表示打开动作，负数表示关闭动作，0 无动作；报告为 0～1 的相对数值每次报告使用 1 表示改变开关状态(开变关、关变开)；报告为 0～1 的绝对数值当前状态以 0 表示关闭状态，1 表示打开状态。

瞬态控制：用于表示一个状态量，当前状态 1 表示正在触发，0 表示未被触发。

单发控制：用于表示一个状态量，当前状态由 0 变为 1 时触发特定的事件，由 1 变为 0 时无行为。游戏控制器中的单发键是一个例子[2]。

连发控制：用于表示一个状态量，当前值为 1 时触发启动一个事务，当事务完成后

① 原文中描述为相对(Relative)，根据后文的解释，作者认为原文描述有误。

② 原文以消磁功能举例，消磁是部分 CRT 显示器的一个功能，但现在已经很少有 CRT 显示器了。

如果状态仍为 1,则再次启动事务。游戏控制器中的连发键是一个例子。

### 2. 数　据

数据(Data)用于声明用途字段,对对应的数据主条目标志有限定。表 10－2 所列为数值类型的定义。

表 10－2　数值类型的定义

| 缩　写 | 类　型 | 标　志 |
|---|---|---|
| Sel | 选择器(Selector) | 数组(Array) |
| SV | 静态值(Static Value) | 常数(Constant)<br>变量(Variable)<br>绝对(Absolute) |
| SF | 静态标记(Static Flag) | 常数(Constant)<br>变量(Variable)<br>绝对(Absolute) |
| DV | 动态值(Dynamic Value) | 数据(Data)<br>变量(Variable)<br>绝对(Absolute) |
| DF | 动态标记(Dynamic Flag) | 数据(Data)<br>变量(Variable)<br>绝对(Absolute) |

选择器:用于表示多个相似功能中的一个,例如按键等,通常用于以数组(Array)标志的数据主条目。以数组标志主条目时,数据值表示对应索引的选择器用途值被设置为 1,否则值为 0;也可以使用数据标志的数据主条目,每个选择器用途的值以 1 位表示。用于数组(Array)标志的多个选择器用途可选地可以置入具名数组(Named Array)内。

静态值:用于表示一个设备提供的数值,该值不可变,可以用于描述设备参数等。主机设置静态值用途没有效果。

静态标记:用于以 1 个比特位表示一个设备提供的标记,可以用于表示设备支持的功能,以 1 表示有效、0 表示无效。当主机查找的静态标记不存在时,将被认为该用途的值为 0。主机设置静态标记用途没有效果。

动态值:用于表示一个值。

动态标记:用于以 1 个比特位表示一个状态,可以用于使能或禁用设备的特定功能。

### 3. 集　合

用于描述集合(Collection),对集合类型有限定。表 10－3 描述了用于集合的条目类型。

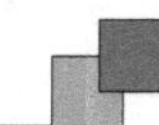

表 10-3 集合类型的定义

| 缩 写 | 类 型 | 集合类型 |
|---|---|---|
| NAry | 具名数组(Named Array) | 逻辑集合(具名数组) |
| CA | 应用集合(Application Collection) | 应用集合 |
| CL | 逻辑集合(Logical Collection) | 逻辑集合 |
| CP | 物理集合(Physical Collection) | 物理集合 |
| US | 用途交换(Usage Switch) | 逻辑集合(用途交换) |
| UM | 用途修改(Usage Modifier) | 逻辑集合(用途修改) |

具名数组：用于描述一个选择器(Selector)用途组成的集合。

应用集合：用于描述一个应用集合。应用集合可以作为顶层集合，表示一组用途组合之后的应用场景。主机根据应用集合了解设备可提供的功能。例如主机在存在“手柄(Joystick)”集合时，将在游戏中使用该集合代替键盘、鼠标作为默认操作设备。应用集合同时表示了主机使用其包含用途的应用方式，例如“触摸屏(Touch Screen)”和“触摸板(Touch Pad)”用途分别描述的集合，它们可以用包含完全相同的数据结构和用途定义，包括坐标、大小等，作用于触摸屏时将被用于在显示器上的绝对位置显示指针，作用于触摸板时将被用于控制指针的相对位置。所有的报告均不能跨越应用集合。

逻辑集合：用于描述一个逻辑集合。逻辑集合包含一组逻辑相关的用途。例如可以将主(Major)、副(Minor)、修订(Revision)三个用途包装入一个逻辑集合，并将该集合描述为硬件版本(Hardware Version)用途。例如将横坐标(X)、纵坐标(Y)、宽(Width)、高(Height)等用途包装入一个逻辑集合，并将该集合描述为手指(Finger)用途。对于多点触摸设备，这个集合是必要的。

物理集合：用于描述一个物理集合。物理集合一般用于表示其中的数据源自相同位置的传感器。例如，陀螺仪采集的三轴数据应封装入一个物理集合内。

用途交换：用于描述一个用途交换集合。①

用途修改：用于描述一个用途修改集合。②

USB HID 文档内定义了报告(Report)集合，但 HID 用途表文档内没有定义用于描述报告集合的用途。

对于几乎所有的需求，都仅会用到应用集合、逻辑集合和物理集合，从源代码看 Linux 也仅支持这三种集合。为了兼容性考虑，实际操作中可以把具名数组、用途交换、用途修改集合均以逻辑集合声明，不声明报告集合。文档中没有报告集合样例；使用具名数组集合的样例使用了逻辑集合代替具名数组集合；新版本相较于旧版本删除了用途交换集合、用途修改集合的样例。据此作者认为这 4 种集合的数值定义几乎是被废弃的，可以把它当作逻辑集合的几种使用方式。

---

① 作者没有相关经验，也没有把握准确理解并翻译文档内容。

② 同上。

# 10.2　引导协议

设备在工作于引导协议(Boot Protocol)时，报告数据必须符合引导协议的要求。引导协议规定了报告头部若干字节的定义，多出的部分将被忽略。由于逐字节严格定义了报告内容，引导协议不支持报告 ID。所以引导协议和报告协议在逻辑上没有重叠，可以分别实现。

## 1. 键　盘

引导键盘的输入报告前 8 个字节必须依照表 10-4 定义。

表 10-4　引导键盘输入报告格式

| 字节 \ 位 | 8 | 6 | 5 | 4 | 3 | 2 | 1 | 0 |
|---|---|---|---|---|---|---|---|---|
| 0 | RGUI | RAlt | RShift | RCtrl | LGUI | LAlt | LShift | LCtrl |
| 1 | 保留 | | | | | | | |
| 2 | 键值 1 | | | | | | | |
| 3 | 键值 2 | | | | | | | |
| 4 | 键值 3 | | | | | | | |
| 5 | 键值 4 | | | | | | | |
| 6 | 键值 5 | | | | | | | |
| 7 | 键值 6 | | | | | | | |

引导键盘的输出报告必须依照表 10-5 定义。

表 10-5　引导键盘输出报告格式

| 字节 \ 位 | 8 | 6 | 5 | 4 | 3 | 2 | 1 | 0 |
|---|---|---|---|---|---|---|---|---|
| 0 | 保留 | | | Kana | Compose | Scroll Lock | Caps Lock | Num Lock |

当没有按键按下时，输入报告中所有的键值应为 0(Reserved)，有按键被按下时在键值中输入对应的数值，当键值不足以容纳按键(超过 6 个键)时所有键值应为 1(ErrorRoll-Over)。[①]

容易想到，常见的 101 或 104 键位键盘即使逐比特位表示按键也仅需 13 B 就能完整表示状态，并且不存在键值冲突。USB 低速设备仅能支持 8 B 中断输入传输，可以认为 8 B 输入报告是向低规格 USB 传输能力的妥协。

① 所有键值定义参考 https://www.usb.org/sites/default/files/hut1_22.pdf。

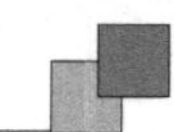

### 2. 鼠　标

引导鼠标的输入报告前 3 个字节必须依照表 10－6 定义。

表 10－6　引导鼠标输入报告格式

| 字节＼位 | 8 | 6 | 5 | 4 | 3 | 2 | 1 | 0 |
|---|---|---|---|---|---|---|---|---|
| 0 | 保留 | | | | | 中键 | 右键 | 左键 |
| 1 | X 位移 | | | | | | | |
| 2 | Y 位移 | | | | | | | |

X 位移和 Y 位移的有效范围均为－127～127。

### 3. 设备实现

设备可以根据工作在引导协议或报告协议的状态以不同的数据格式报告数据，也可以使用相同的数据格式，后者显然有助于降低设备实现的复杂性。这里将简述几种在两种协议下使用相同数据格式的场景。

设备实现可以根据引导协议要求提供匹配的报告描述符，例如一个三键鼠标，它在工作于引导协议或报告协议时的报告数据内容和定义完全相同。

设备实现可以在引导协议规定报告数据尾部添加其他数据，并配合适当的报告描述符，使它在引导协议下能正常工作，但工作在报告协议时能解析更多有效数据。例如一个带滚轮的三键鼠标，可以将滚轮数据附加在引导协议规定的报告数据之后，工作于引导协议时滚轮数据将被忽略，工作于报告协议时滚轮数据可以被主机正常识别。

设备实现甚至可以使用引导协议数据格式，并在报告描述符中将其描述为其他用途，使设备在不同协议下实现不同的功能。例如一个设备可以被报告描述符描述为一个游戏控制器，并且前 3 个字节的定义格式与引导鼠标类似，那么它工作在引导协议时可以实现一个鼠标功能，工作在报告协议时则实现一个游戏控制器功能。

## 10.3　厂商定义用途

当 HID 规定用途页（Usage Page）值在 0xFF00～0xFFFF 之间时，用途表示为厂商定义（Vendor Defined）。因此，HID 驱动在解析厂商定义用途时，必须根据厂商 ID 选择对应的解析方式。一般来说，通用驱动会忽略这些用途对应的数据，厂商发布的专用驱动会针对设备的厂商 ID 匹配设备并解析这些数据。

厂商定义用途的定义可以无限复杂，对于同一个用途值（包括用途页值和用途 ID 值），最基本的可以定义为“厂商 ID 为 AAA 的时候代表 XXX 用途”。既然厂商 ID 参与到了用途定义，那么产品 ID、版本号都可以参与其中，甚至可以在限定厂商 ID、产品 ID、版本号的前提下定义为“存在于 AAA 顶层集合时表示 XXX 用途，否则表示 YYY

用途"这种复杂的形式。但如此复杂的定义显然不是一个好主意。

下面将给出一些设计厂商定义用途的建议。

任意用途页的用途 ID 值 0 均为未定义用途,用途 ID 值 1～31(0x01～0x1F)保留为描述顶层集合的用途。HID 文档有此约定,厂商自定义用途也应遵循此约定。

避免在厂商定义的集合内包含标准 HID 用途。如果 HID 驱动实现不严谨或设计者对 HID 用途理解不准确,可能导致的驱动会以预料之外的逻辑解析 HID 报告字段。为了避免这种情况,尽量避免在厂商定义的集合内包含标准 HID 用途。相反地,我们可以在一个已验证可用的标准 HID 用途集合内增加厂商定义用途,以使厂商开发的特定驱动能扩展它的功能。

厂商定义的用途,尽量使其定义仅受限于厂商 ID,而与产品 ID、版本、顶层集合等一切均无关。厂商开发的驱动将可以放心地根据用途 ID 实施相应的数据解析,复合设备、复合功能中的相似或相同的功能能够由同一份源代码实现,有助于降低开发成本和维护成本。

# 第 11 章

# 主机驱动差异

本章介绍了部分作者发现的主机驱动差异。由于 Linux、Android 的开源性，许多与其相关的现象可以通过源代码找到原因，而其他操作系统则只能用实测验证的方法了解其特性。一般来说，设备开发者应当尽量保持设备在不同平台的行为一致性。

从作者有限的经验看，Windows 对 HID 的支持质量要高于 Linux、Android，主要体现在前者更严谨和完整地遵循了规范。

## 11.1 部分版本的 Linux 递增用途 ID

当一个 HID 实例被用作输入设备并且它的报告中存在重复的用途(Usage)时，后出现的字段用途 ID 将被递增。

例如一个被用作鼠标的 HID 实例，它被设计为既能直接操作指针绝对位置也能操作指针相对位置。我们希望使用不同的报告 ID 区分两种数据：一种报告按键状态和坐标位移，称为相对鼠标，其数据包格式的定义如表 11-1 所列；另一种报告按键状态和坐标值，称为绝对鼠标，其数据包格式的定义如表 11-2 所列。

表 11-1 一种相对鼠标数据格式

| 字节 \ 位 | 8 | 6 | 5 | 4 | 3 | 2 | 1 | 0 |
|---|---|---|---|---|---|---|---|---|
| 0 | 报告 ID | | | | | | | |
| 1 | 保留 | | | | | 中键 | 右键 | 左键 |
| 2 | X 位移 | | | | | | | |
| 3 | Y 位移 | | | | | | | |

表 11-2 一种绝对鼠标数据格式

| 字节 \ 位 | 8 | 6 | 5 | 4 | 3 | 2 | 1 | 0 |
|---|---|---|---|---|---|---|---|---|
| 0 | 报告 ID | | | | | | | |
| 1 | 保留 | | | | | 中键 | 右键 | 左键 |
| 2 | X 值 | | | | | | | |
| 3 | Y 值 | | | | | | | |

当输入数据以绝对鼠标数据表示特定位置且左键按下时，系统并未识别鼠标左键按下。发生的原因是解析数据时至绝对鼠标数据的“左键”用途时，发现“左键”已经存在，于是递增寻找首个未声明的用途，它被映射为 Button4，而 Button4 在鼠标应用与左键(Button1)是不同的。在 Linux 源代码 hid-input. c[①] 中存在以下内容：

```
1.    /*
2.     * This part is *really* controversial:
3.     * - HID aims at being generic so we should do our best to export
4.     *   all incoming events
5.     * - HID describes what events are, so there is no reason for ABS_X
6.     *   to be mapped to ABS_Y
7.     * - HID is using *_MISC+N as a default value, but nothing prevents
8.     *   *_MISC+N to overwrite a legitimate even, which confuses userspace
9.     *   (for instance ABS_MISC + 7 is ABS_MT_SLOT, which has a different
10.    *   processing)
11.    *
12.    * If devices still want to use this (at their own risk), they will
13.    * have to use the quirk HID_QUIRK_INCREMENT_USAGE_ON_DUPLICATE, but
14.    * the default should be a reliable mapping.
15.    */
16.   while (usage->code <= max && test_and_set_bit(usage->code, bit)) {
17.       if (device->quirks & HID_QUIRK_INCREMENT_USAGE_ON_DUPLICATE) {
18.           usage->code = find_next_zero_bit(bit,
19.                             max + 1,
20.                             usage->code);
21.       } else {
22.           device->status |= HID_STAT_DUP_DETECTED;
23.           goto ignore;
24.       }
25.   }
```

从注释可以看出，这段代码的作者认为实现这个行为是存在争议的。这里会依据 HID_QUIRK_INCREMENT_USAGE_ON_DUPLICATE 决定该逻辑是否启动，较早的版本没有控制，全部实施递增逻辑，更早的版本则没有这个逻辑。

---

① https://git.kernel.org/pub/scm/linux/kernel/git/stable/linux.git/tree/drivers/hid/hid-input.c?h=v4.19.232。

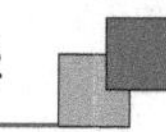

解决问题的方法是使用多个 HID 实例，以避免一个实例内出现重复的用途 ID。

如果仅使用单个 HID 实例，作者使用的方法是绝对鼠标数据内不声明按键，绝对鼠标动作通过绝对鼠标数据报告位置，通过无位移的相对鼠标数据报告按键。但这个做法并不完美，它把一个动作拆分为先后的几个动作，对于类似按键按下即锁定对象的场景（例如拖动图标）需要谨慎对待。一般来说，实施顺序依次为按键抬起、移动、按键按下，极端场景下一个动作甚至需要 3 个数据包实现，例如一个动作同时实现左键抬起、右键按下、移动。但即使如此，在一个按键抬起-锁定对象的场景下它仍然可能工作异常，例如一个仅在按键按下时响应鼠标移动的场景（虽然只是一个想像中的场景），一个动作包含按下按键和移动指针时，该移动动作会被认为出现在按下按键动作之前。另外，一个动作拆分为 2 或 3 个数据包实现也可能给传输带宽带来压力。

## 11.2 Linux 中多个顶层集合共享标记位

Linux 驱动会对一个 HID 实例设置标记位，并进而影响数据解析逻辑。在 hid-input. c① 中存在以下内容：

```
1.     case 0x30: /* TipPressure */
2.         if (!test_bit(BTN_TOUCH, input->keybit)) {
3.             device->quirks |= HID_QUIRK_NOTOUCH;
4.             set_bit(EV_KEY, input->evbit);
5.             set_bit(BTN_TOUCH, input->keybit);
6.         }
7.         map_abs_clear(ABS_PRESSURE);
8.         break;
```

即报告中存在“笔尖压力（Tip Pressure）”用途，而不存在“触摸（Touch）”“笔尖（Tip Switch）”“副笔尖（Secondary Tip Switch）”“橡皮（Eraser）”用途时，HID 实例将被标记为 HID_QUIRK_NOTOUCH。相同文件还存在以下内容：

```
1.     if (usage->hid == (HID_UP_DIGITIZER | 0x0030) && (*quirks & HID_QUIRK_NOTOUCH)) { /
       * Pressure */
2.         int a = field->logical_minimum;
3.         int b = field->logical_maximum;
4.         input_event(input, EV_KEY, BTN_TOUCH, value > a + ((b - a) >> 3));
5.     }
```

即当 HID 实例存在 HID_QUIRK_NOTOUCH 标记时，将使用压力量程的 1/8 作为阈值，用来判定是否接触。

如果一个压感笔仅报告笔尖压力而没有触摸、笔尖等用途，应用上述特性后能正常使用；同时，如果一个触摸屏仅报告触摸而没有压力用途，也能正常使用。但二者的顶层集合放置在同一个 HID 实例后将导致压感笔不能正常使用。

---

① https://git.kernel.org/pub/scm/linux/kernel/git/stable/linux.git/tree/drivers/hid/hid-input.c?h=v4.19.232。

## 11.3 Linux 中用途的声明顺序影响

在 Linux 中用途的声明顺序可能影响实现行为，然而根据 HID 规范同一报告数据包的内容不应有顺序要求。本节仅举一个作者遇到过的情形，读者如果在实际中遇到类似问题应当参考 Linux 源代码以找到解决方案。

在一个设计中，笔设备中以“反转(Invert)”用途表示擦除功能，使用“范围内(In Range)”用途表示侦测到指针靠近，使用“笔尖(Tip Switch)”用途表示侦测到指针接触。此时必须将“反转”用途声明于“范围内”用途之前，否则一个完整的擦除动作首帧数据将不会报告为擦除。在 hid-input. c① 中存在以下内容：

```
1.     if (usage->hid == (HID_UP_DIGITIZER | 0x003c)) { /* Invert */
2.         *quirks = value ? (*quirks | HID_QUIRK_INVERT) : (*quirks & ~HID_QUIRK_INVERT);
3.         return;
4.     }
5.
6.     if (usage->hid == (HID_UP_DIGITIZER | 0x0032)) { /* InRange */
7.         if (value) {
8.             input_event(input, usage->type, (*quirks & HID_QUIRK_INVERT) ? BTN_TOOL_RUB-
               BER : usage->code, 1);
9.             return;
10.        }
11.        input_event(input, usage->type, usage->code, 0);
12.        input_event(input, usage->type, BTN_TOOL_RUBBER, 0);
13.        return;
14.    }
```

可以看到，如果“反转”用途位于“范围内”用途之前，触发事件的值将以前一帧数据的“反转”用途值生效。如果因为某些原因(快速落下、或感应范围较小)导致擦除时“范围内”用途和“笔尖”用途同时从无至有，将导致前文所述的首帧数据识别错误。

## 11.4 Linux 解析将用途页用作用途的修饰符

Linux 未按照定义将用途页(Usage Page)视作全局条目(Global Item)，而是将其用作用途(Usage)的修饰符。前者要求用途页条目的值在主条目位置生效，而后者实现为它在用途条目处生效。

表 11-3 所列为一个存在差异的例子。当用途页条目出现在用途条目之后时，根据 HID 规范它应当生效，但在 Linux 内它并未生效，导致相同的 HID 报告描述符解析出不同的结果。作者认为 HID 文档明确定义了用途页条目为全局条目，所以并非报告描述符有二义性，而是 Linux 实现有误。当使用入栈(Push)、出栈(Pop)条目维护数据

① https://git.kernel.org/pub/scm/linux/kernel/git/stable/linux.git/tree/drivers/hid/hid-input.c?h=v4.19.232。

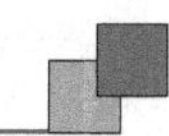

时，也有类似的结果。作者实测在 Windows 7 环境下 HID 驱动识别方式与 HID 规范文档是一致的。

表 11-3　一个 Linux 解析有误的报告描述符例子

| 条　目 | 全局数据 | HID 标准 | | Linux | |
|---|---|---|---|---|---|
| | | 局部数据 | 已定义(输入) | 局部数据 | 已定义(输入) |
| Usage Page (P0) | 用途页 P0 | | | | |
| Usage (U0) | | | | | |
| Collection (Application) | | | | | |
| Usage (U1) | | U1 | | P0:U1 | |
| Usage Page (P1) | 用途页 P1 | U1 | | P0:U1 | |
| Report Count (1) | 报告数量 1 | U1 | | P0:U1 | |
| Report Size (1) | 报告长度 1 | U1 | | P0:U1 | |
| Input | | | P1:U1 | | P0:U1 |
| End Collection | | | P1:U1 | | P0:U1 |

实际上，最常见的报告描述符用法在两种解析方式的结果是一致的，设备开发人员尽量避免使用罕见的编码习惯即可避免这个问题。特定的场景下甚至可以利用这个特性，以实现不同平台下的行为差异。

## 11.5　Linux 对多点触摸报告的无效数值判断出错

多点触摸设备单帧传输数据量较大，因此它允许设备以多个数据包传输以组成一个完整的数据帧。例如，当一帧数据有 5 个触摸点，单个数据包只能传输 2 个触摸点时，可以将其拆分为 3 个数据包传输。在此场景下，3 个数据包的数据内容如表 11-4 所列。

表 11-4　一个 Linux 解析有误的输入报告例子

| 时　序 | 数据 0 | 数据 1 | 数　量 |
|---|---|---|---|
| 0 | 触摸点 0 | 触摸点 1 | 5 |
| 1 | 触摸点 2 | 触摸点 3 | 0 |
| 2 | 触摸点 4 | 无效 | 0 |

时序 2 位置的数据 1 是无效数据，但在 Linux 下它将被用于解析。在 hit-multi-touch.c 中的 mt_touch_report 方法中存在以下内容：

```
1.    list_for_each_entry(slot, &app->mt_usages, list) {
2.        if (! mt_process_slot(td, input, app, slot))
3.            app->num_received++;
4.    }
5.
6.    for (r = 0; r < report->maxfield; r++) {
7.        field = report->field[r];
8.        count = field->report_count;
9.
10.       if (! (HID_MAIN_ITEM_VARIABLE & field->flags))
11.           continue;
12.
13.       for (n = 0; n < count; n++)
14.           mt_process_mt_event(hid, app, field,
15.                       &field->usage[n], field->value[n],
16.                       first_packet);
17.   }
18.
19.   if (app->num_received >= app->num_expected)
20.       mt_sync_frame(td, app, input);
```

代码段内 app->num_expected 记录了待解析的触摸点总数，单个数据包内首先循环一次更新了触摸点数量，然后再次循环逐个解析包内触摸点，最后判断触摸点总数。因此本不应解析的数据被当作触摸点实施了一次解析，导致输出错误。

解决方案是将无效数据按有效数据设置值，也可以简单地将未应用数据全部清零。实测 Windows 7 没有这个问题。

作者认为这里透露出 Linux 中“全零即无效”的思路，以及对“无用即全零”的依赖。作者认为这是 Linux 的缺陷，它对接口提出了规范之外的要求。

## 11.6 Android 下的 BLE HID 仅支持首个 HID 服务

BLE HID 设备允许使用多个 HID 服务实现多实例的 HID 复合设备，但 Android 仅支持首个 HID 服务。

在 Android 9.0 的源代码 bta_hh_le.cc[①] 内存在以下内容：

```
1.    bool have_hid = false;
2.    for (const tBTA_GATTC_SERVICE& service : *services) {
3.        if (service.uuid == Uuid::From16Bit(UUID_SERVCLASS_LE_HID) &&
4.                service.is_primary && ! have_hid) {
5.            have_hid = true;
6.
7.            /* found HID primamry service */
8.            p_dev_cb->hid_srvc.in_use = true;
9.            p_dev_cb->hid_srvc.srvc_inst_id = service.handle;
```

① http://androidxref.com/9.0.0_r3/xref/system/bt/bta/hh/bta_hh_le.cc。

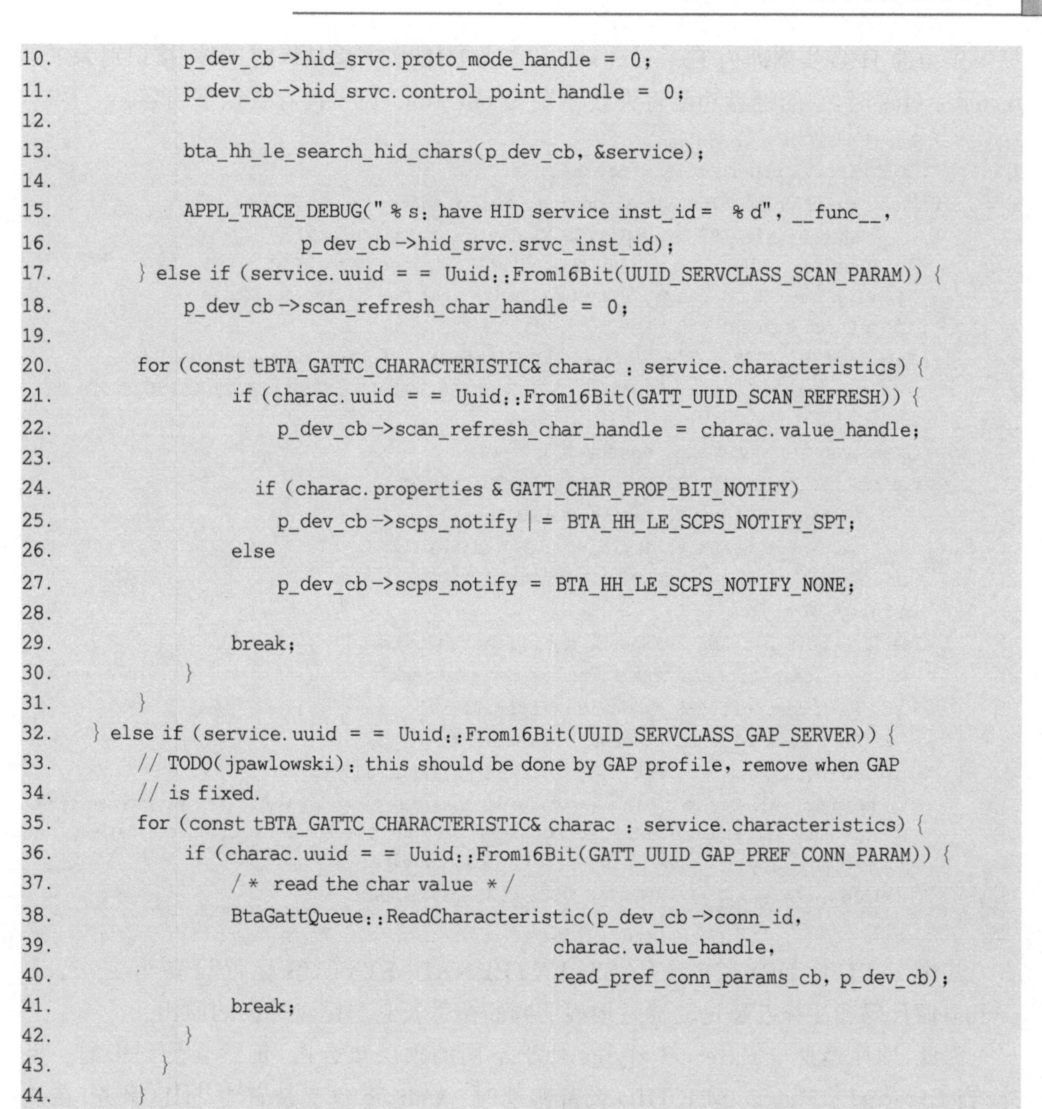

```
10.         p_dev_cb->hid_srvc.proto_mode_handle = 0;
11.         p_dev_cb->hid_srvc.control_point_handle = 0;
12.
13.         bta_hh_le_search_hid_chars(p_dev_cb, &service);
14.
15.         APPL_TRACE_DEBUG("%s: have HID service inst_id= %d", __func__,
16.                          p_dev_cb->hid_srvc.srvc_inst_id);
17.     } else if (service.uuid == Uuid::From16Bit(UUID_SERVCLASS_SCAN_PARAM)) {
18.         p_dev_cb->scan_refresh_char_handle = 0;
19.
20.     for (const tBTA_GATTC_CHARACTERISTIC& charac : service.characteristics) {
21.             if (charac.uuid == Uuid::From16Bit(GATT_UUID_SCAN_REFRESH)) {
22.                 p_dev_cb->scan_refresh_char_handle = charac.value_handle;
23.
24.               if (charac.properties & GATT_CHAR_PROP_BIT_NOTIFY)
25.                 p_dev_cb->scps_notify |= BTA_HH_LE_SCPS_NOTIFY_SPT;
26.             else
27.                 p_dev_cb->scps_notify = BTA_HH_LE_SCPS_NOTIFY_NONE;
28.
29.             break;
30.         }
31.     }
32. } else if (service.uuid == Uuid::From16Bit(UUID_SERVCLASS_GAP_SERVER)) {
33.     // TODO(jpawlowski): this should be done by GAP profile, remove when GAP
34.     // is fixed.
35.     for (const tBTA_GATTC_CHARACTERISTIC& charac : service.characteristics) {
36.         if (charac.uuid == Uuid::From16Bit(GATT_UUID_GAP_PREF_CONN_PARAM)) {
37.             /* read the char value */
38.             BtaGattQueue::ReadCharacteristic(p_dev_cb->conn_id,
39.                                              charac.value_handle,
40.                                              read_pref_conn_params_cb, p_dev_cb);
41.             break;
42.         }
43.       }
44.     }
45. }
```

可以看到 have_hid 变量控制了仅首个扫描到的 HID 服务才被识别。

对于设备开发者，当需要实现 HID 复合设备时，只能将所有 HID 实例的功能置入一个 HID 实例实现，但是单个 HID 实例在 Linux 下存在的问题又无法回避。

## 11.7　Android 中 External stylus 功能与键盘冲突

自 Android 6.0(API 23)起提供了新功能“Bluetooth Stylus Support”，即允许蓝牙[①] HID 设备提供压力数据，触摸屏设备提供坐标数据，系统自动将两者组合成笔触，

① 事实上任意 HID 都可以，不限于蓝牙。

提供压力的 HID 实例即为 External stylus。当 HID 实例满足一定条件，被识别为 External stylus 时，它的键盘功能将失效。在 EventHub. cpp[①] 内存在以下内容：

```
1.     // See if this is a touch pad.
2.     // Is this a new modern multi - touch driver?
3.     if (test_bit(ABS_MT_POSITION_X, device ->absBitmask)
4.             && test_bit(ABS_MT_POSITION_Y, device ->absBitmask)) {
5.         // Some joysticks such as the PS3 controller report axes that conflict
6.         // with the ABS_MT range.   Try to confirm that the device really is
7.         // a touch screen.
8.         if (test_bit(BTN_TOUCH, device ->keyBitmask) || ! haveGamepadButtons) {
9.             device ->classes | = INPUT_DEVICE_CLASS_TOUCH | INPUT_DEVICE_CLASS_TOUCH_MT;
10.        }
11.    // Is this an old style single - touch driver?
12.    } else if (test_bit(BTN_TOUCH, device ->keyBitmask)
13.            && test_bit(ABS_X, device ->absBitmask)
14.            && test_bit(ABS_Y, device ->absBitmask)) {
15.        device ->classes | = INPUT_DEVICE_CLASS_TOUCH;
16.    // Is this a BT stylus?
17.    } else if ((test_bit(ABS_PRESSURE, device ->absBitmask) ||
18.                test_bit(BTN_TOUCH, device ->keyBitmask))
19.            && ! test_bit(ABS_X, device ->absBitmask)
20.            && ! test_bit(ABS_Y, device ->absBitmask)) {
21.        device ->classes | = INPUT_DEVICE_CLASS_EXTERNAL_STYLUS;
22.        // Keyboard will try to claim some of the buttons but we really want to reserve those so we
23.        // can fuse it with the touch screen data, so just take them back. Note this means an
24.        // external stylus cannot also be a keyboard device.
25.        device ->classes & = ～INPUT_DEVICE_CLASS_KEYBOARD;
26.    }
```

其中 INPUT_DEVICE_CLASS_EXTERNAL_STYLUS 标记设备为 External stylus，源代码和注释已经比较清楚地表明判断条件及它与键盘冲突的原因。

因此，即使键盘与 External stylus 处于不同的顶层集合内，仍然会受到影响。另外，当 External stylus 以 BLE HID 设备实现时，Android 仅支持首个 HID 服务，在这种情况下，作者认为该问题就无解了。

## 11.8 Android 的 BLE 连接间隔最小值限定

在 Android 7 和 Android 8 中，BLE 设备的连接参数中的连接间隔(ConnInterval)被设置了下限，不接受此参数的设备会在连接完成一段时间后断开连接。严格来讲，这并不是主机 HID 驱动的差异，但是它可能导致 HID 设备不能按预期的速率、延迟传输数据。

在 Android 源代码/system/bt/bta/hh/bta_hh_le. c(或/system/bt/bta/hh/bta_

① http://androidxref.com/9.0.0_r3/xref/frameworks/native/services/inputflinger/EventHub.cpp。

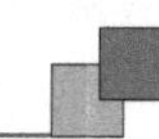

hh_le.cc)[1]中存在以下内容：

```
1.     // Make sure both min, and max are bigger than 11.25ms, lower values can introduce
2.     // audio issues if A2DP is also active.
3.     if (min < BTM_BLE_CONN_INT_MIN_LIMIT)
4.         min = BTM_BLE_CONN_INT_MIN_LIMIT;
5.     if (max < BTM_BLE_CONN_INT_MIN_LIMIT)
6.         max = BTM_BLE_CONN_INT_MIN_LIMIT;
7.
8.     if (tout < BTM_BLE_CONN_TIMEOUT_MIN_DEF)
9.         tout = BTM_BLE_CONN_TIMEOUT_MIN_DEF;
```

其中 BTM_BLE_CONN_INT_MIN_LIMIT 数值被定义为 9，表示 11.25 ms。

## 11.9 OS X 对坐标设备的逻辑范围仅支持到 0x7fff

在 OS X 系统上的绝对坐标鼠标(Absolute Mouse)设备将坐标的逻辑最大值声明为 65 535(0xFFFF)时，实际表现最大值为 32 767(0x7FFF)。当报告的数值处于 32 768～65 535 之间时，显示的指针位置在最左或最上，看起来似乎是被当作负数解析，然后被截断至 0。

为了避免此类现象，逻辑数值尽量保持最高位/符号位为 0，这样无论驱动按照有符号数还是无符号数解析，行为都能保持一致。

## 11.10 Windows 7 可能不轮询自定义数据的 USB 输入端点

对于一些自定义的顶层集合(Top Level Collection)，通用驱动不会关注其中的数据，如果它包含输入报告，Windows 7 主机甚至不会轮询该输入报告所在的输入端点。[2]

当输入报告存在队列时，这个特性很可能导致数据阻塞。对于多个输入端点，其中分别包含被主机轮询的和不被主机轮询的数据时，依据队列的实现形式，将会有不同的结果。最差的情况是一个自定义数据包导致所有之后的数据均无法成功输入。另外，对于自定义用途，很多场景下的输入报告队列是有益的，甚至是必须的。

当开发者知晓此问题时，相应的解决方案就很容易实现了，包括但不限于为每个 HID 实例独立配置队列、将队列实现为多输入多输出队列、为队列元素加超时移除机制等。

Windows 10 主机不存在上述问题。

---

① http://androidxref.com/7.0.0_r1/raw/system/bt/bta/hh/bta_hh_le.c。

② 作者观察到这个现象，但并未严格地测试边界条件，因此无法准确描述发生该情况的充分必要条件。

# 第 12 章 跨平台的 HID 实例

本章将以 C 语言源代码的形式，构建一种可以跨平台的 HID 实现方式，需要读者对 C 语言有一定了解。代码实现将尽可能地符合 Ansi C 规范，以最大限度消除编译器的行为差异。考虑到源代码级跨平台逻辑比较复杂，下面将在保持源代码兼容性的前提下尽可能提高代码可读性，由此可能带来部分额外的性能开销。

使用本章的代码可以考虑使用桥接(Bridge)模式。

## 12.1 跨平台定义

为了使 HID 实例代码可以跨平台，我们需要将平台差异化的特性消除，统一为一致的调用方式。这些定义不是通用的，需要实现在目标平台内。

### 1. 跨平台类型

许多平台下我们能看到系统或框架代码对基元(Primitive)类型的映射定义，例如在 Windows 平台可以分别找到以下定义：

```
typedef unsigned long        DWORD;
typedef int                  BOOL;
typedef unsigned char        BYTE;
typedef unsigned short       WORD;
typedef int                  INT;
typedef unsigned int         UINT;
```

在 Armcc 编译器提供的头文件中可以分别找到以下定义：

```
typedef   signed          char int8_t;
typedef   signed short    int int16_t;
typedef   signed          int int32_t;
```

之所以存在这种映射而不使用 C 语言定义的基元类型，根本原因是 C 语言规范中没有明确地规定各类型的宽度，仅给出了建议。而类型实际的宽度可能因为编译器、编译平台的差异而存在差异。因此，许多编译器、集成开发环境会根据自己可运行的环境

提供相应的头文件以提供固定的定义。

出于相同的目的，我们也需要定义跨平台类型。这些定义需要每个实现场景（工程）自行定义，以保证跨平台代码能正常运行。我们规定跨平台的代码需要按表12-1描述定义①。

**表12-1　用于跨平台的数据类型定义**

| 定　义 | 定义类型 | 描　述 |
| --- | --- | --- |
| UInt8 | 类型定义 | 8位无符号整数 |
| SInt8 | 类型定义 | 8位有符号整数 |
| UInt16 | 类型定义 | 16位无符号整数 |
| SInt16 | 类型定义 | 16位有符号整数 |
| UInt32 | 类型定义 | 32位无符号整数 |
| SInt32 | 类型定义 | 32位有符号整数 |
| UInt64 | 类型定义 | 64位无符号整数 |
| SInt64 | 类型定义 | 64位有符号整数 |
| Void② | 宏定义(类型) | 空类型 |
| Boolean | 类型定义 | 布尔型 |
| True | 宏定义(值) | 布尔型真值 |
| False | 宏定义(值) | 布尔型假值 |
| Null | 宏定义(值) | 空指针 |

不需要定义浮点数类型，因为本书所述的范围内没有使用浮点数的需求。

### 2. 小端字节序

常见平台是小端(Little Ending, LE)字节序，当一个4 B整数0x12345678存入内存中的p位置时，将分布为如表12-2所列的格式。

**表12-2　小端字节序表示数值0x12345678**

| 地　址 | p | p+1 | p+2 | p+3 |
| --- | --- | --- | --- | --- |
| 数据 | 0x78 | 0x56 | 0x34 | 0x12 |

与之对应相反的是大端(Big Ending, BE)字节序，同样的场景下数据将分布为如表12-3所列的格式。

---

① 另一种方式是在此基础上再加一个个性化前缀，例如8位无符号数定义为HidCrossUInt8，避免一些平台下“UInt8”被用作某个结构、联合体的字段名。通常用这样的联合体来实现对同一个内存位置的不同解析方式。

② 出于类型格式整齐而定义Void，没有特别的用途。

表 12-3　大端字节序表示数值 0x12345678

| 地　址 | p | p+1 | p+2 | p+3 |
|---|---|---|---|---|
| 数据 | 0x12 | 0x34 | 0x56 | 0x78 |

HID 的多字节数值均为小端字节序。如果没有充分考虑处理器的大小端区别，则在填充待传输的数据时可能总是需要将代码写成逐字节访问的形式，否则在大端字节序平台上将传输错误的数据。MIPS 处理器和 PowerPC 处理器默认大端字节序，甚至常见的 Cortex-M 系列内核也支持可配置大小端字节序，只是鲜有厂商将其实现。

因此，我们应当定义一组小端字节序数据用于 HID 传输，并依平台字节序提供将数据转换为小端字节序数据的方法（或宏），例如在小端字节序处理器下定义：

```
typedef UInt16        LeU16;
typedef SInt16        LeS16;
#define CpuToLeU16(v)   (v)
#define LeToCpuU16(v)   (v)
```

大端字节序处理器下定义：

```
1.  typedef UInt16        LeU16;
2.  typedef SInt16        LeS16;
3.  static __inline LeU16 CpuToLeU16(UInt16 v)
4.  {
5.      return ((v & 0xff) << 8) | ((v >> 8) & 0xff);
6.  }
7.  static __inline UInt16 CpuToLeU16(LeU16 v)
8.  {
9.      return ((v & 0xff) << 8) | ((v >> 8) & 0xff);
10. }
```

没有使用宏定义转换方法是为了避免传输参数存在副作用时展开宏后出错，例如 CpuToLeU16(v++)以宏展开后将与定义不符。部分平台存在内建的汇编指令颠倒字节序，也可以直接使用。以下内容将不再讨论大端字节序的相关问题。

为了整齐起见，我们同样定义了 LeU8 与 LeS8，虽然单字节数据没有字节序的差异。除了上述样例，同样需要定义 32 位、64 位整数对应的类型与方法。

### 3. 按字节对齐

考虑一个结构体：

```
1.  typedef struct
2.  {
3.      UInt8 u8;
4.      UInt16 u16;
5.      UInt32 u32;
6.  } Foo;
```

则 sizeof(Foo)的返回值很可能不是 1+2+4=7，而是 12。存在这种情况的原因是编译器为了性能优化，将每个字段的地址都对齐在 4 B 的整数倍位置，而字段中的空隙则不被使用。这种情况显然不利于我们以结构体包装 HID 报告数据，因此需要在特定场

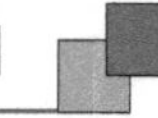

合，显式地标记结构不允许存在空隙，将字段地址按字节对齐(Aligned)。

我们使用以下预编译指令来指示需要按字节对齐的结构定义，并在使用完成后恢复默认编译行为[①]：

```
1.    #pragma pack(1)
2.    // struct
3.    #pragma pack()
```

### 4. 易维护性

为了让代码易维护性更好，我们有一些指导思路如下：

一处变更，多处应用。一个特定的功能变更，尽量减少多处相关的变更，例如多点触摸设备报告描述符中的每个点描述均一致，当这个变更变化时最好只改一处，而避免多处同时改变；实现的方法是将报告描述符内重复的部分定义为宏，报告描述符中多次嵌入这个宏实现重复的描述符。

无法解耦的代码彼此靠近。一些功能的逻辑关系很强，但存在一定复杂性，导致不能用一处变更来实现，那么相关的变更位置尽量靠近。例如报告描述符内容和它的长度，其定义放置在尽量接近的位置。

不做冗余定义。尽可能使用 sizeof 关键字、自动长度数组等方式让编译器获取特定的数值，而不要显式地将数值定义成常数。例如一个字符串宏的长度可以使用 sizeof(STR)/sizeof(STR[0])－1 表示，避免以下的代码形式：

```
1.    #define STR "abc"
2.    #define STR_LEN 3
```

## 12.2　独立的 HID 类型

为了表现出独立 HID 类型的通性，我们同时分析两个 HID 类型：键盘、多点触摸设备。本节至最后一小节前，只讨论结构和可实现性，不做具体实现。

本节内的代码实现的逻辑处于 HID 实现层。

### 1. 构造两种类型

键盘：一个输入报告，用于按键数据传输的；一个输出报告，用于传输键盘指示灯状态。这个类型实现在 hid-keyboard.c/hid-keyboard.h 内。

多点触摸设备：一个输入报告，用于传输触摸数据；两个特征报告，其一用于传输最大触摸支持数量，其二用于设置设备工作状态。这个类型实现在 hid-multitouch.c/hid-multitouch.h 内。

此外还需要一些公共定义，这些定义放入 hid-instance-common.h 内，并且每个 HID 类型都要引用它。

---

① 作者没有找到 ISO C 或 Ansi C 对此支持的权威文档，但好在常见的编译器能支持这个功能。

**2. 以名称分组**

显然每个类型都有其专有的功能，例如键盘可以报告键值，而多点触摸设备并不具有这个功能。我们先讨论共通的逻辑，比如获取报告描述符。

容易想到的一个实现方案是让每个实例获取报告描述符的方法都有相同的方法名称和参数列表，比如这样：

```
1.    Void HidInstanceGetReportDescriptor(Void * buffer, UInt32 capacity, UInt32 * length);
```

当选用不同的 HID 类型时，改变源代码引用就能直接实现变更。

对于单 HID 实例，这个还能用，但如果一个设备内需要同时实现两种 HID 类型，这个做法就欠妥了。在不带操作系统的嵌入式平台内，我们也不可能分别把两种 HID 类型编译成模块后再动态加载。出于同样的原因，将方法组以预定义结构体的形式导出（形如 Linux 驱动程序）的方式也不够灵活。

那么，我们选择嵌入名称的方式继续：

```
1.    Void HidKeyboardGetReportDescriptor(Void * buffer, UInt32 capacity, UInt32 * length);
2.    Void HidMultiTouchGetReportDescriptor(Void * buffer, UInt32 capacity, UInt32 * length);
```

**3. 描述符类型和 const 指针**

USB HID 的报告描述符长度是在接口描述符里标识的，如果要调用一个方法后再填充就太麻烦了。设备内的框架代码如果能简单地获取设备报告描述符的长度，能省很多事。

对于很多嵌入式平台，如果不会更改的数组声明为 const，那么它将被编译至 flash 内而不占用宝贵的内存空间；相反，如果不以 const 修饰，那它既占用了内存空间，也没能节省 flash 空间。我们还需要把报告描述符自始至终都放在只读区内。

如果直接在头文件内定义一个 static 数组，则可以直接提供指针和数组长度，但是存在几个问题：① 无必要地向调用者暴露了报告描述符的内容；② 如果多个模块都引用了该头文件，则编译后每个引用到该数组的模块内部都会生成这个数组，如果编译器不够智能或的确存在多次调用，则每个包含该头文件或调用该数据的模块内部都会生成这个数组。

如果在源文件中定义数组，则头文件导出的只能是指针，不能是数组。数组能用 sizeof 取到正确的长度，而指针并不能通过 sizeof 取到它指向的数组的长度。

于是，声明改成了这样：

```
1.    typedef struct _HidKeyboardReportDescriptor HidKeyboardReportDescriptor;
2.    HidKeyboardReportDescriptor const * HidKeyboardGetReportDescriptor(Void);
3.
4.    typedef struct _HidMultiTouchReportDescriptor HidMultiTouchReportDescriptor;
5.    HidMultiTouchReportDescriptor const * HidMultiTouchGetReportDescriptor(Void);
```

在需要报告描述符长度时只要嵌入 sizeof(HidKeyboardDescriptor)或 sizeof(HidMultiTouchDescriptor)，需要报告描述符时调用 HidKeyboardGetReportDescriptor()或 HidMultiTouchGetReportDescriptor()即可。

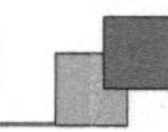

结构体的具体定义将放在头文件的后部，它是用于调用方的编译器解析，调用方开发者不必关心其中的内容。

### 4. 使用宏切换 HID 类型

自此我们可以使两种 HID 类型并存，切换时查找替换即可。但目前只实现报告描述符，就出现了至少两个要替换的位置。可以采取以下方式：

```
#define hidtag Keyboard
```

或

```
#define hidtag MultiTouch
```

标识报告描述符长度和指针可以分别使用

```
sizeof( *Hid ## hidtag ## ReportDescriptor)
Hid ## hidtag ## GetReportDescriptor()
```

那么只要将 hidtag 的定义变更，所有的代码将一并变更。

以后将用 Hid*XXX*ReportDescriptor 来指代 HidKeyboardReportDescriptor 或 HiMultiTouchReportDescriptor，其中的 *XXX* 以斜体做区分，其他类似的命名也同理。

### 5. 为每个实例分配一个上下文(context)

目前，我们设计支持两种类型，而非两个实例，因为我们完全可以让设备内存在两个键盘 HID 实例或多点触摸设备 HID 实例，它们分别有独立的状态。同类型实例的逻辑完全一致，它们的状态将存入一个结构体中，定义如下：

```
1.    typedef struct
2.    {
3.        // …
4.    } HidXXXContext;
```

有了结构，就要初始化：

```
    Void HidXXXInitialize(HidXXXContext * context);
```

熟悉 C++、C# 或 Java 的读者可以认为 context 和 this 指针或引用的用途是高度相似的。事实上，这就是面向对象思想在 C 语言中的一种实现方法。

### 6. 输出报告和特征报告

主机有能力向设备发起输出报告或特征报告。

输出报告对主机来说是无返回状态的，因此我们定义一个响应方法：

```
    Void HidXXXOutputReport(HidXXXContext * context, Void const * buffer, UInt32 length);
```

设置特征报告需要向主机返回是否成功，定义方法如下：

```
    Boolean HidXXXSetFeatureReport(HidXXXContext * context, UInt8 reportId, Void const *
buffer, UInt32 length);
```

获取特征报告需要不仅要向主机返回是否成功，还要填充特征值，定义方法如下：

```
    Boolean HidXXXGetFeatureReport(HidXXXContext * context, UInt8 reportId, Void * buffer,
UInt32 capacity, UInt32 * length);
```

注意，即使分立地传递报告 ID，数组中首字节仍是报告 ID。值得指出的是，在 Windows 应用程序或驱动的 HID API 中，获取特征报告是要求调用者将报告 ID 填充在数组首字节处，但是由系统获取数值并填充数组的其他数据的方式使代码可读性下降，不利于代码阅读。

对于多点触摸设备不存在输出报告，不支持输出报告，可以使用以下定义，其中显式地丢弃变量是为了避免编译器发现未使用的变量报警或报错：

```
1.      #define HidMultiTouchOutputReport(context, buffer, length)          ((Void)context,
(Void)buffer, (Void)length)
```

同理，键盘的特征报告也可以定义如下：

```
1.      #define HidKeyboardSetFeatureReport(context, reportId, buffer, length)   ((Void)con-
        text, (Void)reportId, (Void)buffer, (Void)length, False)
2.      #define HidKeyboardGetFeatureReport(context, reportId, buffer, capacity, length)
        ((Void)context, (Void)reportId, (Void)buffer, (Void)capacity, (Void)length, False)
```

### 7. 输入报告

输入报告由设备发起，它是由 HID 实例发起，由框架代码实现的一个行为。它的一般定义如下：

```
Void HidInstanceInputReport(Void * destination, Void const * buffer, UInt32 length);
```

注意，这里的名称内没有嵌入 Keyboard 或 MultiTouch，首个参数也不是 Hid*XXX*Context，因为这不是 HID 实例的一部分，而是要求框架代码实现，并被 HID 实例调用的方法。依照设计目标，框架代码应该是能适应不同的 HID 实例的。

HID 实例会根据自己的需求调用这个方法，而不需要关注其实现逻辑。

一种方法是在 HID 实例内仅声明以上方法但不实现，可以显式地标记为 extern 范围(Ansi C 规定无范围声明则隐式地实现为 extern)以指示承载这个 HID 实例的框架代码应实现这个方法。但这样的问题是一个集成 HID 实例之前能正常运行的系统，在加入 HID 实例后会变得不可构建(Build)[①]，因为它依赖的方法未实现。在此基础上实现一个无逻辑方法并使用 WEAK 标记，则链接器会在其他实现的前提下忽略 WEAK 标记的方法，部分芯片厂商的样例代码中对中断函数(IRQ Handler)的声明就是这样实现的。但这不符合 Ansi C 的标准，不能保证每个编译器都能实现为设计的逻辑。

因此，比较合适的方法是初始化 HID 实例时传入一个函数指针，以便 HID 实例调用，初始化方法改写为：

```
    Void HidXXXInitialize(HidXXXContext * context, Void( * inputReport)(Void * destination,
Void const * buffer, UInt32 length), Void * destination);
```

为了使上述初始化方法看起来不那么长，我们先定义一个函数指针类型：

```
    typedef Void( * InputReportHandler)(Void * destination, Void const * buffer, UInt32
length);
```

① 可编译(Compile)，但链接(Link)失败，因为无法找到该方法的外部实现。

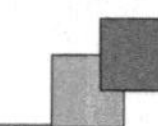

每个 HID 类型内分别定义同名类型显然会导致它们不可共存，因此将其单独放入公共定义内，用于每个 HID 类型代码分别引用它。

然后再改写初始化方法：

```
Void HidXXXInitialize(HidXXXContext * context, InputReportHandler inputReport, Void * destination);
```

第 4 个参数 destination 是 inputReport 被调用时将收到的 destination 参数。当一个程序内维护多个 HID 实例时，可以使用相同的 inputReport 指针传给每个 HID 实例，而使用 destination 区别它们。如果没有 destination 参数，多个 HID 实例可能需要多个不同的 inputReport 实体，会增加开发、维护负担，并且可能导致无法简单地增减 HID 实例数量。

### 8. 特征报告更新

对于 BLE HID，主机的获取报告事务将直接读取对应的特性(Characteristic)值，在部分协议栈上，代码层面可能没有机会在数据传输前填充或更改数据。那么框架代码必须在 HID 实例变更特征报告时立即知晓该信息，以便及时更新对应的 BLE 特性值。

与输入报告类似的，在初始化方法中加入一个回调方法参数实现这个功能。在公共定义中增加一个回调方法类型：

```
typedef Void( * FeatureReportUpdateHandler)(Void * destination, UInt8 reportId, Void const * buffer, UInt32 length);
```

HID 实例初始化方法改写如下：

```
Void HidXXXInitialize(HidXXXContext * context, InputReportHandler inputReport, FeatureReportUpdateHandler featureUpdate, Void * destination);
```

其中 inputReport 和 featureUpdate 共享一个 destination 参数值。这个过程和获取特征报告定义的 HidXXXGetFeatureReport 方法功能有重叠，分别服务于不同的场景，HID 类型的实现者有义务使两者的数据保持一致。

### 9. 声明所有报告

对于 BLE HID，每种报告均独占一个特性(Characteristic)值，需要在建立连接之前配置完成。框架代码解析报告描述符理论上能够实现，但这明显不合理，既浪费了资源，错误的报告描述符也可能让固件崩溃(正确的逻辑下，报告描述符的正确与否应当由 HID 驱动解析判断)。另外，BLE HID 还需要在特性(Characteristic)内以描述符(Descriptor)的形式声明自己的报告类型和报告 ID。

所以 HID 类型需要向框架代码声明自己使用了哪几种报告数据、它们的类型以及报告 ID。容易想到使用列表形式的数组承载这些信息，出于避免多个模块都编译出数组占用冗余空间的原因，这里不应导出数组；同时直接导出指针无法直接获取数组长度，这里不应导出指针。在 Linux 设备驱动场景下，有一种“数组项内容为全零表示结尾”的方法可以解决类似问题。这里使用另一种方法，定义一个方法声明所有报告。

在公共定义中定义一个枚举类型和一个函数指针类型：

```
1.    typedef enum
2.    {
3.        HidReportType_Input,
4.        HidReportType_Output,
5.        HidReportType_Feature,
6.    }
7.    HidReportType;
8.    typedef Void( * EnumerateReportHandler)(Void * destination, HidReportType type, UInt8
reportId, UInt32 reportSizeWithoutReportId);
```

在 HID 实例中定义一个方法：

```
Void HidXXXEnumerateReport (EnumerateReportHandler enumerateReport, Void * destina-
tion);
```

方法内部对每个使用到的报告调用一次回调方法。可以看到这个方法没有传入上下文，它与获取报告描述符方法类似，无需构造实例就能获取，如果以面向对象的思维看待，可以认为这二者是静态的。

### 10. 最大报告长度

对于 USB HID 等实现方式，每种报告类型在传输时共享一个分配的空间，这个空间在固件中可能需要以常数的方式声明。在每个 HID 类型中定义以下作为常数的宏：

```
1.    #define HidXXXMaxInputReportSize            _HidXXXMaxInputReportSize
2.    #define HidXXXMaxOutputReportSize           _HidXXXMaxOutputReportSize
3.    #define HidXXXMaxFeatureReportSize          _HidXXXMaxFeatureReportSize
```

这些定义在头文件靠前位置，头文件后部再分别定义_Hid*XXX*MaxInputReportSize 等数值，并包含必要的依赖类型定义。

### 11. 设备应用

以上定义足够声明设备自己的 HID 信息，但还不够用。键盘还不能发送按键信息，触摸设备还不能发送触摸信息。

本节之前的定义都是用于 HID 实例与框架(Framework)代码之间交互所需，本节定义 HID 实例与设备应用(Application)代码之间的交互方法。本节描述的也是不同 HID 类型之间所有存在差异的部分。

对于一个 HID 键盘，它应当提供一个方法用于发送按键方法，允许用户注册一个指示灯设置回调：

```
1.    Void HidKeyboardSendKeys(HidKeyboardContext * context, UInt8 modifierFlag, UInt8 const
      keyCode[], UInt8 keyCount);
2.    Void HidKeyboardRegisterIndicator(HidKeyboardContext * context, Void ( * onIndicator)
      (Void * destination, Boolean numLock, Boolean capsLock, Boolean scrollLock), Void *
      destination);
```

应用需要发送按键时调用 HidKeyboardSendKeys 方法；在注册回调方法之后，当主机设置键盘指示灯时注册的回调将被触发。回调中的 destination 原理与“输入报告”中所述类似，用于接收方识别数据用途。

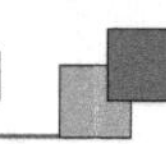

modifierFlag是键盘上的Ctrl、Alt、Shift、GUI按键标志位，keyCode是其他按键键值，keyCount标识keyCode内包含的键值数量。numLock、capsLock、scrollLock分别代表一个指示灯。每个参数具体含义这里不做细节讨论，读者可以参考源代码。

应用场景下，设备应用检测到按键后调用HidKeyboardSendKeys发送键盘事件，HID实例将依规范包装数据后调用通过初始化方法传入的inputReport以发送数据。另外，对于指示灯状态将通过输出报告，在框架代码收到后调用HidKeyboardOutputReport，HID实例依规范解析数据后调用设备应用注册的onIndicator方法来设置。

对于HID多点触摸设备，它应当提供一个用于发送触控状态的方法，允许用户注册一个输入模式变更的回调方法，定义如下：

```
1.    Void HidMultiTouchSendMultiTouch(HidMultiTouchContext * context, HidMultiTouch const
      * data, UInt8 scanFrameIndex);
2.    Void HidMultiTouchRegisterOnSetInputMode(HidMultiTouchContext * context, Void( * set-
      InputMode)(Void * destination, HidTouchScreenInputMode value), Void * destination);
```

其中的参数、用法细节在此不再详述。

## 12. 一个定义实现所有替换

现在我们需要一种办法，能用最简单的方式将Hid*XXX*Context、Hid*XXX*GetDescriptor、Hid*XXX*Initialize、Hid*XXX*OutputReport等方法替换对应的实例。将以下宏定义放入公共模块内：

```
1.    #define HidInstanceContext     HidContext(hidtag)
2.    #define HidContext(_tag)    _HidContext(_tag)
3.    #define _HidContext(_tag)   Hid ## _tag ## Context
4.
5.    #define HidInstanceReportDescriptor     HidReportDescriptor(hidtag)
6.    #define HidReportDescriptor(_tag)    _HidReportDescriptor(_tag)
7.    #define _HidReportDescriptor(_tag)   Hid ## _tag ## ReportDescriptor
8.
9.    #define HidInstanceGetReportDescriptor     HidGetReportDescriptor(hidtag)
10.   #define HidGetReportDescriptor(_tag)      _HidGetReportDescriptor(_tag)
11.   #define _HidGetReportDescriptor(_tag)    Hid ## _tag ## GetReportDescriptor
12.
13.   #define HidInstanceEnumerateReport     HidEnumerateReport(hidtag)
14.   #define HidEnumerateReport(_tag)      _HidEnumerateReport(_tag)
15.   #define _HidEnumerateReport(_tag)    Hid ## _tag ## EnumerateReport
16.
17.   #define HidInstanceInitialize     HidInitialize(hidtag)
18.   #define HidInitialize(_tag)      _HidInitialize(_tag)
19.   #define _HidInitialize(_tag)    Hid ## _tag ## Initialize
20.
21.   #define HidInstanceOutputReport     HidOutputReport(hidtag)
22.   #define HidOutputReport(_tag)      _HidOutputReport(_tag)
23.   #define _HidOutputReport(_tag)    Hid ## _tag ## OutputReport
24.
25.   #define HidInstanceSetFeatureReport     HidSetFeatureReport(hidtag)
26.   #define HidSetFeatureReport(_tag)      _HidSetFeatureReport(_tag)
```

```
27.    #define _HidSetFeatureReport(_tag)    Hid ## _tag ## SetFeatureReport
28.
29.    #define HidInstanceGetFeatureReport    HidGetFeatureReport(hidtag)
30.    #define HidGetFeatureReport(_tag)      _HidGetFeatureReport(_tag)
31.    #define _HidGetFeatureReport(_tag)    Hid ## _tag ## GetFeatureReport
32.
33.    #define HidInstanceMaxInputReportSize       HidMaxInputReportSize(hidtag)
34.    #define HidMaxInputReportSize(_tag)         _HidMaxInputReportSize(_tag)
35.    #define _HidMaxInputReportSize(_tag)        Hid ## _tag ## MaxInputReportSize
36.
37.    #define HidInstanceMaxOutputReportSize      HidMaxOutputReportSize(hidtag)
38.    #define HidMaxOutputReportSize(_tag)        _HidMaxOutputReportSize(_tag)
39.    #define _HidMaxOutputReportSize(_tag)       Hid ## _tag ## MaxOutputReportSize
40.
41.    #define HidInstanceMaxFeatureReportSize     HidMaxFeatureReportSize(hidtag)
42.    #define HidMaxFeatureReportSize(_tag)       _HidMaxFeatureReportSize(_tag)
43.    #define _HidMaxFeatureReportSize(_tag)      Hid ## _tag ## MaxFeatureReportSize
```

以后可以在定义 hidtag 后直接使用 HidInstanceGetReportDescriptor 等方法，或是将_tag 作为宏参数传入 HidGetReportDescriptor 宏即可。这种替换能够方便地切换代码实现的 HID 类型。显然，类似 HidKeyboardSendKeys 这样的特定功能实现，不可能也没有必要用以上方式替换。但是以上替换已经足以使开发者专注于应用开发，很大程度上摆脱了 HID 类型的限制。

## 13. 小　结

目前，所有 HID 类型所需的源代码接口都已经准备好，这些接口分两类：通用功能和特性功能，如表 12－4 所列。

**表 12－4　HID 类型接口需求**

| | 通用功能 | 特定功能 |
|---|---|---|
| HID 需求 | 必须实现 | 可选实现 |
| HID 个体差异 | 全部一致 | 个体各不相同 |
| 调用者/回调实现者 | 框架代码 | 应用代码 |
| 调用逻辑 | 框架根据下层协议信息调用 | 应用根据其他渠道采集到的数据(例如按键)按需调用 |
| 回调逻辑 | 框架必须实现至下层协议 | 应用将数据展示至其他渠道(例如指示灯) |
| 调用可能触发 | 特定功能部分回调 | 通用功能部分回调 |

调用、回调关系如图 12－1 所示。

HID 类型模块仅给外部调用提出了必要需求，其他数据和结构在内部维护。包括报告 ID、报告数据格式、报告描述符等都无需外部维护。

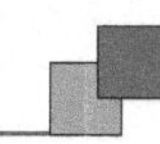

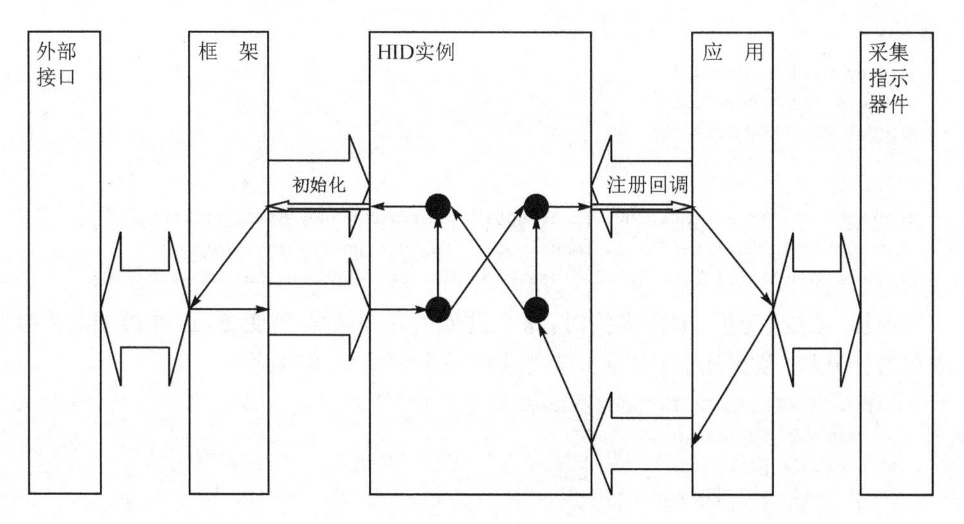


图 12－1 HID 接口调用、回调关系

### 14. 源代码实现

参考源代码：

- $\source\cross\hid-instance\hid-instance-common. h；
- $\source\cross\hid-instance\hid-keyboard. h；
- $\source\cross\hid-instance\hid-keyboard. c；
- $\source\cross\hid-instance\hid-multitouch. h；
- $\source\cross\hid-instance\hid-multitouch. c。

## 12.3 多 HID 实例复合设备

包括 USB 在内的多种 HID 下层协议，均支持多 HID 实例。我们希望用尽可能简单的方法维护多个 HID 实例，本节以 3 个 HID 实例复合设备举例。

实施前要重点厘清“HID 类型”与“HID 实例”两个概念，在不引起混淆的前提下，前者简称“类”，后者简称“实例”。在目前的语境下，类指一组数据结构、行为的定义，实例指符合一个类定义的一组具体的数据。前一节仅实现一个类的一个实例，因此无需刻意区分，本节开始需要区分。

3 个 HID 实例的类分别是：键盘、键盘、多点触摸设备。前两个键盘的定义和实现是完全一样的。这个场景代表了多个 HID 实例复合，且允许相同类型的实例重复出现。复合设备模块代码放入 hid-composite. c/hid-composite. h 内。

本节内的代码实现的逻辑处于 HID 实现层。

### 1. FOREACH_HID_INSTANCE 宏

当存在上述 3 个 HID 实例时，可以想象会出现大量 3 个类似代码整齐分布的场景，例如：

```
1.    HidKeyboardContext hid0;
2.    HidKeyboardContext hid1;
3.    HidMultiTouchContext hid2;
```

或

```
1.    HidKeyboartInitialize(&hid0, inputReport, featureUpdate, destniation0);
2.    HidKeyboartInitialize(&hid1, inputReport, featureUpdate, destniation1);
3.    HidMultiTouchInitialize(&hid2, inputReport, featureUpdate, destniation2);
```

当增加、减少、变更 HID 实例时，每个类似的场景都需要变更，这种机械的劳动更应该交给计算机（预编译器）完成。定义这样一个宏来解决问题：

```
1.     #define FOREACH_HID_INSTANCE(macro) \
2.         macro(0, Keyboard) \
3.         macro(1, Keyboard) \
4.         macro(2, MultiTouch)
```

于是定义上下文的代码可以这样实现：

```
1.     #define DEFINE_CONTEXT(_index, _tag) \
2.         HidContext(_tag) hid ## _index;
3.    FOREACH_HID_INSTANCE(DEFINE_CONTEXT)
```

FOREACH_HID_INSTANCE 的参数 macro 实际上也必须是个宏，其参数是_index 和_tag，作为参数传入 macro 的宏称为参数宏。利用 C 语言的宏连接功能，在参数宏中使字符串连接成对应的方法或定义。其他的场景也用类似的方式实现，那么增加、减少、变更 HID 实例只需要调整 FOREAC_HID_INSTANCE 的定义即可。需要注意，在每个实现中，仅可用前一节中使用 hidtag 定义的相关内容连接_tag 定义，其他变量、数组、结构成员等都要使用_index 连接。建议 FOREACH_HID_INSTANCE 定义中的 index 参数从 0 开始依次严格递增 1，这样参数宏中还可以将 index 用作数组的索引。

为了区别于上一节名称中嵌入的 hidtag，macro 的参数使用_tag 而非 hidtag。为了避免宏所在环境已使用 index 或 tag 的字段或变量时可能出现的错误，宏的参数使用了_index 或_tag，事实上任意参数都可以。

特别地，以下定义将 HID 实例数量以常数形式取得：

```
1.     #define PLUS_ONE(_index, _tag)     + 1
2.     #define HID_INSTANCE_COUNT           (0 FOREACH_HID_INSTANCE(PLUS_ONE))
```

所有的 HID 通用功能都应当定义为一个宏，然后将该宏传入 FOREACH_HID_INSTANCE 实现，从而保证 FOREACH_HID_INSTANCE 宏的变更能同时影响所有配置和逻辑。

### 2. HID 特定功能实现

实例的选取与顺序是由复合设备模块内的 FOREACH_HID_INSTANCE 定义，因此对于特定的功能，也应当由复合设备模块将其分发至对应的 HID 实例。

对于 HID 实例调用，复合设备应该将其转发到一个合适的 HID 实例实现。例如

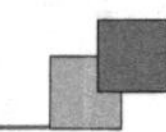

一个发送多点触摸事件只能通过 HID 多点触摸实例发出，调用方直接调用复合设备的对应接口，由复合设备根据自己的定义选择将该事件通过一个特定的实例来实现。

对于 HID 实例注册回调方法，复合设备应该将其注册到所有合适的 HID 实例中。例如调用方注册一个键盘指示灯回调方法，则复合设备应将其注册到每个键盘上，从而任一 HID 实例收到的消息都能被调用方获得。

实例调用需要传入 HID 实例上下文，注册回调需要传入 HID 实例上下文，因此复合设备实施以上行为前需要由一个列表包含它。在本例中展开定义如下：

```
1.    typedef struct _HidCompositeHandle
2.    {
3.        HidKeyboardContext * context0;
4.        HidKeyboardContext * context1;
5.        HidMultiTouchContext * context2;
6.    }
7.    HidCompositeHandle;
```

实际上的源代码是这样的：

```
1.    typedef struct _HidCompositeHandle
2.    {
3.    #define HID_LOCAL_STATEMENT(_index, _tag) \
4.        HidContext(_tag) * context ## _index;
5.        FOREACH_HID_INSTANCE(HID_LOCAL_STATEMENT)
6.    #undef HID_LOCAL_STATEMENT
7.    }
```

仍然是以宏定义，并传入 FOREACH_HID_INSTANCE 实现。

注册键盘指示灯、注册多点触摸设备模式、发送按键、发送多点触摸数据代码如下：

```
1.    Void HidCompsiteRegisterIndicator(HidCompositeHandle const * context, Void ( * onIndi-
      cator)(Void * destination, Boolean numLock, Boolean capsLock, Boolean scrollLock), Void
      * destination)
2.    {
3.        HidKeyboardRegisterIndicator(context ->context0, onIndicator, destination);
4.        HidKeyboardRegisterIndicator(context ->context1, onIndicator, destination);
5.    }
6.    Void HidCompsiteRegisterSetInputMode(HidCompositeHandle const * context, Void( * on-
      SetInputMode)(Void * destination, HidTouchScreenInputMode value) , Void * destination)
7.    {
8.        HidMultiTouchRegisterSetInputMode(context ->context2, onSetInputMode, destination);
9.    }
10.   Void HidCompsiteSendKey(HidCompositeHandle const * context, HidKeyboardModifierFlag
      modifier, UInt8 const keys[], UInt8 keyCount)
11.   {
12.       HidKeyboardSendKeys(context ->context1, modifier, keys, keyCount);
13.   }
14.   Void HidCompsiteSendMultiTouch(HidCompositeHandle const * context, HidMultiTouch const
      * data, UInt8 scanFrameIndex)
15.   {
16.       HidMultiTouchSendMultiTouch(context ->context2, data, scanFrameIndex);
17.   }
```

HidCompositeHandle 的填充由调用方实施，一般是在初始化 HID 实例时填充。

在调试过程中，可能需要移除多点触摸设备 HID 实例，此时只需要在复合设备中改变 FOREACH_HID_INSTANCE 定义，并将调用多点触摸设备的代码删除即可，这样做的结果是所有相关数据不再能发出，但程序依然能正常编译，其他功能也保持正常。

### 3. 最佳实现

实践中一个参数宏可能要执行十几行甚至更多行代码，直接编写巨大的宏对编码人员很不友好。宏中一旦存在任何错误，编译器提示的错误信息就可能无助于定位问题。部分开发环境（例如 Visual studio）在编辑器内支持智能感知（IntelliSense）用于在正式编译前为编码人员提供编码建议，但对于这种巨大的宏可能会存在感知不准确的问题。

作者建议开发人员按以下顺序实现，并确保任意一步后能正常编译：

① 确保 HID 实例实现的准确性，使用前一节的宏定义 hidtag 方法验证可用。

```
1.    #define hidtag Keyboard
2.        HidInstanceContext context;
3.        HidInstanceInitialize(&context, inputReport, featureUpdate, destination);Void * destina-
          tion;
```

② 定义一个带有两个 HID 实例的宏 FOREACH_HID_INSTANCE。

```
1.    #define FOREACH_HID_INSTANCE(macro) \
2.            macro(0, Keyboard) \
3.            macro(1, MultiTouch)
```

③ 使用相同的命名规则手工编码一个 HID 实例，基本规则为类相关的命名仅嵌入展开的 higtag，对象相关的命名仅嵌入展开的 index。

```
1.        HidKeyboardContext context0;
2.        HidKeyboardInitialize(&context0, inputReport, featureUpdate, destination0);
```

④ 邻近的位置复制一份相同的编码，并通过查找替换功能实现另一个 HID 实例。

```
1.        HidKeyboardContext context0;
2.        HidKeyboardInitialize(&context0, inputReport, featureUpdate, destination0);
3.
4.        // "Keyboard" ->"MultiTouch", "0" ->"1"
5.        HidMultiTouchContext context1;
6.        HidMultiTouchInitialize(&context1, inputReport, featureUpdate, destination1);
```

⑤ 将实例内的关键字查找替换为宏参数并封装入宏，并以 FOREACH_HID_INSTANCE 的展开形式直接逐次调用参数宏。

```
1.    // "Keyboard" ->" ##_tag ## ", "0" ->" ## _index"
2.    #define SOME_IMPLEMENTION(_index, _tag) \
3.        HidContext(_tag) context ## _index; \
4.        HidInitialize(_tag)(&context ## _index, inputReport, featureUpdate, destination ## _
          index);
5.        SOME_IMPLEMENTION(0, Keyboard)
6.        SOME_IMPLEMENTION(1, Keyboard)
7.        SOME_IMPLEMENTION(2, MultiTouch)
```

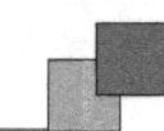

⑥ 改写为 FOREACH_HID_INSTANCE 调用。

```
1.    FOREACH_HID_INSTANCE(SOME_IMPLEMENTION)
```

⑦ 如果参数宏内只有可编译的代码，而不含导出的宏定义，则所有这样的参数宏均可以用同一个名字，使用完成后及时移除定义即可。

```
1.    #define HID_LOCAL_STATEMENT(_index, _tag) \
2.        HidContext(_tag) context ## _index; \
3.        HidInitialize(_tag)(&context ## _index, inputReport, featureUpdate, destination
          ## _index);
4.        FOREACH_HID_INSTANCE(HID_LOCAL_STATEMENT)
5.    #undef HID_LOCAL_STATEMENT
```

⑧ 修改 FOREACH_HID_INSTANCE。

```
1.    #define FOREACH_HID_INSTANCE(macro) \
2.        macro(0, Keyboard) \
3.        macro(1, Keyboard) \
4.        macro(2, MultiTouch)
```

参数宏可以是一段直接逻辑，也可以是带 case 标签的一个 switch 分支，甚至可以是一个根据类型命名的方法。

一些细节可能有助于避免或发现错误：

- 尽量不要将实例对象置入数组。不同类型的对象，强行置入数组必须转换为相同的类型，事实上丢失了类型信息，而正确的类型信息有助于编译器发现错误调用。例如将 HidKeyboardContext 类型传入 HidMultiTouchInitialize 将被编译器发现错误。
- 避免使用表驱动(Table-driven)，表驱动强烈依赖于数组与通用类型实现。
- 参数宏必须自成体系，不能依赖宏外部的分隔符。
- 为了使宏可读性增加，使用反斜杠(\)使宏定义跨越多行。
- 从两方面避免宏的预期之外扩展：宏最后一行的行尾不能有反斜杠；参数宏之后空一行（本书为了节省篇幅，在保证宏最后一行没有反斜杠的前提下，之后没有空一行）。
- 编码过程中的参数宏调用末尾不要添加分号等分隔符；FOREACH_HID_INSTANCE 宏调用的末尾不要添加分号等分隔符。

### 4. 源代码实现

参考源代码：

$\source\cross\hid-composite.h

$\source\cross\hid-composite.c

## 12.4　模拟用户行为

本节将用一段代码模拟用户事件，以验证以上所有逻辑的正确性。开发者也可以用这种方法验证下层协议的实现是否正常。作者曾使用这种方法实现过以下目的：

- 验证 HID 实例正确；
- 验证不同软件对输入的行为一致性；
- 验证操作系统识别 HID 实例差异；
- 验证软件在不同系统下运行的行为一致性；
- 展示产品功能；
- 验证定制操作系统的兼容性。

本节模块代码放入 action. c/action. h 内，它依赖前一节定义的复合设备模块。

本节内的代码实现的逻辑处于设备应用层。

### 1. 以一个方法实现

只有一个方法，调用该方法将按预定的逻辑模拟用户行为。该方法至少需要一个参数，用于以通用的方式描述平台差异行为。

```
typedef struct _PlatformInvoker PlatformInvoker;
```

### 2. 实现一段逻辑

设计动作为：按 CapsLock 键并抬起一次，划出平行但首尾错开的 3 条触摸轨迹，按 CapsLock 键并抬起一次。

上述 PlatformInvoker 内部由函数指针方式提供平台差异行为。除平台差异参数外，必须传入一个 HidCompositeHandle 指针用于调用 HidComposite 相关方法。调用 PlatformInvoker 方法的原型定义如下：

```
Void Act(PlatformInvoker const * platformInvoker, HidCompositeHandle const * hidCompos-
ite);
```

延迟的设计实现是一个关键设计。在操作系统中的等待方法(如 sleep)在数值较小时存在很大的相对误差，死循环等待的方式又会造成 CPU 负载过重，同时还需要响应其他可能的事件。在没有操作系统的场景下无法支持线程，因此也不适合开启新线程实现功能。在作者设计的系统中，等待延迟的实现需要系统提供以下功能：获取当前时刻数值(数值格式由平台自定义)；将一个时刻数值平移指定时间；检查当前时刻相对于一个时刻数值偏移；系统空闲一段时间。

完整的 PlatformInvoker 结构定义如下：

```
1.    struct _PlatformInvoker
2.    {
3.        Void * destination;
4.        UInt64( * getTimeNow)(Void * destination);
5.        UInt64( * increaseTime)(Void * destination, UInt64 base, UInt32 timeSpan);
6.        UInt32( * getTimeSpan)(Void * destination, UInt64 base);
7.        Void( * idle)(Void * destination, UInt32 maxTimeSpan);
8.    };
```

### 3. 跨平台的延迟方法

使用获取当前时刻、平移时刻、获取时间差的方式能有效利用系统基准时钟，避免

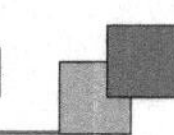

累计时间误差，分别使用回调 getTimeNow、increaseTime、getTimeSpan。回调 idle 定义为系统空闲尽量不超过指定时间。如果系统空闲占用超时，我们的逻辑实现可能造成数据输出迟滞。迟滞的时间和系统超时有关，但该迟滞不会累计误差。一般来说，这个迟滞是人直接感知不到的。

在此基础上，实现一个延迟方法如图 12-2 所示。

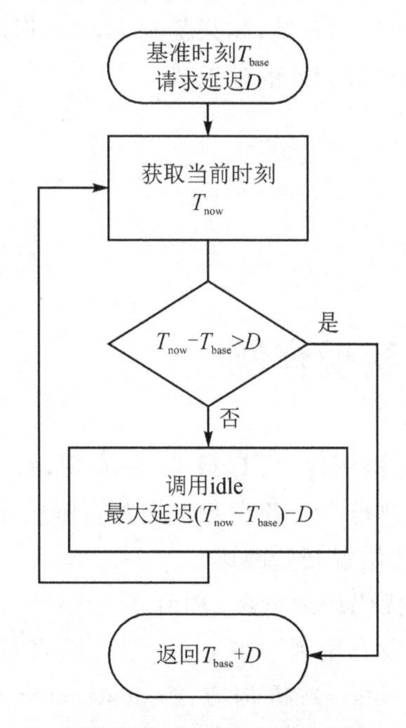


**图 12-2 延迟方法流程图**

图中逻辑是按照时刻参数 $T$ 的数值是不断增大描述的，实际上，实现平台可能存在倒数的系统计时器。因此只有延迟参数 $D$ 是明确定义的类型，可以使用数学运算，对于时刻参数 $T$ 相关的比较操作、附加延迟操作都应由平台提供的回调方法实现。

### 4. 逻辑主体实现

逻辑主体只要按照预定的逻辑将键盘按下、键盘抬起、发送数模数据、延迟等操作组合等顺序调用即可。

在大部分单片机中，可以使用 SysTick 提供精度足够的系统时刻，但它的表示范围有限。例如 Cortex-M 系列单片机的 SysTick 只有 24 位，在 48 MHz 主频下表示最大时刻范围仅约 350 ms，更高的主频下表示的时刻范围更小。但我们可以在 idle 方法内检查并记录它的溢出状态，结合一个全局变量以表示更大的时刻范围，这只需两次调用 Idle 的间隔不超过最大时刻表示范围，而这是容易实现的。单片机的 idle 方法可以在处理完必要事务后立即返回，即使最大允许延迟远未达到也不影响实现结果。

在操作系统中，可以使用系统 API 获取系统时刻，它的表示范围和精度都是足够的。一般来说，选用的系统时刻是系统启动后的时间，而不是系统日历时刻。操作系统中的 idle 方法尽量使用等待异步事件完成的方式(而不是等待)实现延迟的同时处理事件,这种方式可以让 CPU 空闲的同时及时响应事件。上述“异步事件”可以响应虚拟 HID 的事件,Windows 系统中可以使用 WaitForMultiObject,Linux 中可以使用 poll。实际上,等到任意异步事件发生后都可以退出 idle 方法,每次异步事件在 WaitForTimeout 中多实施一次循环仅仅是检查是否超时,如果未超时则再次进入等待。这个逻辑即使在方法内部实现也有类似的开销,如果简单累加延迟时间而不计算基准时刻偏移,则处理事件的时间开销会导致额外的延迟。

**5. 源代码实现**

参考源代码:

- $\source\cross\action.h;
- $\source\cross\action.c。

# 12.5 跨平台 HID 实现样例

第 13 章将实现几个 HID 样例,使用 C 或 C++实现,每个样例都调用了本章的代码以提供 HID 实例和模拟用户行为。各章基本是并行阐述逻辑的,读者可以有针对性地选择自己熟悉的或有兴趣的位置开始阅读。

C++语言是对 C 语言源代码级兼容的,用到了 C++代码的部分同样引用本章的代码。后续章内的 C++代码没有用到过多 C++与 C 语言差异部分的特性,主要用到了命名空间(namespace)、类(class)、析构方法(destructor)。熟悉 C 语言但不熟悉 C++的读者重点了解以上内容后应该可以读懂代码意图。

代码逻辑的少数处于设备应用层及其转发逻辑,由多 HID 实例复合设备模块(hid-composite)注册的回调触发;其余大部分代码逻辑处于固件框架层及其转发逻辑。

作者建议开发人员在任何平台下都尽量使用集成开发环境(Integrated Development Environment,IDE),而避免使用分立的编辑器(editor)、编译器(compiler)和调试器(debugger)。使用集成开发环境有助于开发效率的提升。

# 第 13 章 Linux uhid（Code blocks）

本章使用 C++实现一个 Linux 环境下的虚拟 HID 复合设备。根据“第 4 章　用于 Linux、Android 的 uhid”介绍，需要打开文件以模拟 HID 设备，所有的事务数据承载于/dev/hid 文件，主机向设备发起的事务由读出的数据描述，设备向主机发起的事务和对主机发起事务的反馈由写入的数据描述。

## 13.1　开发环境

在 Ubuntu 下使用 Code blocks，在 Ubuntu 应用商店可以直接安装。Code blocks 是一个免费的、开源的软件；同时它配置简单，安装完成即可使用，对于初学者比较友好。

在 Linux 图形界面环境下的 C/C++集成开发环境也可以使用 VS Code，但严格来说，这不是集成开发环境，而是一个可以配置插件和脚本的编辑器。Eclipse 也能实现相同的功能，除非开发者原本就熟悉 Eclipse，否则更推荐使用 Code blocks 或 VS Code。

## 13.2　基本配置

打开主界面后依次选择 File—>New—>Project 新建项目（见图 13－1）；选择 Console application 新建控制台应用程序（见图 13－2）；不要选择 Skip this page next time；选择 C++；输入项目名称，路径会自动生成；编译器及配置保持默认；展开左侧的 Source 文件夹，打开其中的 main. cpp 文件。这时就可以通过 Build 子菜单构建（编译并链接）工程代码了，也可以通过 Debug 子菜单调试或运行构建好的应用程序。

对 Linux 不熟悉的读者需要注意，本章生成的可执行文件需要访问/dev/uhid，它需要超级用户权限。因此，对于编译完成的 uhid 可执行文件，需要在终端（Terminal）调用 sudo ./uhid 才能正确运行；如果需要调试，那么开发工具也必须在终端调用 sudo codeblocks 启动，以获得超级用户权限。如果前一次使用了超级用户权限构建(Build)，则此后使用普通用户权限启动并构建可能会失败，这是因为上次构建的中间文件、输出文件都不能被普通用户权限清理。这时仍然需要用超级用户权限清理这些文件，我们可以直接在终端使用命令删除，或者在终端调用 sudo nautilus 以启动一个拥有超级用户权限的文件管理器窗口并在其中删除无用的文件。

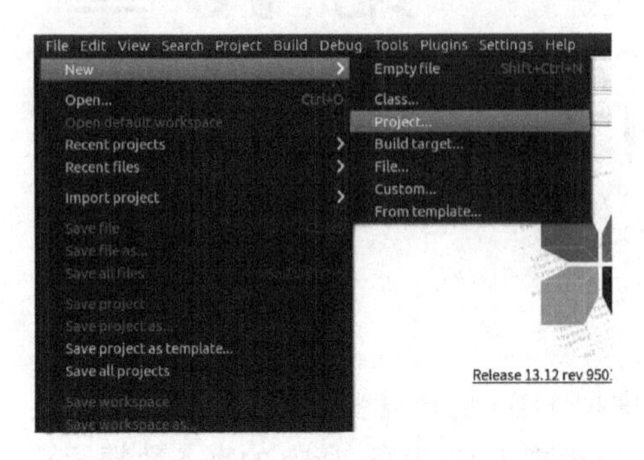


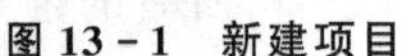
图 13－1　新建项目

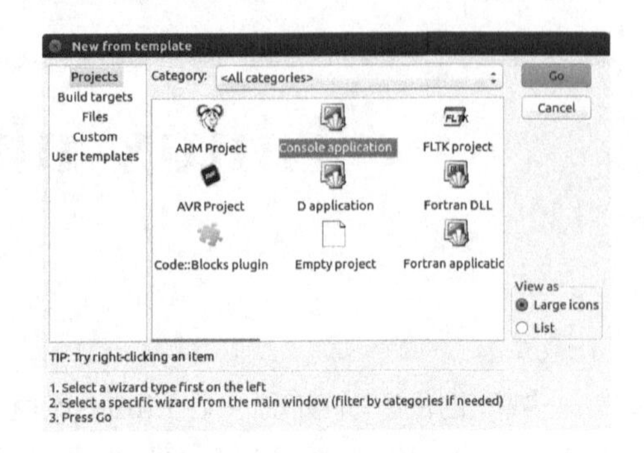


图 13－2　选择项目类型

## 13.3　逻辑引用和类型定义

新建 platform. h 文件。单击项目图标后，在菜单栏中选择 File→New→File，并在弹出的窗口中选择 C/C++ header，随后输入路径和文件名，并选中 In build target(s) 内的所有选项。注意输入文件名时窗口并未添加默认的. h 后缀。

逻辑引用直接包含第 12 章构造的源代码，以 include 形式在 main. cpp 内引用，其中头文件(hid-composite. h，action. h)在文件头部引用，源文件(hid-composite. c，action. c)在文件尾部引用。

前文源代码中使用的基元类型定义在新建的 platform. h 中，并且将其引用至 extern. h 内。

## 13.4　AutoFd 类

AutoFd 类用于持有文件描述符(File descriptor)并最终自动关闭。部分定义如下：

```
1.    class AutoFd
2.    {
3.    public:
4.        AutoFd(int fd);
5.        ~AutoFd(void);
6.
7.        int get(void) const;
8.        bool isValid(void) const;
9.    };
```

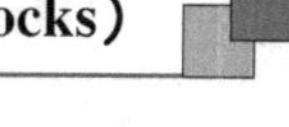

构造方法传入一个打开的文件描述符，析构方法关闭它；get 方法获取该文件描述符的数值；isValid 方法获取持有文件的描述符是否可用。

## 13.5 UhidInstance 类

UhidInstance 类用于持有一个对象以桥接至 HID 实例，并最终自动销毁。该类的整个生命周期需要持有同一个打开/dev/uhid 的文件描述符，并通过读/写该文件来实现 HID 行为，该文件描述符可以用 AutoFd 实现。它在构建方法（constructor）内向 uhid 发出创建（UHID_CREATE2）命令，以创建 HID 设备，而在析构方法（destructor）内向 uhid 发出销毁（UHID_DESTROY）命令以销毁 HID 设备。

UhidInstance 类还应当提供一些接口使 HID 实例能发起输入（Input）报告，也需要令 HID 实例能接收到获取特征报告（Get feature report）、设置特征报告（Set feature report）、输出报告（Output report）。发起报告使用导出的方法实现，接收报告使用传入方法回调实现。

所有需要 HID 实例接收的信息都源于对文件的读操作，因此需要提供一个 Work 方法，它在内部将读取文件并解析读到的数据，根据数据完成相关事务。对于开始（UHID_START）、停止（UHID_STOP）、打开（UHID_OPEN）、关闭（UHID_CLOSE）事务，需要将相应的状态通过回调方法告知调用方；对于输出（UHID_OUTPUT）事务，需要将相应的数据通过回调方法告知调用方；对于获取报告（UHID_GET_REPORT）、设置报告（UHID_SET_REPORT）事务，需要将相应的数据通过回调方法转发给调用方，并根据回调结果将相应的数据反馈给主机。为了在没有事务的时候让系统空闲，还要提供一个方法导出轮询请求结构（struct pollfd），用于外部检测、等待/dev/uhid 文件状态，决策 Work 方法调用时机。

实际上，在这个设计中是不会收到设备停止事务的，因为它只发生在销毁 HID 设备之后，而销毁 HID 设备只发生在析构方法中，自析构以后没有再读取对应的文件。

UhidInstance 的公开（public）部分定义如下：

```
1.   class UhidInstance
2.   {
3.   public:
4.       UhidInstance(Void * destination,
5.           Void( * deviceState)(Void * destination, Boolean start),
6.           Void( * workingState)(Void * destination, Boolean open),
7.           Boolean( * getFeatureReport)(Void * destination, UInt8 reportId, Void * buff-
             er, UInt16 capacity, UInt16 * length),
8.           Boolean( * setFeatureReport)(Void * destination, UInt8 reportId, Void const *
             buffer, UInt16 length),
9.           Void( * reportOutput)(Void * destination, Void const * buffer, UInt16 length),
10.          Void const * reportDescriptor,
11.          UInt32 reportDescriptorSize
12.      );
13.      ~UhidInstance(Void);
```

```
14.
15.         Void InputReport(Void const * buffer, UInt32 length);
16.         Boolean FillPoll(struct pollfd * fd) const;
17.         Void Work(Boolean wait) const;
18.     };
```

构造方法中传入的 destination 用于回调方法。deviceState 用于指示 UHID_START、UHID_STOP 事件,在设备创建和销毁之后分别发生。workingState 用于指示 UHID_OPEN、UHID_CLOSE 事件,在设备加载驱动、卸载驱动后分别发生。getFeatureReport 用于指示 UHID_GET_REPORT 事件,在主机获取特征报告时发生,其返回值与填充的数据将用于向主机反馈状态与数据。setFeatureReport 用于指示 UHID_SET_REPORT 事件,在主机设置特征报告时发生,其返回值将用于向主机反馈状态。reportOutput 用于指示 UHID_OUTPUT 事件,在主机输出报告时发生。reportDescriptor 指向报告描述符的地址,reportDecsriptorSize 是报告描述符长度。构造方法将打开文件,将回调方法记录在私有字段内,生成 UHID_CREATE2 类型的结构并填充报告描述符等数据后发送给打开的文件以声明构造 HID 设备。

InputReport 方法传入的 buffer、length 分别是输入报告的数据地址和长度。方法将生成 UHID_INPUT2 类型的结构并填充输入报告数据后发送给打开的文件以声明发送输入报告。

FillPoll 方法将持有的文件描述符和需要响应的事件填入指定的轮询请求结构内,返回结果指示填充是否成功。

Work 方法读取打开的文件,解析读出的内容并处理相应的事务。所有的回调、反馈都将在此方法内部实现。传入的 wait 参数指示是否强制等待到处理一个事件后返回。

UHidinstance 持有一个以 open("/dev/uhid", O_RDWR | O_CLOEXEC)初始化的 AutoFd 实例。

## 13.6 实现单个 HID 实例

将 hidtag 定义为 Keyboard:

```
#define hidtag Keyboard
```

依次声明一个 HID 实例上下文、构建一个 UhidInstance 对象、初始化 HID 实例上下文。其中构建 UhidInstance 所需的回调实现在 HidInstance 命名空间内,并实现为转发至对应的 HID 实例(getFeatureReport、setFeatureReport、reportOutput)或无行为(deviceState、workingState);初始化 HID 实例所需的报告描述符由 HID 实例类模块获取。初始化 HID 实例所需的回调实现在 Framework 命名空间内,并实现为转发至对应的 HID 实例(inputReport)或不实现(featureReportUpdate)。初始化 HID 实例后动态注册的回调实现在 Application 命名空间内。

这些模块自上至下的层次依次为:Application 命名空间、HID 实例上下文、Hi-

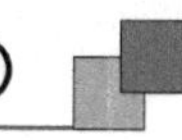

dInstance 命名空间、UhidInstance 对象、Framework 命名空间。Application 命名空间内逻辑在设备应用层，直接与外界交互。HID 实例上下文在 HID 实现层。UhidInstance 在固件框架层，向上通过 HidInstance 命名空间内的逻辑实现对 HID 实现层的双向转发，向下通过 Framework 命名空间内的逻辑实现更底层的逻辑调用。

```
1.        HidInstanceContext instance;
2.        UhidInstance bridge(
3.            &instance,
4.            HidInstance::deviceState,
5.            HidInstance::workingState,
6.            HidInstance::getFeatureReport,
7.            HidInstance::setFeatureReport,
8.            HidInstance::reportOutput,
9.            HidInstanceGetReportDescriptor(),
10.           sizeof( * HidInstanceGetReportDescriptor()));
11.       HidInstanceInitialize(&instance, Framework::inputReport, Null, &bridge);
```

之后，反复调用 bridge. Work(True)以及时响应系统对设备的操作，程序运行时系统将识别到一个 HID 键盘(Keyboard)设备，仅改变 hidtag 的定义就可以改变系统识别到的设备。为了让程序能正常退出，可以使用一些超时判断控制程序退出。

如果在调用 brige. Work 之前注册一个已实现的键盘事件回调，那么在任意一个键盘按下 CapsLock 时我们生成的 HID 键盘还能收到设置指示灯事件。

```
1.    HidKeyboardRegisterIndicator(&instance, Application::onKeyboardIndicator, Null);
```

## 13.7　实现复合 HID 设备

在以上基础上，将对应一个 HID 实例的资源、逻辑改为使用 FOREACH_HID_INSTANCE 为每个 HID 实例实施一组，其中所有用于回调调用的 HidInstanceContext 要用一个 HidInstanceTag 代替。HidInstanceTag 内承载了一个 index 字段和对应的 HID 设备上下文地址，它的展开形式如下：

```
1.    typedef struct HidInstanceTag
2.    {
3.        UInt32 index;
4.        union
5.        {
6.            HidKeyboardContext * context0;
7.            HidKeyboardContext * context1;
8.            HidMultiTouchContext * context2;
9.        } ptr;
10.   } HidInstanceTag;
```

代码实际写作：

```
1.    typedef struct HidInstanceTag
2.    {
3.        UInt32 index;
4.        union
```

```
5.          {
6.      #define HID_LOCAL_STATEMENT(_index, _tag) HidContext(_tag) * context ## _index;
7.      FOREACH_HID_INSTANCE(HID_LOCAL_STATEMENT)
8.      #undef HID_LOCAL_STATEMENT
9.          } ptr;
10.     } HidInstanceTag;
```

相应地实现在 HidInstance 内的回调 destination 也需要按照以上接口指针解析，以上结构使用前要写入正确的 index 值和联合体(union)中的其中一个指针字段，回调时要根据 index 的值决定向对应的 HID 实例分发数据。

增加一个多 HID 实例复合设备所需的 HidCompositeHandle，给其所有字段赋值，并使用该模块注册键盘指示灯、设备模式回调，实现在 Application 命名空间内，仅向终端打印字符串以告知状态。

实现一组本地定义方法在 Local 命名空间内，并用于模拟行为模块(action)调用。

## 13.8 平台调用

**获取当前时刻：** 调用 clock_gettime 方法并传入 CLOCK_MONOTONIC 参数，以获取自系统启动时间的计时，单位为微秒。这里避免使用系统日历时钟，相比之下它的调用需要访问硬件，开销更大，且可能在运行期间被修改。

**平移时刻：** 使用基准时刻数值附加待平移的时间，并实施必要的单位换算。

**获取时间差：** 使用基准时刻和当前时刻差值，并实施必要的单位换算。

**挂起系统：** 轮询(poll)所有的 UhidInstance 实例的轮询请求结构(struct pollfd)并设置超时时间。在轮询返回后检查每个轮询请求结构内含的结果，如果有请求则调用对应实例的处理(Work)方法。这里的轮询不应使用已弃用的 select，也不必使用更复杂的 epoll。

## 13.9 模拟用户行为

用户交互相关的逻辑实现在 Application 命名空间内。HID 设备向主机发送的数据为模拟用户行为，应用程序启动后立即开始。HID 主机向设备发送的数据为系统行为，由终端输出字符串表示。

应用启动后模拟按下 CapsLock 或用户在键盘上按下 CapsLock 时应用会输出 2 个相同的事件，是因为 HID 复合设备内有 2 个键盘，它们分别收到了相同的事件。

完整的实现源代码参考 $\source\linux-uhid\main.cpp。

# 第 14 章

# Android uhid（Android Studio）

本章以 Android Studio 为开发环境，直接引用 Linux uhid 的代码实现用于 Android 命令行终端的可执行程序。下面将从安装开发环境开始，尽量以手把手的方式实现编译出最终结果，熟悉 Android Studio 或相关开发环境的读者不必囿于本章，可以灵活使用自己的方式实现。

## 14.1 开发环境

Android Studio 是 Google 为 Android 开发推出的集成开发环境，它基于 IntelliJ IDEA。本章将简单介绍构建目标的配置方案，熟悉开发环境的读者可以跳过本章。

下载最新版本的 Android Studio 后使用默认参数安装，首次启动时需要一些配置，也全部设为默认。安装和启动的过程需要全程联网，软件会根据需求随时下载依赖项。

在启动界面选择使用 Create New Project 新建项目，在其后弹出的窗口中选择 Native C++。随后在“Name”文本框中输入项目名称，在 Save Location 中设置保存路径，其他输入项不重要，因为稍后会将这个项目变更为纯 C/C++(Native)的项目，与 JVM 相关的内容将没有意义。

随后一切默认即可，这时我们就拥有了一个默认项目。

## 14.2 基本配置

所有的构建均通过 Gradle 任务实现，通过主窗口底部的状态栏可以看到是否有 Gradle 任务正在运行。如果是首次运行，可能需要较长时间(作者计算机上运行了近 30 min)，它会根据需求下载所需的组件。

首次启动的 Gradle 任务完成后，仍然可能无法编译，因为没有安装用于编译 C/C++代码的 NDK 组件。此时安装 NDK 最简单的方式是在构建输出框内单击 Install latest NDK and sync project 链接(见图 14－1)；也可以在菜单栏中选择 File→Settings 并在弹出的窗口左侧选择 Appearance & Behavior→System Settings→An-

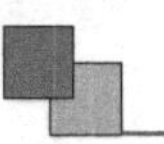

droid SDK，或直接在工具栏内单击 SDK Manager 按钮，并在其中选择 SDK Tools，然后选中“NDK (side by side)”并单击 OK 按钮(见图 14－2)。随后接受必要的许可协议，并经历一段时间的下载安装。

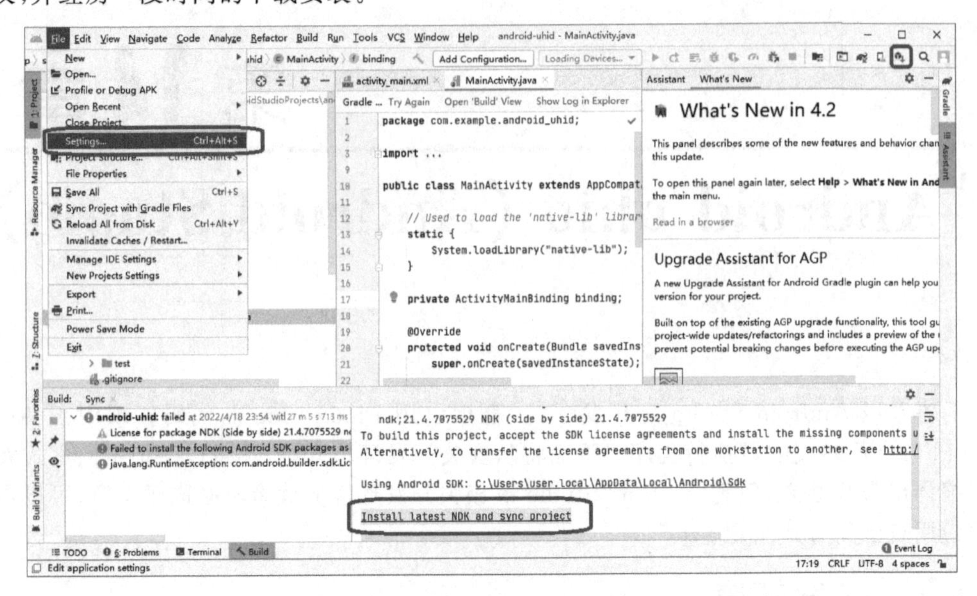


图 14－1　点击进入 SDK 配置界面

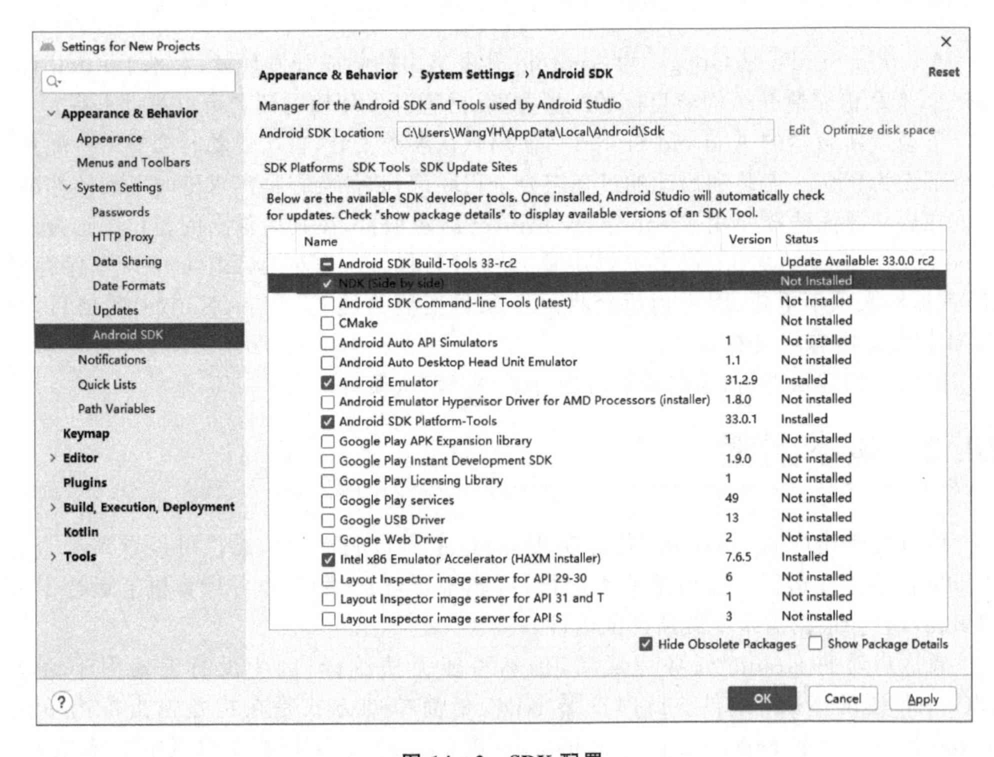


图 14－2　SDK 配置

下载的 NDK 版本和项目配置可能不同，但只要手动单击接受 NDK 所需的许可协议，Gradle 就能自动下载所需的 NDK 版本，首次编译时仍然可能花费大量时间下载所需的组件。任务完成后构建所需的组件已完整安装①。

在配置窗口中选中 java 分类及 res 分类下所有的内容并删除，打开 manifests\AndroidManifest. xaml 并删除其中的 application 段落。操作之前，如果窗口内的查看模式不是 Android，则单击它并将其更改为 Android。

至此，选择菜单栏中的 Build→Make module 可构建模块，如图 14－3 所示，构建的结果在 Project 查看模式下可见其存在于 app\build\outputs\apk\debug 内。但此时的 apk 文件已经不能用作 Android 应用程序，因为 AndroidManifest. xaml 内的 application 已经被删除，实际上，我们关注的仅仅是其中 lib 文件夹下的内容，它们的文件名完全相同，不同路径代表对应的硬件平台。

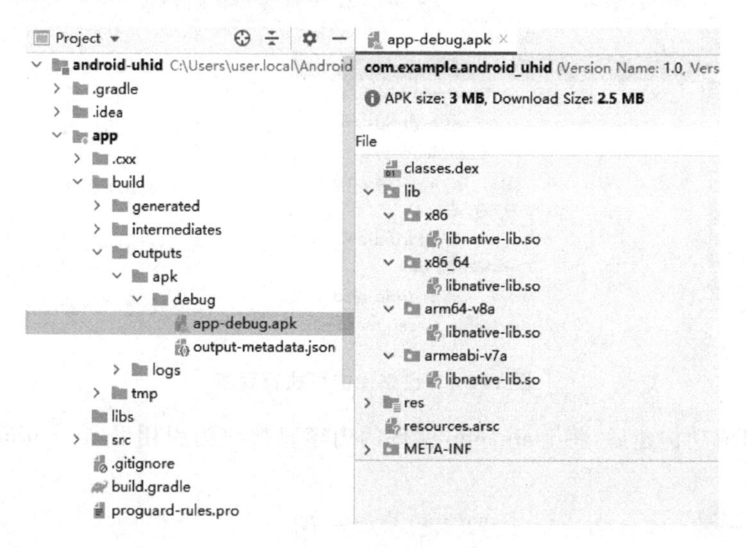


图 14－3　生成 apk 内容

## 14.3　C++配置

删除 native-lib. cpp。

右击 src\main\cpp 文件夹，在弹出的快捷菜单中选择“”→C/C++ Source File 添加 main. cpp 文件。

将 main. cpp 实现为最简单的形式：

```
1.    int main(void)
2.    {
3.        return 0;
4.    }
```

① 作者安装时仍残留一个 BUG，需要手动将 Android Sdk 目录下 build－tools\32. 0. 0\d8. bat 和 build－tools\lib\d8. jar 分别复制为 dx. bat 和 dx. jar。

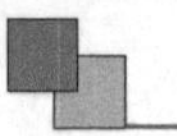



编辑 CMakeLists. txt,其内容改为将 main. cpp 编译至可执行文件,修改后的该文件的全部内容如下:

```
1.    cmake_minimum_required(VERSION 3.10.2)
2.    project("android_uhid")
3.    add_executable(android - uhid main.cpp)
```

此时构建项目可得到几个终端可执行程序(构建后如图 14-4 所示),但它们不会被包含在 apk 包内,而仅存在于构建过程位置 app\build\intermediates\cmake\debug\obj,根据位置识别它们分别被用于不同的硬件平台。此时可以通过 adb 将对应目标传入设备或虚拟设备中并运行。

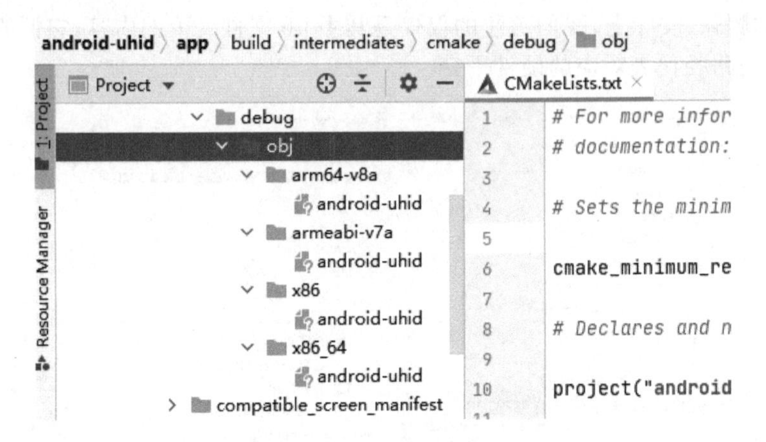


图 14-4 已编译的可执行程序

空项目成功构建后,将 main. cpp 文件的内容直接改为引用 linux－uhid 同名文件即可。

```
1.    #include "../../../../../linux - uhid/main.cpp"
```

可以使用 adb 将对应平台的编译结果下载至设备。Android 设备可以是实物设备,也可以是 Android Sdk 提供的 AVD(Android Virtual Device,Android 虚拟机),其中实物设备根据其自身特性,可以使用 USB、以太网等方式与主机建立连接,AVD 启动后则自动与主机建立连接。建立连接后,Android Studio 主窗口右侧的 Device Explorer 窗体内显示设备内文件,右击文件夹,在弹出的快捷菜单中选择 Upload 可以将主机内的 android－uhid 文件传入 Android 设备。须注意设备内可能并非任意位置均可写入,这与设备的存储介质和用户权限分配有关。除 AVD 外,目标可以是常见的手机、平板电脑、开发套件等,还可以是安装了 Android x86 操作系统的 PC 或虚拟机。

传入文件后使用设备的任意终端均可执行该程序,此时需要 root 权限,可以在 Android Studio 下方的 Terminal 窗口中输入 adb shell 命令以连接终端管道。终端内获取 root 权限后可以运行 android-uhid。运行方式及结果参考图 14-5。

完整的实现参考 $\source\android-uhid\。

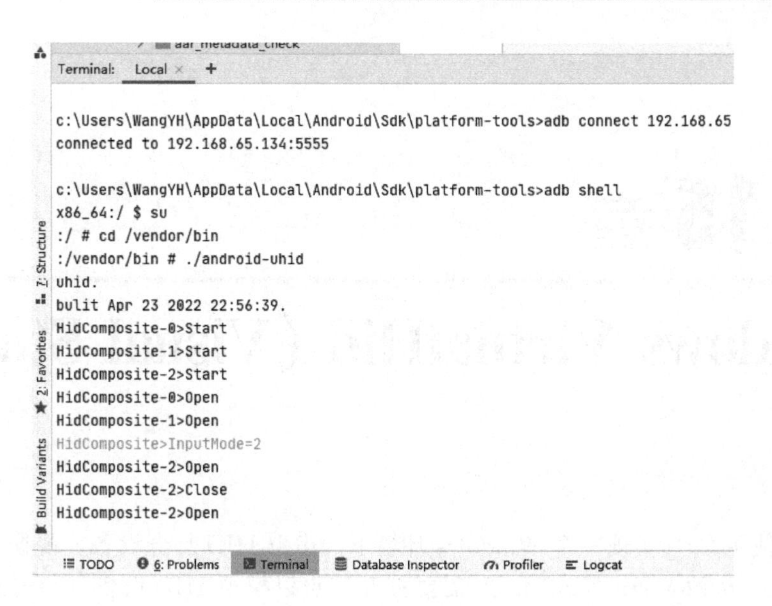
Terminal: Local
c:\Users\WangYH\AppData\Local\Android\Sdk\platform-tools>adb connect 192.168.65
connected to 192.168.65.134:5555
c:\Users\WangYH\AppData\Local\Android\Sdk\platform-tools>adb shell
x86_64:/ $ su
:/ # cd /vendor/bin
:/vendor/bin # ./android-uhid
uhid.
bulit Apr 23 2022 22:56:39.
HidComposite-0>Start
HidComposite-1>Start
HidComposite-2>Start
HidComposite-0>Open
HidComposite-1>Open
HidComposite>InputMode=2
HidComposite-2>Open
HidComposite-2>Close
HidComposite-2>Open
TODO
6: Problems
Terminal
Database Inspector
Profiler
Logcat
1: Structure
2: Favorites
Build Variants

图 14-5 终端下运行

# 第 15 章

# Windows VirtualHid（Visual Studio）

本章使用 C++实现一个 Windows 环境下的虚拟 HID 复合设备。根据“第 5 章 用于 Windows 的 VirtualHid”介绍，需要打开节点以模拟 HID 设备，所有的事务数据都承载于该节点，主机向设备发起的事务由读出的数据描述，设备向主机发起的事务和对主机发起事务的反馈由写入的数据描述。

## 15.1 开发环境

本章将以 Visual Studio Community 2015 为开发环境。作者认为，在 Windows 下开发 C/C++最好用的开发环境是微软公司的 Visual Studio，它配置简单、功能完整、工作稳定。

Visual Studio 的社区版（Community）或早期的速成版（Express）对个人用户是免费的。当前最新的版本是 Visual Studio 2022，安装所需的组件占用硬盘动辄十多个 GB。对于本书内容来说，可以选择较早的版本，功能较精简，占用系统空间也少得多。

安装时选择自定义安装并选中“编程语言”\“Visual C++”\“适用于 Visual C++ 2015 的公共工具”。安装完成首次启动时在“开发设置”中选择“常规”，这个选择只影响页面布局，不影响功能。

## 15.2 基本配置

在主窗口中选择“文件”→“新建”→“项目”，在弹出窗口中选择“模板”\ Visual C++\ Win32→“Win32 控制台应用程序”并输入路径和名称，在后续弹出的窗口中选择“空项目”。

右击项目，在弹出的快捷菜单中选择“添加”→“新建项”并在弹出的窗口中选择“头文件(. h)”新建 platform. h，在弹出的窗口中选择“C++文件(. cpp)”新建 main. cpp。

此时双击 main. cpp 并在其中写入主方法，即得到一个符合 C++标准的控制台应用程序。

```
1.     int main(void)
2.     {
3.         return 0;
4.     }
```

单击代码左侧可以添加或移除用于调试的断点，右击项目，在弹出的快捷菜单中选择“调试”→“启动新实例”可以启动调试程序。

将 $\virtual-hid\sdk 文件夹整体复制至项目文件夹下，右击项目，在弹出的快捷菜单中选择“在文件资源管理器中打开文件夹”可以直接定位项目文件夹。

右击项目，在弹出的快捷菜单中选择“属性”，在上侧“配置”中选择“所有配置”，在“平台”中选择“所有平台”。并左侧选择“VC++目录”，单击“包含目录”并在其中添加“$(ProjectDir)sdk\inc”，用于指定源代码包含头文件的搜索路径。在左侧选择“链接器”\“输入”，单击“附加依赖项”并在其中添加 vhlib.lib，用于链接时指定动态链接库内的符号。

将“平台”设置为 Win32。在左侧选择“VC++目录”，单击“库目录”并在其中添加“$(ProjectDir)sdk\lib\x86”，用于指定库文件搜索路径。左侧选择“生成事件”\“后期生成事件”，单击“命令行”并在其中添加“COPY "$(ProjectDir)sdk\lib\x86\vhlib.dll" "$(OutDir)" /y”，用于编译完成后复制动态链接库至可执行程序可加载的位置。如果目标平台为 x64，则上述路径内 x86 需对应变更为 amd64。

写一段代码验证动态库是否被正确加载。以下代码在 return 处加断点并启动调试，如果动态库能正常加载，则会运行至 return 处，否则在此之前会发生异常。

```
1.     #include < Windows.h >
2.     #include < vhliboo.h >
3.
4.     int main(void)
5.     {
6.         CVirtualHidInitialize foo(0x2621, 0x0101, 0x0100, Null, 0);
7.         return 0;
8.     }
```

## 15.3　逻辑引用和类型定义

逻辑引用直接包含第 12 章构造的源代码，以 include 形式在 main.cpp 内引用，其中头文件(hid-composite.h，action.h)在文件头部引用，源文件(hid-composite.c，action.c)在文件尾部引用。

添加 platform.h 文件，在其中定义前文源代码中使用的基元类型，并在 main.cpp 头部引用该文件。

## 15.4　实现单个 HID 实例

本节使用 D 类调用方式，以最少量的代码实现功能。

将 hidtag 定义为 Keyboard：

```
#define hidtag Keyboard
```

依次声明一个 HID 实例上下文，构建一个 CVirtualHidInatance 对象，初始化 HID 实例上下文。其中，构建 CVirtualHidInatance 需要 CVirtualHidInitialize 实例。构建 CVirtualHidInitialize 所需的回调实现在 HidInstance 命名空间内，并实现为转发至对应的 HID 实例(getFeatureReport、setFeatureReport、reportOutput)或无行为(deviceState、workingState)；初始化 HID 实例所需的报告描述符由 HID 实例类模块获取。初始化 HID 实例所需的回调实现在 Framework 命名空间内，并实现为转发至对应的 HID 实例(inputReport)或不实现(featureReportUpdate)。初始化 HID 实例后动态注册的回调实现在 Application 命名空间内。

这些模块自上至下的层次依次为：Application 命名空间、HID 实例上下文、HidInstance 命名空间、CVirtualHidInatance 对象、Framework 命名空间。Application 命名空间内逻辑在设备应用层，直接与外界交互。HID 实例上下文在 HID 实现层。CVirtualHidInatance 在固件框架层，向上通过 HidInstance 命名空间内的逻辑实现对 HID 实现层的双向转发，向下通过 Framework 命名空间内的逻辑实现更底层的逻辑调用。

```
1.        HidInstanceContext instance;
2.        CVirtualHidInitialize init(0x2621, 0x0101, 0x0100, HidInstanceGetReportDescriptor
   (), sizeof( * HidInstanceGetReportDescriptor()));
3.        init.SetSerialNumber(DEVICE_SERIAL_NUMBER);
4.        init.SetRoutines(&instance, HidInstance::deviceState, HidInstance::workingState, Hi-
   dInstance::getFeatureReport, HidInstance::setFeatureReport, HidInstance::outputReport);
5.        CVirtualHidInstance bridge(&init);
6.
7.        HidInstanceInitialize(&instance, Framework::inputReport, Null, &bridge);
```

之后不停地调用 bridge.Idle(event)并等待事件完成后调用 bridge.Work(FALSE)，以及时响应系统对设备的操作。程序运行时，系统将识别到一个 HID 键盘(Keyboard)设备，仅改变 hidtag 的定义就可以改变系统识别到的设备。为了让程序能正常退出，可以使用一些超时判断控制程序退出。

传入的 event 参数需要在更早的代码处创建，并在最终销毁。创建时应当设置参数为手动复位，并在每次传入前对其调用复位方法。

如果在调用 bridge.Idle(event)之前注册一个已实现的键盘事件回调，那么在任意一个键盘按下 CapsLock 时我们生成的 HID 键盘还能收到设置指示灯事件。

```
1.        HidKeyboardRegisterIndicator(&instance, Application::onKeyboardIndicator, Null);
```

## 15.5 实现复合 HID 设备

在以上基础上，将对应一个 HID 实例的资源、逻辑改为使用 FOREACH_HID_INSTANCE 为每个 HID 实例实施一组，其中所有用于回调调用 HID 实例方法的 Hi-

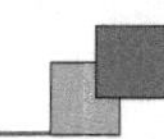

dInstanceContext 要用一个 HidInstanceTag 代替。HidInstanceTag 内承载了一个 index 字段和对应的 HID 设备上下文地址，它的展开形式如下：

```
1.     typedef struct HidInstanceTag
2.     {
3.         UInt32 index;
4.         union
5.         {
6.             HidKeyboardContext * context0;
7.             HidKeyboardContext * context1;
8.             HidMultiTouchContext * context2;
9.         } ptr;
10.    } HidInstanceTag;
```

代码实际写作：

```
1.         typedef struct HidInstanceTag
2.         {
3.             UInt32 index;
4.             union
5.             {
6.     #define HID_LOCAL_STATEMENT(_index, _tag) HidContext(_tag) * context ## _index;
7.         FOREACH_HID_INSTANCE(HID_LOCAL_STATEMENT)
8.     #undef HID_LOCAL_STATEMENT
9.             } ptr;
10.        } HidInstanceTag;
```

相应地，实现在 HidInstance 命名空间内的回调 destination 也需要按照以上接口指针解析，以上结构使用前要写入正确的 index 值和联合体（union）中的其中一个指针，回调时要根据 index 的值决定向对应的 HID 实例分发数据。

增加一个多 HID 实例复合设备所需的 HidCompositeHandle，给其所有字段赋值，并使用该模块注册键盘指示灯、设备模式回调，实现在 Application 命名空间内，仅向屏幕打印字符串以告知用于状态。

实现一组本地定义方法在 Local 命名空间内，并用于模拟用于行为模块（action）调用。

## 15.6 平台调用

获取当前时刻：调用 QueryPerformanceCounter 以获取自系统启动时间的计时，调用 QueryPerformanceFrequency 以获取该计时单位。这里避免使用系统日历时钟，相比之下它的调用需要访问硬件，开销更大，且可能在运行期间被修改。

平移时刻：使用基准时刻数值附加待平移的时间，并实施必要的单位换算。

获取时间差：使用基准时刻和当前时刻差值，并实施必要的单位换算。

挂起系统：将所有 CVirtualHidInatance 对象调用 Idle 方法时传入的事件放入等待列表，并以设置超时，调用 WaitForMultipleObjects 以监测事件。等待完成后检查每个事件的结果，如果有事件，则调用对应实例的处理（Work）方法并对其再次调用 Idle

方法。由逻辑可见,在首次挂起系统前需要对所有 CVirtualHidInatance 对象调用 Idle 并传入有效的事件参数。

## 15.7 模拟用户行为

用户交互相关的逻辑实现在 Application 命名空间内。HID 设备向主机发送的数据为模拟用户行为,应用程序启动后立即开始。HID 主机向设备发送的数据为系统行为,由控制台输出字符串表示。

应用启动后模拟按下 CapsLock 键或用户在键盘上按下 CapsLock 键时应用会输出 2 个相同的事件,是因为 HID 复合设备内有 2 个键盘,它们分别收到了相同的事件。

需注意当控制台选项中存在"快速编辑模式"时,模拟的触摸如果触发控制台会导致控制台应用暂停,此时可以调整控制台位置使它不被触发或在控制台属性的"选项"中取消选中"快速编辑模式"。

完整的实现源代码参考 $\source\VirtualHid\main.cpp。

# 第16章

# Stm32F072 USB（Keil MDK）

本章实现一个用于Stm32F072芯片的固件，实现USB HID复合设备，其中Stm32F072是ST公司提供的一款Cortex－M0内核的芯片。使用的硬件是STM32072B－Disco，它是由ST公司提供的一个开发板。本章使用该芯片内的USB外设驱动USB接口，它仅能实现为USB设备。

## 16.1 开发环境

Keil MDK是由ARM公司提供的集成开发环境，可以支持Cortex－M系列的所有产品，集成了ARMCC编译器[①]，只能运行于Windows平台下。Keil MDK加载速度快，工程配置文件精简，集成的ARMCC编译器支持跨模块代码优化。

开发环境内部可以安装pack(直译为“包”，为免歧义，下文将其直接称作pack)。pack内可以包含针对特定芯片的配置数值、库源代码、样例等，有助于简化开发，一般由芯片厂商提供。不安装任何pack也可以开发，只需配置正确并将库源代码复制至工程内即可，这样做的好处是方便工程源代码跨计算机编译。

Keil MDK可以在ARM的官方网站上下载得到，它必须付费激活，但是对于包括STM32F072在内的部分ST公司芯片，最终用户可以免费激活使用。激活方法请参考https://www2.keil.com/stmicroelectronics－stm32/mdk，正规的激活过程需要联网并提供电子邮箱[②]。

本章使用Stm32CubeMX生成项目文件结构的默认代码，它生成的代码不依赖pack，只需在生成工程文件时一次使用即可。对不同系列芯片的支持由嵌入式软件包(Embedded Software Package)实现，它需要安装在Stm32CubeMX内。使用时尽量在联网状态下使用，它可能需要在线更新一些数据库内容。

---

① 作者认为ARMCC的总体性能高于GCC，体现在编译时的代码体积优化和运行时的效率优化，并且它支持跨模块优化。

② 作者安装的Keil MDK有30天评估许可，在此期间内无需激活也能正常使用。

嵌入式软件包可安装至 Stm32CubeMX 内，它同时可作为独立的资源，其中的样例包含了可被用于 Keil MDK 或 IAR 的工程文件。

Stm32CubeMX 和嵌入式软件包都可在 ST 公司的官方网站上得到，用户可以免费使用。

直接使用 Keil MDK 新建工程，复制相应的库文件并编辑相应的配置也能实现相同功能。

## 16.2 基本组件和配置

启动 Stm32CubeMX 后选择 Help→Manage embedded software packages 安装嵌入式软件包，在弹出的窗口中单击左下角的“From local...”，选择已下载的嵌入式软件包 en. stm32cubef0_v1.11.0。

这里也可以不安装嵌入式软件包，在新建工程时，如果需要的嵌入式软件包没有安装，工具软件将在线获取并安装。

选择 File→New→Project 新建项目，在弹出的窗口中选择 Board Selector 并在右下列表中选择 STM32F072B - DISCO，然后单击右上角的 Start Project。

单击 Clock Configuration 并将中央部分的 SYSCLK 源改为 HSI48(见图 16 - 1)。单击 Pinout & Configuration，在展开的左侧的 System Core 中选择 RCC，在右侧的 RCC Mode and Configuration 的 Mode 中将 CRS SYNC 的值由 Disable 变更为“CRS SYNC Source USB”，以使能基于 USB 校准时钟(见图 16 - 2)。[①]

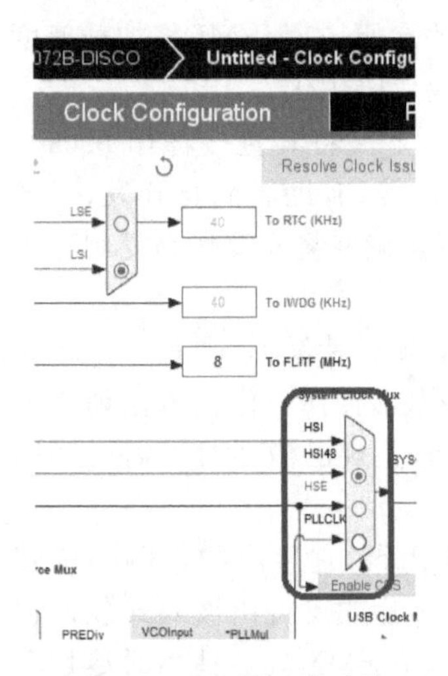


图 16 - 1 配置系统时钟

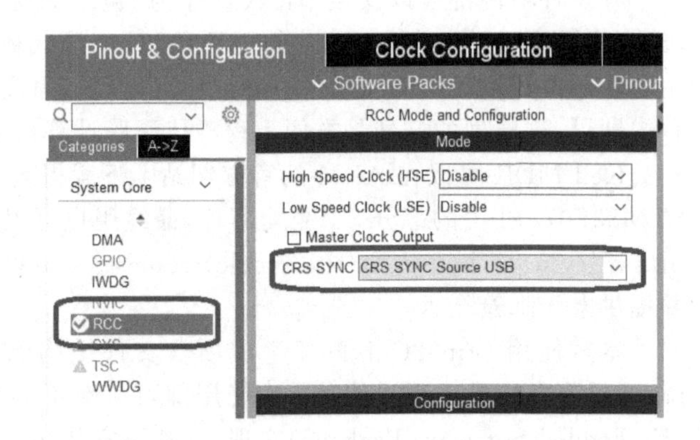


图 16 - 2 配置 RCC 外设

展开左侧的 Timers 栏并选择 TIM2，在右侧的 TIM2 Mode and Configuration 中

① 目标芯片能够借助 USB SOF 信号校准时钟，因此无需高精度振荡源也能使用 USB。开发板上也没有提供晶体振荡源。

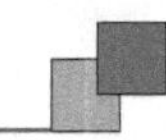

的 Mode 中将 Clock Source 的值由 Disable 变更为 Internal Clock,在 Configuration 中确认 Counter Mode 的值为“Up”。其他设置保持默认,稍后将在源代码中调整实现。

展开左侧的 Middleware 栏并选择 USB_DEVICE,在右侧的 USB_DEVICE Mode and Configuration 中的 Mode 中将 Class For FS IP 的值由 Disable 变更为 Custom Human Interface Device。选择 Parameter Settings,将 CUSTOM_HID_FS_BINTERVAL 的值设置为 1,表示轮询间隔为 1 ms;将 USB_SELF_POWERED 设置为 Disabled,表示设备没有自带电源,依赖 USB 端口供电。

USB_DEVICE 的其他配置保持默认即可,报告长度、接口数量,描述符长度等数据与 HID 实例相关,稍后将在源代码中调整实现。

单击 Project Manage 并选择左侧的 Advanced Setting,在 Driver Selector 中将 TIM 的值由 HAL 改为 LL。

将未使用的组件移除、禁用或恢复默认有助于减少生成的代码,在此不详细述表,不操作也不影响后续的操作。

配置生成的工程的名称和路径,Toolchain / IDE 的值选择 MDK - ARM,其他保持默认,然后单击右上角的 GENERATE CODE 按钮生成工程文件。

此时可以使用 Keil MDK 打开生成的工程位置 MDK - ARM\STM32F072B - Disco. uvprojx。

## 16.3 基本框架

在 Keil MDK 中显示的源文件组与文件在磁盘中的位置是不同的概念。

Application/MDK - ARM 组在磁盘上位于工程位置 MDK - ARM,包含一个汇编文件,用于定义源代码的入口和中断向量表。

Application/User/Core 组在磁盘上位于工程位置 Core,其中是核心业务逻辑,新建项目之初其中仅有初始化逻辑和部分框架,我们新建的代码文件也应该置于其中。

Application/User/USB_DEVICE/App 组在磁盘上位于工程位置 USB_DEVICE\App,其中包含设备描述符及其附属的厂商 ID、产品 ID、制造商字符串、产品字符串、序列号字符串;同时它提供了配置字符串和接口字符串,但并没有区分多个配置或多个接口的区别。

Application/User/USB_DEVICE/Target 组在磁盘上位于工程位置 USB_DEVICE\Target,其中包含部分平台逻辑供中间件调用。

Drivers/STM32F0xx_ HAL _ Driver 组在磁盘上位于工程位置 Drivers\STM32F0xx_HAL_Driver,其中包含外设驱动代码,将通过寄存器访问外设的方法封装为 C 语言方法。

Driver/CMSIS 组在磁盘上位于工程位置 Core 文件夹,其中包含对设备时钟源的配置,并且引用了 ARM 提供的 Cmsis 库。

Middlewares/USB_Device_Library 组在磁盘上位于工程位置 Middlewares\ST\

STM32_USB_Device_Library，内容是中间件，包含实现为 HID 设备的数据和逻辑，它调用了低层外设驱动。中间件作为一组数据和逻辑，可以适应不同的底层平台。平台不同时，桥接为不同的低层驱动即可。工程位置 Middlewares\ST\STM32_USB_Device_Library\Class 内包含定义的设备类数据和逻辑，它将整个 USB 设备实现为仅一个 HID 接口的设备，配置描述符（包括接口描述符、设备类描述符、端点描述符等）、HID 报告描述符均包含在其中。工程位置 Middlewares\ST\STM32_USB_Device_Library\Core 内包含解析 USB 数据实现逻辑。

上述每个组对应的源代码放置风格有所不同，有的头文件和源文件置于相同路径，有的头文件置于 Inc 文件夹、源文件置于 Src 文件夹。工程中已存在的文件全部是需要编译的源代码，不包含头文件。下面将尊重既有的框架结构，将组内增加的源文件加入对应文件夹，头文件不加入工程中。虽然头文件未被包含在工程中，但它们仍然是必要的。

## 16.4 逻辑引用和类型定义

在菜单栏中选择 File→New 新建一个文本文件，在其中定义前文源代码中使用的基元类型，首次保存时需选择路径和文件名，将其保存于工程位置 Core\Inc 并命名为 platform. h。

逻辑引用直接包含第 12 章构造的源代码。在 Core\Inc 内新建 extern. h 文件，其中以 include 形式引用头文件（hid-composite. h，action. h）以及项目内的 platform. h，右击 Application\User\Core 组，在弹出的快捷菜单中选择 Add New Item to Group ‘Application/User/Core’，在弹出的窗口中选择 C File，位置选择工程位置 Core\Src、名称输入 extern. c，其中以 include 形式引用源文件（hid-composite. c，action. c）和同名头文件。

## 16.5 实现单个 HID 实例

在 Application/User/USB_DEVICE/Target 组 usbd_conf. c 的同名头文件 usbd_conf. h 中包含 HID 实例定义文件并定义 hidtag：

```
1.    /* USER CODE BEGIN INCLUDE */
2.    #include "extern.h"
3.    #define hidtag Keyboard
4.    /* USER CODE END INCLUDE */
```

**定义 HID 实例上下文并初始化：**在 Application/User/USB_DEVICE/App 组 usb_device. c 内对应的 USER CODE 段内分别定义 HidInstanceContext 对象、声明传入的输入报告方法，在 MX_USB_DEVICE_Init 方法内初始化该对象，其中传入的输入报告方法先不实现。

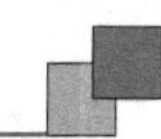

```
1.      * -- Insert your variables declaration here -
2.      */
3.     /* USER CODE BEGIN 0 */
4.     HidInstanceContext hidInstance;
5.     /* USER CODE END 0 */
       ……
1.     /* USER CODE BEGIN 1 */
2.     static Void onInputReport(Void* destination, Void const* buffer, UInt32 length)
3.     {
4.     }
5.
6.     /* USER CODE END 1 */
       ……
1.         /* USER CODE BEGIN USB_DEVICE_Init_PreTreatment */
2.         HidInstanceInitialize(&hidInstance, onInputReport, Null, Null);
3.         /* USER CODE END USB_DEVICE_Init_PreTreatment */
```

这时不能将该逻辑置于 CUSTOM_HID_Init_FS 方法内，因为前者仅在 USB 正常初始化后会被调用。以 HidKeyboardSendKeys 方法为例，我们设计的系统需要保证正常运行时均可正确调用 HidKeyboardSendKeys 方法，但它依赖 HidKeyboardInitialize 已完成。因此不能将 HidKeyboardInitialize 方法置于依赖 USB 正常连接的调用逻辑链内，必须在设备启动之初就完成 HidKeyboardInitialize 的调用。

**访问 HID 实例上下文：**在 Application/User/USB_DEVICE/App 组 usb_device.c 的同名头文件 usb_device.h 内声明 HID 实例上下文。

```
1.     extern HidInstanceContext hidInstance;
```

**调整配置描述符、接口描述符：**默认的代码区别对待全速、高速、其他速度设备，支持使用不同的配置描述符，这里使用完全相同的描述符。

在 Middlewares/USB_Device_Library 组 usbd_customhid.c 文件内删除 USBD_CUSTOM_HID_CfgHSDesc、USBD_CUSTOM_HID_OtherSpeedCfgDesc 数组，并删除访问它们的方法 USBD_CUSTOM_HID_GetHSCfgDesc、USBD_CUSTOM_HID_GetOtherSpeedCfgDesc（此处略过源代码）。随后将 USBD_CUSTOM_HID 初始化使用的 USBD_CUSTOM_HID_CfgHSDesc、USBD_CUSTOM_HID_OtherSpeedCfgDesc 替换为 USBD_CUSTOM_HID_CfgFSDesc。

```
1.     USBD_ClassTypeDef  USBD_CUSTOM_HID =
2.     {
3.         USBD_CUSTOM_HID_Init,
4.         USBD_CUSTOM_HID_DeInit,
5.         USBD_CUSTOM_HID_Setup,
6.         NULL, /* EP0_TxSent */
7.         USBD_CUSTOM_HID_EP0_RxReady, /* EP0_RxReady */ /* STATUS STAGE IN */
8.         USBD_CUSTOM_HID_DataIn, /* DataIn */
9.         USBD_CUSTOM_HID_DataOut,
10.        NULL, /* SOF */
11.        NULL,
12.        NULL,
```

```
13.         USBD_CUSTOM_HID_GetFSCfgDesc, //USBD_CUSTOM_HID_GetHSCfgDesc,
14.         USBD_CUSTOM_HID_GetFSCfgDesc,
15.         USBD_CUSTOM_HID_GetFSCfgDesc, //USBD_CUSTOM_HID_GetOtherSpeedCfgDesc,
16.         USBD_CUSTOM_HID_GetDeviceQualifierDesc,
17.     };
```

在 Middlewares/USB_Device_Library 组 usbd_customhid.c 的同名头文件 usbd_customhid.h 内变更 CUSTOM_HID_EPIN_SIZE 和 CUSTOM_HID_EPOUT_SIZE 的值定义，它们用于构造接口描述符。

```
1.      #define CUSTOM_HID_EPIN_SIZE            HidInstanceMaxInputReportSize
2.      #define CUSTOM_HID_EPOUT_SIZE           HidInstanceMaxOutputReportSize
```

在 Application/User/USB_DEVICE/Target 组 usbd_conf.c 的同名头文件 usbd_conf.h 内变更 USBD_CUSTOM_HID_REPORT_DESC_SIZE 的值定义，它用于构造接口描述符。

```
1.      #define USBD_CUSTOM_HID_REPORT_DESC_SIZE      sizeof( * HidInstanceGetReportDescriptor())
```

**替换报告描述符及数据行为：** 软件包提供的代码从 USB_DEVICE\App\usbd_custom_hid_if.c 将报告描述符和报告事件回调装入数据结构 USBD_CustomHID_fops_FS 并传入中间件实现功能，它仅支持一个 USB 接口，即一个 HID 实例；中间件在 Middlewares/USB_Device_Library 组 usbd_customhid.c 内接收这些数据，并已动态申请一段内存用于容纳一个数据结构 USBD_CUSTOM_HID_HandleTypeDef，其中包含了单个 HID 接口的状态信息和一个数据缓存。删除文件中的 CUSTOM_HID_ReportDesc_FS 数组，它原本用于承载报告描述符。这里将实施较大变更。

Application/User/USB_DEVICE/App 组 usbd_custom_hid_if.c 需要以 include 方式引用 usb_device.h。

Middlewares/USB_Device_Library 组 usbd_customhid.c 的同名头文件 usbd_customhid.h 内的数据结构 USBD_CustomHID_fops_FS 改为用于所有 HID 接口，以函数指针方式提供报告描述符，移除 Init 和 DeInit 函数指针，将报告事件分拆为输入报告、设置特征报告、获取特征报告事件，考虑到将来会应用于多个 HID 接口，每个方法均保留了 index 参数用于识别接口。

```
1.      typedef struct _USBD_CUSTOM_HID_Itf
2.      {
3.           Boolean ( * getReportDescriptor) (uint8_t index, Void * data, UInt16 capacity,
    UInt32 * length);
4.          Void( * output)(uint8_t index, Void const * data, UInt32 length);
5.          Boolean( * getFeature)(uint8_t index, UInt8 reportId, Void * data, UInt32 capacity,
    UInt32 * length);
6.          Boolean( * setFeature)(uint8_t index, UInt8 reportId, Void const * data, UInt32 length);
7.      //  uint8_t                         * pReport;
8.      //  int8_t ( * Init)(void);
9.      //  int8_t ( * DeInit)(void);
10.     //  int8_t ( * OutEvent)(uint8_t event_idx, uint8_t state);
11.     } USBD_CUSTOM_HID_ItfTypeDef;
```

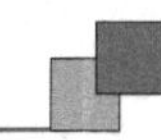

Application/User/USB_DEVICE/App 组 usbd_custom_hid_if.c 内实施相应变更。

```
1.  static Boolean getReportDescriptor(uint8_t index, Void * data, UInt16 capacity, UInt32
    * length)
2.  {
3.      uint32_t i;
4.      UInt8 const * source;
5.      UInt32 len;
6.
7.      len = sizeof( * HidInstanceGetReportDescriptor());
8.      source = (UInt8 const * )HidInstanceGetReportDescriptor();
9.      if (capacity < len)
10.     {
11.         return False;
12.     }
13.     for (i = 0; i < len; i++)
14.     {
15.         ((UInt8 * )data)[i] = source[i];
16.     }
17.     * length = len;
18.     return True;
19. }
20. static Void output(uint8_t index, Void const * data, UInt32 length)
21. {
22.     HidInstanceOutputReport(&hidInstance, data, length);
23. }
24. static Boolean getFeature(uint8_t index, UInt8 reportId, Void * data, UInt32 capacity,
    UInt32 * length)
25. {
26.     return HidInstanceGetFeatureReport(&hidInstance, reportId, data, capacity, length);
27. }
28. static Boolean setFeature(uint8_t index, UInt8 reportId, Void const * data, UInt32 length)
29. {
30.     return HidInstanceSetFeatureReport(&hidInstance, reportId, data, length);
31. }
```

……

```
1.  USBD_CUSTOM_HID_ItfTypeDef USBD_CustomHID_fops_FS =
2.  {
3.      getReportDescriptor,
4.      output,
5.      getFeature,
6.      setFeature,
7.  };
```

Middlewares/USB_Device_Library 组 usbd_customhid.c 的同名头文件 usbd_customhid.h 内的数据结构 USBD_CUSTOM_HID_HandleTypeDef 仍用于单个 HID 接口，将其中的缓存空间单独提取出用于所有 HID 接口。IsReportAvailable 字段原本用于记录报告数据状态，现替换为枚举类型以同时记录报告类型，并添加 index 和 reportId 字段，后文会提到其作用。

```
1.    typedef enum
2.    {
3.        Report_NotAvailable, Report_Feature, Report_Output
4.    }
5.    ReportType;
6.    typedef struct
7.    {
8.    //  uint8_t                 Report_buf[USBD_CUSTOMHID_OUTREPORT_BUF_SIZE];
9.        uint32_t                Protocol;
10.       uint32_t                IdleState;
11.       uint32_t                AltSetting;
12.       ReportType              reportType;
13.       uint8_t                 index;
14.       uint8_t                 reportId;
15.       CUSTOM_HID_StateTypeDef      state;
16.   }
17.   USBD_CUSTOM_HID_HandleTypeDef;
```

Middlewares/USB_Device_Library 组 usbd_customhid.c 内的数据结构 USBD_CUSTOM_HID_HandleTypeDef 实例不再由动态内存申请得到，改为独立的静态变量实现并显式初始化默认值。

```
1.    __ALIGN_BEGIN static uint8_t Report_buf[USBD_CUSTOMHID_OUTREPORT_BUF_SIZE] __ALIGN_END;
2.    static USBD_CUSTOM_HID_HandleTypeDef hidHandle;
```

……

```
1.        hidHandle.Protocol = 0;
2.        hidHandle.IdleState = 0;
3.        hidHandle.AltSetting = 0;
4.        hidHandle.reportType = Report_NotAvailable;
5.        hidHandle.index = 0;
6.        hidHandle.reportId = 0;
7.        hidHandle.state = CUSTOM_HID_IDLE;
8.        pdev->pClassData = &hidHandle;
9.    //  pdev->pClassData = USBD_malloc(sizeof(USBD_CUSTOM_HID_HandleTypeDef));
```

……

```
1.    //    USBD_free(pdev->pClassData);
```

Middlewares\ST\STM32_USB_Device_Library\Class\CustomHID\Src\usbd_customhid.c 内移除所有对数据结构 USBD_CUSTOM_HID_ItfTypeDef 的 Init、DeInit 字段调用，暂时移除 OutEvent 字段的调用。原有的报告描述符相关逻辑改为填充至指定位置后返回。

```
1.            if (((USBD_CUSTOM_HID_ItfTypeDef *)pdev->pUserData)->getReportDescriptor
   (req->wIndex & 0xff, Report_buf, sizeof(Report_buf), &t) == False)
2.            {
3.                USBD_CtlError(pdev, req);
4.                ret = USBD_FAIL;
5.                break;
6.            }
```

```
7.            len = MIN((uint16_t)t, req->wLength);
8.            pbuf = Report_buf;
9.    //          len = MIN(USBD_CUSTOM_HID_REPORT_DESC_SIZE, req->wLength);
10.   //          pbuf = ((USBD_CUSTOM_HID_ItfTypeDef *)pdev->pUserData)->pReport;
```

由于 USB 的串行传输特性，所有的缓存都可以使用相同的内存空间 Report_buf，前提是任何场景它都足够大。此处暂时先将它声明为固定长度的空间，现在 USBD_CUSTOMHID_OUTREPORT_BUF_SIZE 宏将不再有用，可以删除。

```
1.    __ALIGN_BEGIN static uint8_t Report_buf[0x1000] __ALIGN_END;
```

**调整控制传输的数据行为：**控制传输可以实现获取特征报告、设置特征报告、输出报告，它们都实现于 Middlewares/USB_Device_Library 组 usbd_customhid.c。

获取特征报告行为需要在 USBD_CUSTOM_HID_Setup 方法内添加分支，在平行于 CUSTOM_HID_REQ_SET_REPORT 分支的位置添加分支 CUSTOM_HID_REQ_GET_REPORT，并在其中调用数据结构 USBD_CUSTOM_HID_ItfTypeDef 的 getFeature 方法。

```
1.        case CUSTOM_HID_REQ_GET_REPORT:
2.            if ((req->wValue >> 8) == 0x03) // Feature
3.            {
4.                if (((USBD_CUSTOM_HID_ItfTypeDef *)pdev->pUserData)->getFeature(req->
    wIndex & 0xff, req->wValue & 0xff, Report_buf, sizeof(Report_buf), &t) != False)
5.                {
6.                    USBD_CtlSendData(pdev, Report_buf, (uint16_t)t);
7.                    break;
8.                }
9.            }
10.            USBD_CtlError(pdev, req);
11.            ret = USBD_FAIL;
12.            break;
```

设置特征报告和输出报告需要调整 USBD_CUSTOM_HID_Setup 方法内的 CUSTOM_HID_REQ_SET_REPORT 分支和 USBD_CUSTOM_HID_EP0_RxReady 方法，前者启动数据事务时发生，后者完成数据传输后发生。在启动数据事务时须记录报告类型、接口索引、报告 ID。

```
1.        case CUSTOM_HID_REQ_SET_REPORT:
2.            switch (req->wValue >> 8)
3.            {
4.            case 0x02: // Output
5.                hhid->reportType = Report_Output;
6.                hhid->index = req->wIndex & 0xff;
7.                break;
8.            case 0x03: // Feature
9.                hhid->reportType = Report_Feature;
10.                hhid->index = req->wIndex & 0xff;
11.                hhid->reportId = req->wValue & 0xff;
12.                break;
```

```
13.             default:
14.                 hhid->reportType = Report_NotAvailable;
15.                 break;
16.             }
17.     USBD_CtlPrepareRx(pdev, Report_buf, req->wLength);
18.     break;
```

……

```
1.      static uint8_t USBD_CUSTOM_HID_EP0_RxReady(USBD_HandleTypeDef * pdev)
2.      {
3.          USBD_CUSTOM_HID_HandleTypeDef * hhid = (USBD_CUSTOM_HID_HandleTypeDef * )pdev->
    pClassData;
4.
5.          switch (hhid->reportType)
6.          {
7.          case Report_NotAvailable:
8.              break;
9.          case Report_Feature:
10.             if (((USBD_CUSTOM_HID_ItfTypeDef * )pdev->pUserData)->setFeature(hhid->in-
    dex, hhid->reportId, Report_buf, pdev->ep0_data_len) == False)
11.             {
12.                 return USBD_FAIL;
13.             }
14.             break;
15.         case Report_Output:
16.             ((USBD_CUSTOM_HID_ItfTypeDef * )pdev->pUserData)->output(hhid->index, Re-
    port_buf, pdev->ep0_data_len);
17.             break;
18.         }
19.         hhid->reportType = Report_NotAvailable;
20.
21.         return USBD_OK;
22.     }
```

**调整中断输出数据行为：**中断输出的数据用作输出报告，实现于 Middlewares\ST\STM32_USB_Device_Library\Class\CustomHID\Src\usbd_customhid.c。调整 USBD_CUSTOM_HID_DataOut 方法的实现。①

```
1.      static uint8_t  USBD_CUSTOM_HID_DataOut(USBD_HandleTypeDef * pdev,
2.                                              uint8_t epnum)
3.      {
4.
5.          ((USBD_CUSTOM_HID_ItfTypeDef * )pdev->pUserData)->output(0, Report_buf,USBD_LL_
    GetRxDataSize(pdev, epnum));
6.
```

① 在调用 USBD_LL_PrepareReceive 时将 size 参数设置为输入报告大小的最大值，依据芯片特性，中断输出端点传输的数据不足此数值时不会触发数据接收完成事件。因此，如果单个 HID 实例内存在多个大小不同的输出报告，则该方法不能实现目的。

```
7.          USBD_LL_PrepareReceive(pdev, CUSTOM_HID_EPOUT_ADDR, Report_buf,CUSTOM_HID_EPOUT_SIZE);
8.
9.          return USBD_OK;
10.     }
```

**调整中断输入数据行为：**默认的代码一次只能发送一个数据包，短时间内多次调用则后续的数据包可能被丢弃。我们将为其实现一个队列，用于容纳多个数据包，并且在一包数据发送完成时立即启动后续的数据传输。

在 Application/User/USB_DEVICE/App 组 usbd_custom_hid_if.c 内实现 USBD_SendReport，并声明于同名头文件中。

```
1.     void USBD_SendReport(void const * report, uint16_t len)
2.     {
3.         USBD_CUSTOM_HID_SendReport(&hUsbDeviceFS, (uint8_t *)report, len);
4.     }
```

在 Middlewares/USB_Device_Library 组 usbd_customhid.c 内声明一个队列，改写 USBD_CUSTOM_HID_SendReport 方法使其调用队列，改写 USBD_CUSTOM_HID_DataIn 方法使数据发送完成时启动后续数据传输。

定义一个数据结构实现队列及其访问方法。这里使用了链表形式的队列，实现了多个端点共享一个队列，同时不会因为某个端点未被主机轮询而导致其他端点的数据被阻塞在队列内。其中的 tag 参数将用于区分待发送数据对应的 USB 实例。为了避免某个 USB 实例数据堆积造成整个队列被阻塞，代码中限定了相同 tag 占用的最大元素数量，超过此数量则丢弃当前数据。实际上，队列空间不足时丢弃最早的数据是更合理的设计，但丢弃当前数据是最简单的实现方法，这部分逻辑不是本书阐述的重点，因此选择简单的方法。

```
1.     typedef struct _Fifo
2.     {
3.         UInt8 first;
4.         struct _Node
5.         {
6.             enum _NodeState
7.             {
8.                 NodeState_Idle, NodeState_Queued, NodeState_Pending,
9.             } state;
10.            UInt8 next;
11.            UInt8 tag;
12.            union
13.            {
14.                UInt32 dummy;
15.                uint8_t data[HidInstanceMaxInputReportSize < 1 ? 1 : HidInstanceMaxInpu-
    tReportSize];
16.            } aligned;
17.            UInt16 length;
18.        } elements[8];
19.    }
20.    Fifo;
```

```
21.    #define MAX_ELEMENT_COUNT_SAME_TAG_IN_FIFO  5
22.
23.    static Void fifoInitialize(Fifo * fifo)
24.    {
25.        UInt32 i;
26.
27.        fifo->first = sizeof(fifo->elements) / sizeof(fifo->elements[0]);
28.        for (i = 0; i < sizeof(fifo->elements) / sizeof(fifo->elements[0]); i++)
29.        {
30.            fifo->elements[i].state = NodeState_Idle;
31.        }
32.    }
33.    static Void fifoPushback(Fifo * fifo, UInt8 tag, UInt8 const * data, UInt16 length)
34.    {
35.        UInt8 * last;
36.        UInt8 i, j;
37.
38.        for (i = 0; i < sizeof(fifo->elements) / sizeof(fifo->elements[0]); i++)
39.        {
40.            if (fifo->elements[i].state == NodeState_Idle)
41.            {
42.                break;
43.            }
44.        }
45.        if (i >= sizeof(fifo->elements) / sizeof(fifo->elements[0]))
46.        {
47.            return;
48.        }
49.        if (length > sizeof(fifo->elements[i].aligned.data))
50.        {
51.            return;
52.        }
53.        last = &fifo->first;
54.        j = 0;
55.        while ((*last) < sizeof(fifo->elements) / sizeof(fifo->elements[0]))
56.        {
57.            if (fifo->elements[*last].tag == tag)
58.            {
59.                j++;
60.            }
61.            last = &fifo->elements[*last].next;
62.        }
63.        if (j >= MAX_ELEMENT_COUNT_SAME_TAG_IN_FIFO)
64.        {
65.            return;
66.        }
67.        *last = i;
68.        fifo->elements[i].state = NodeState_Queued;
69.        fifo->elements[i].next = sizeof(fifo->elements) / sizeof(fifo->elements[0]);
70.        fifo->elements[i].tag = tag;
```

```
71.         for (j = 0; j < length; j + + )
72.         {
73.             fifo ->elements[i].aligned.data[j] = data[j];
74.         }
75.         fifo ->elements[i].length = length;
76.     }
77.     static Void fifoPeek(Fifo * fifo, UInt8 tag, UInt8 const * * data, UInt16 * length)
78.     {
79.         UInt8 search;
80.
81.         search = fifo ->first;
82.         while (search < sizeof(fifo ->elements) / sizeof(fifo ->elements[0]))
83.         {
84.             if (fifo ->elements[search].tag = = tag)
85.             {
86.                 if (fifo ->elements[search].state = = NodeState_Queued)
87.                 {
88.                     fifo ->elements[search].state = NodeState_Pending;
89.                      * data = fifo ->elements[search].aligned.data;
90.                      * length = fifo ->elements[search].length;
91.                     return;
92.                 }
93.             }
94.             search = fifo ->elements[search].next;
95.         }
96.          * data = Null;
97.          * length = 0;
98.     }
99.     static Void fifoRemove(Fifo * fifo, UInt8 tag)
100.    {
101.        UInt8 * search;
102.
103.        search = &fifo ->first;
104.        while (( * search) < sizeof(fifo ->elements) / sizeof(fifo ->elements[0]))
105.        {
106.            if (fifo ->elements[ * search].tag = = tag)
107.            {
108.              if (fifo ->elements[ * search].state = = NodeState_Pending)
109.              {
110.                  fifo ->elements[ * search].state = NodeState_Idle;
111.                     * search = fifo ->elements[ * search].next;
112.                    return;
113.                }
114.            }
115.            search = &fifo ->elements[ * search].next;
116.        }
117.    }
118.
119.    static Fifo inputFifo;
```

在 USBD_CUSTOM_HID_Init 方法内设置初始化该队列。

```
1.    fifoInitialize(&inputFifo);
```

改写 USBD_CUSTOM_HID_SendReport 方法和 USBD_CUSTOM_HID_DataIn 使其调用队列。其中运行逻辑要运行在禁用 USB 中断时，以避免主循环和中断同时访问数据造成的逻辑错误，同时 USB 中断对响应延迟不敏感，队列相关全部逻辑运行时禁用中断不会影响正常工作。此外，还需注意数据传输完成前不应将元素从队列中移除，否则在该位置写入新的数据可能导致传输数据错误。此时调用方法中的 tag 参数都使用零值。

```
1.    uint8_t USBD_CUSTOM_HID_SendReport(USBD_HandleTypeDef  * pdev,
2.                                       uint8_t * report,
3.                                       uint16_t len)
4.    {
5.        USBD_CUSTOM_HID_HandleTypeDef * hhid = (USBD_CUSTOM_HID_HandleTypeDef * )pdev ->
  pClassData;
6.        uint8_t const * data;
7.        uint16_t length;
8.        uint32_t flag;
9.
10.       flag = NVIC_GetEnableIRQ(USB_IRQn);
11.       NVIC_DisableIRQ(USB_IRQn);
12.       if (pdev ->dev_state = = USBD_STATE_CONFIGURED)
13.       {
14.           fifoPushback(&inputFifo, 0, report, len);
15.           if (hhid ->state = = CUSTOM_HID_IDLE)
16.           {
17.               hhid ->state = CUSTOM_HID_BUSY;
18.               fifoPeek(&inputFifo,0, &data, &length);
19.               USBD_LL_Transmit(pdev, CUSTOM_HID_EPIN_ADDR, (uint8_t * )data, length);
20.           }
21.       }
22.       if (flag ! = 0)
23.       {
24.           NVIC_EnableIRQ(USB_IRQn);
25.       }
26.       return USBD_OK;
27.   }
```

……

```
1.    static uint8_t  USBD_CUSTOM_HID_DataIn(USBD_HandleTypeDef * pdev,
2.                                           uint8_t epnum)
3.    {
4.        uint8_t const * data;
5.        uint16_t length;
6.        uint32_t flag;
7.
8.        flag = NVIC_GetEnableIRQ(USB_IRQn);
9.        NVIC_DisableIRQ(USB_IRQn);
```

```
10.         fifoRemove(&inputFifo, 0);
11.         fifoPeek(&inputFifo,0, &data, &length);
12.         if (data != NULL)
13.         {
14.             USBD_LL_Transmit(pdev, CUSTOM_HID_EPIN_ADDR, (uint8_t *)data, length);
15.         }
16.         else
17.         {
18.             ((USBD_CUSTOM_HID_HandleTypeDef *)pdev->pClassData)->state = CUSTOM_HID_IDLE;
19.         }
20.         if (flag != 0)
21.         {
22.             NVIC_EnableIRQ(USB_IRQn);
23.         }
24.         return USBD_OK;
25.     }
```

调整后的方法同时降低了调用限制，调用完成后传入的地址就可以用于其他用途（例如下一包待传输的数据）；相对应的，调整之前的代码在调用发送之后、发送完成之前不应修改对应地址中的数据。

**调用中断输入方法：**实现 Application/User/USB_DEVICE/App 组 usb_device.c 内初始化 HID 实例时的传入方法。

```
1.     static Void onInputReport(Void * destination, Void const * buffer, UInt32 length)
2.     {
3.         USBD_SendReport(buffer, (uint16_t)length);
4.     }
```

**定义合适的缓存空间：**前文比较随意地定义了 Report_buf 占用的空间，实际上它需要容纳的数据包括输出报告、特征报告、报告描述符，因此只要取其中最大值定义即可。考虑到不可定义零长度数组，所以可能为零的数值限定最小值为 1。

```
1.     typedef union
2.     {
3.         uint8_t fo[HidInstanceMaxOutputReportSize < 1 ? 1 : HidInstanceMaxOutputReportSize];
4.         uint8_t ff[HidInstanceMaxFeatureReportSize < 1 ? 1 : HidInstanceMaxFeatureReportSize];
5.         uint8_t frd[sizeof( * HidInstanceGetReportDescriptor())];
6.     }
7.     BufferType;
8.     __ALIGN_BEGIN static uint8_t Report_buf[sizeof(BufferType)] __ALIGN_END;
```

**修正一些软件包的代码缺陷：**自动代码存在一些缺陷，在默认情形下不影响使用，但场景复杂度提高时可能影响使用。

自动代码不支持超过 255 B 的配置描述符、HID 报告描述符和报告数据包，原因是以上数值在 USB 定义中以 2 B 描述，但代码中总是将高字节数值设为零。在 Middlewares/USB_Device_Library 组 usbd_customhid.c 内改写描述符内对 USB_CUSTOM_HID_CONFIG_DESC_SIZ、USBD_CUSTOM_HID_REPORT_DESC_SIZE（配置描述符、接口描述符内各一次）、CUSTOM_HID_EPIN_SIZE、CUSTOM_HID_EPOUT_SIZE 的引用。

```
1.    LOBYTE(USB_CUSTOM_HID_CONFIG_DESC_SIZ) USB_CUSTOM_HID_CONFIG_DESC_SIZ,
2.    /* wTotalLength: Bytes returned */
3.    HIBYTE(USB_CUSTOM_HID_CONFIG_DESC_SIZ)0x00,
```

……

```
1.    LOBYTE(USBD_CUSTOM_HID_REPORT_DESC_SIZE)USBD_CUSTOM_HID_REPORT_DESC_SIZE,/* wItem-
      Length: Total length of Report descriptor */
2.    HIBYTE(USBD_CUSTOM_HID_REPORT_DESC_SIZE) 0,
```

……

```
1.    LOBYTE(CUSTOM_HID_EPIN_SIZE)CUSTOM_HID_EPIN_SIZE, /* wMaxPacketSize: 2 Byte max */
2.    HIBYTE(CUSTOM_HID_EPIN_SIZE)0x00,
```

……

```
1.    LOBYTE(CUSTOM_HID_EPOUT_SIZE) CUSTOM_HID_EPOUT_SIZE,   /* wMaxPacketSize: 2 Bytes max   */
2.    HIBYTE(CUSTOM_HID_EPOUT_SIZE) 0x00,
```

自动代码对接口数量判断有误，在 Middlewares/USB_Device_Library 组 usbd_ctlreq.c 中可见引用 USBD_MAX_NUM_INTERFACES 的代码。由于接口索引从零开始计数，因此用于判定接口索引范围的符号应当不含数值相等条件。

```
1.    //          if (LOBYTE(req->wIndex) <= USBD_MAX_NUM_INTERFACES)
2.              if (LOBYTE(req->wIndex) < USBD_MAX_NUM_INTERFACES)
```

此时插入 USB 可识别键盘设备，如果将 usbd_conf.h 内的 hidtag 变更为 MultiTouch，则可识别出 5 点触摸设备。

## 16.6 实现复合 HID 设备

在以上基础上，将对应一个 HID 实例的资源、逻辑改为使用 FOREACH_HID_INSTANCE 为每个 HID 实例实施一组。

在 Middlewares/USB_Device_Library 组 usbd_customhid.c 的同名头文件 usbd_customhid.h 中改变宏的数值定义，部分常数宏改为带参数宏。

```
1.    #define CUSTOM_HID_EPIN_ADDR(index)          (0x80 | ((index) + 1))
2.    #define CUSTOM_HID_EPIN_SIZE(tag)            HidMaxInputReportSize(tag)
3.    #define CUSTOM_HID_EPOUT_ADDR(index)         (0x00 | ((index) + 1))
4.    #define CUSTOM_HID_EPOUT_SIZE(tag)           HidMaxOutputReportSize(tag)
5.    #define USB_CUSTOM_HID_CONFIG_DESC_SIZ       (HID_INSTANCE_COUNT * 32 + 9)
```

在 Application/User/USB_DEVICE/Target 组 usbd_conf.c 的同名头文件 usbd_conf.h 中有类似变更。

```
1.    #define USBD_MAX_NUM_INTERFACES      HID_INSTANCE_COUNT
2.    #define USBD_CUSTOM_HID_REPORT_DESC_SIZE(_tag)      sizeof(*HidGetReportDescriptor(_tag)())
```

对所有引用以上宏的代码做相应变更，所有变更都集中在 Application/User/USB_DEVICE/Target 组 usbd_conf.c、Middlewares/USB_Device_Library 组 usbd_customhid.c、Application/User/USB_DEVICE/App 组 usbd_custom_hid_if.c、Application/User/USB_DEVICE/App 组 usb_device.c 及其同名头文件内。

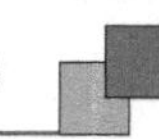

usbd_conf.c 内在 USBD_LL_Init 方法中为每个端点(包括端点 0 和每个 HID 实例的一个双向传输端点)在专用空间内分配存储(缓存)空间，该空间长度共计 1 KB，其中包括为端点分配的缓存，也包括配置端点的描述符，每个端点的描述符占用 8 B。每个端点每个方向都需分配对应的存储，并且分配的存储位置需按 2 B 对齐。

```
1.          uint32_t pmaaddress;
2.
3.          pmaaddress = (HID_INSTANCE_COUNT + 1) * 8;
4.          HAL_PCDEx_PMAConfig((PCD_HandleTypeDef *)pdev->pData , 0x00 , PCD_SNG_BUF, pmaaddress);
5.          pmaaddress + = USB_MAX_EP0_SIZE;
6.          HAL_PCDEx_PMAConfig((PCD_HandleTypeDef *)pdev->pData , 0x80 , PCD_SNG_BUF, pmaaddress);
7.          pmaaddress + = USB_MAX_EP0_SIZE;
8.
9.      #define HID_LOCAL_STATEMENT(_index,_tag) \
10.         HAL_PCDEx_PMAConfig((PCD_HandleTypeDef *)pdev->pData , CUSTOM_HID_EPIN_ADDR(_in-
     dex), PCD_SNG_BUF, pmaaddress); \
11.         pmaaddress + = (CUSTOM_HID_EPIN_SIZE(_tag) + 1) / 2 * 2; \
12.         HAL_PCDEx_PMAConfig((PCD_HandleTypeDef *)pdev->pData , CUSTOM_HID_EPOUT_ADDR(_
     index), PCD_SNG_BUF, pmaaddress); \
13.         pmaaddress + = (CUSTOM_HID_EPOUT_SIZE(_tag) + 1) / 2 * 2;
14.     FOREACH_HID_INSTANCE(HID_LOCAL_STATEMENT)
15.     #undef HID_LOCAL_STATEMENT
16.     //  HAL_PCDEx_PMAConfig((PCD_HandleTypeDef *)pdev->pData , 0x00 , PCD_SNG_BUF, 0x18);
17.     //  HAL_PCDEx_PMAConfig((PCD_HandleTypeDef *)pdev->pData , 0x80 , PCD_SNG_BUF, 0x58);
18.     //  HAL_PCDEx_PMAConfig((PCD_HandleTypeDef *)pdev->pData , CUSTOM_HID_EPIN_ADDR ,
            PCD_SNG_BUF, 0x98);
19.     //  HAL_PCDEx_PMAConfig((PCD_HandleTypeDef *)pdev->pData , CUSTOM_HID_EPOUT_ADDR ,
            PCD_SNG_BUF, 0xD8);
```

usbd_customhid.c 内变更定义的配置描述符、接口描述符，其中变更了配置描述符内的接口数量和每个接口、端点、设备类描述符中描述的接口索引数值、端点地址、报告描述符长度、报告数据包长度等。

```
1.      #define USBD_CUSTOM_HID_DESC(_index,_tag) \
2.              9, USB_DESC_TYPE_INTERFACE, (_index), 0, 2, 3, 0, 0, 0,
3.      __ALIGN_BEGIN static uint8_t USBD_CUSTOM_HID_CfgFSDesc[USB_CUSTOM_HID_CONFIG_DESC_
     SIZ] __ALIGN_END =
4.      {
5.          0x09, /* bLength: Configuration Descriptor size */
6.          USB_DESC_TYPE_CONFIGURATION, /* bDescriptorType: Configuration */
7.          LOBYTE(USB_CUSTOM_HID_CONFIG_DESC_SIZ),
8.          /* wTotalLength: Bytes returned */
9.          HIBYTE(USB_CUSTOM_HID_CONFIG_DESC_SIZ),
10.         HID_INSTANCE_COUNT,
11.         0x01,          /* bConfigurationValue: Configuration value */
12.         0x00,          /* iConfiguration: Index of string descriptor describing
13.         the configuration */
14.         0xC0,          /* bmAttributes: bus powered */
15.         0x32,          /* MaxPower 100 mA: this current is used for detecting Vbus */
16.
```

```
17.    #define HID_LOCAL_STATEMENT(_index,_tag)    \
18.        USBD_CUSTOM_HID_DESC(_index, tag) \
19.        9, CUSTOM_HID_DESCRIPTOR_TYPE, 0x11, 1, 0, 1, 0x22, LOBYTE(USBD_CUSTOM_HID_REPORT_
   DESC_SIZE(_tag)), HIBYTE(USBD_CUSTOM_HID_REPORT_DESC_SIZE(_tag)), \
20.        7, USB_DESC_TYPE_ENDPOINT, CUSTOM_HID_EPIN_ADDR(_index),3, LOBYTE(CUSTOM_HID_
   EPIN_SIZE(_tag)), HIBYTE(CUSTOM_HID_EPIN_SIZE(_tag)), CUSTOM_HID_FS_BINTERVAL, \
21.        7, USB_DESC_TYPE_ENDPOINT, CUSTOM_HID_EPOUT_ADDR(_index),3, LOBYTE(CUSTOM_HID_
   EPIN_SIZE(_tag)), HIBYTE(CUSTOM_HID_EPIN_SIZE(_tag)), CUSTOM_HID_FS_BINTERVAL,
22.        FOREACH_HID_INSTANCE(HID_LOCAL_STATEMENT)
23.        #undef HID_LOCAL_STATEMENT
24.    };
```

……

```
1.     static struct
2.     {
3.         __ALIGN_BEGIN uint8_t data[USB_CUSTOM_HID_DESC_SIZ] __ALIGN_END;
4.     }
5.     USBD_CUSTOM_HID_Desc[] =
6.     {
7.     #define HID_LOCAL_STATEMENT(_index, _tag)    { { USBD_CUSTOM_HID_DESC(_index, _tag) } },
8.     FOREACH_HID_INSTANCE(HID_LOCAL_STATEMENT)
9.     #undef HID_LOCAL_STATEMENT
10.    };
```

usbd_customhid.c 内调整输入报告的实现方式。USBD_CUSTOM_HID_SendReport 参数中添加 index 以表示 HID 实例索引，USBD_CUSTOM_HID_SendReport 方法 USBD_CUSTOM_HID_DataIn 方法访问输入队列时使用端点地址作为队列元素的 tag 值。需要注意源代码中识别端点的变量 epnum、ep_addr 等定义不完全一致①，差异在于表示传输方向的最高位，唯一可确定的是自动生成的代码是可用的。因此，端点地址用作队列的 tag 值时要取低位，并且向库代码传递参数时附加最高位。

usb_device.c 将单个 HID 实例改为多个 HID 实例定义，并在 usb_device.h 内同步变更其声明。MX_USB_DEVICE_Init 方法内对 HID 实例的初始化也改为多个初始化调用，其中回调方法中的 destination 直接用作 HID 实例索引数值。

```
1.     #define HID_LOCAL_STATEMENT(_index, _tag)    HidContext(_tag) hidInstance ## _index;
2.     FOREACH_HID_INSTANCE(HID_LOCAL_STATEMENT)
3.     #undef HID_LOCAL_STATEMENT
```

……

```
1.     static Void onInputReport(Void * destination, Void const * buffer, UInt32 length)
2.     {
3.         USBD_SendReport((uint8_t)(int)destination, buffer, (uint16_t)length);
4.     }
5.     void MX_USB_DEVICE_Init(void)
6.     {
```

① 名为 epnum 的参数有时注释为 endpoint index，有时注释为 Endpoint number；名为 ep_addr 的参数有时注释为 end point address，有时注释为 Endpoint number。

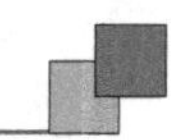

```
7.         /* USER CODE BEGIN USB_DEVICE_Init_PreTreatment */
8.     #define HID_LOCAL_STATEMENT(_index, _tag)     HidInitialize(_tag)(&hidInstance ## _
    index, onInputReport, Null, (Void *)(int)_index);
9.     FOREACH_HID_INSTANCE(HID_LOCAL_STATEMENT)
10.     #undef HID_LOCAL_STATEMENT
```

usbd_custom_hid_if.c 内更改 getReportDescriptor、output、getFeature、setFeature 方法使其将信息转发至对应 HID 实例。其中需要 switch-case 形式的识别，依其展开形式改写为基于 FOREACH_HID_INSTANCE 宏的实现方式。以下仅以 getFeature 为例，其他类似。

```
1.     static Boolean getFeature(uint8_t index, UInt8 reportId, Void * data, UInt32 capacity,
UInt32 * length)
2.     {
3.         switch (index)
4.         {
5.     #define HID_LOCAL_STATEMENT(_index, _tag) \
6.         case _index: \
7.             return HidGetFeatureReport(_tag)(&hidInstance ## _index, reportId, data, ca-
    pacity, length);
8.     FOREACH_HID_INSTANCE(HID_LOCAL_STATEMENT)
9.     #undef HID_LOCAL_STATEMENT
10.        }
11.        return False;
12.    }
```

在此基础上删除 hidtag 定义后，在编译错误的代码位置将其改为正确逻辑即可，包括 usbd_customhid.c 内变更 USBD_CUSTOM_HID_Init 方法、USBD_CUSTOM_HID_DeInit 方法中对端点的操作；变更 USBD_CUSTOM_HID_DataOut 方法中转发数据至对应的 HID 实例的操作；调整用于缓存数据的 Report_buf 长度使其可容纳所有输出报告、特征报告、报告描述符；用于输入队列的单个元素长度，使其可容纳所有输入报告。

细节请参考源代码 $\source\STM32F072B－Disco。

## 16.7　平台调用

在 Application/User/Core 组新建源文件 local.c 及其头文件 local.h，用于实现和声明用户交互逻辑。使用时钟 TIM2 实现。

本节使用一个时钟 TIM2 实现计时，其时钟源为 APB1 时钟，即 48 MHz，预分频至 100 kHz，以 16 位方式循环递增计数。一个循环周期计数器更新 65 536 次，每次更新间隔为 10 μs，周期时间为 65 536×10 μs＝655.36 ms。实现时只需以小于时钟周期 655.36 μs 的间隔更新数值即可。每次更新均获取计数值，并将该值与上次的计数值差值累加入当前时刻值，它的精度为 10 μs。

**获取当前时刻**：更新上述计数值并将当前时刻值返回。

**平移时刻**：使用基准时刻数值附加待平移的时间，并将时间换算为计数值。

**获取时间差**：使用基准时刻和当前时刻差值，并将计数值换算为时间。

**挂起系统**：从不休眠，并在有机会时立即更新当前时刻值。

```
1.  #include < stm32f0xx_ll_tim.h >
2.  #include < stm32f0xx_ll_rcc.h >
3.
4.  static UInt16 counter;
5.  static Time total;
6.
7.  static void update(void)
8.  {
9.      UInt16 _counter;
10.
11.     _counter = LL_TIM_GetCounter(TIM2);
12.     total += (UInt16)(_counter - counter);
13.     counter = _counter;
14. }
15. Void LocalInitialize(void)
16. {
17.     LL_RCC_ClocksTypeDef rcc;
18.     LL_TIM_InitTypeDef TIM_InitStruct = {0};
19.
20.     LL_RCC_GetSystemClocksFreq(&rcc);
21.
22.     TIM_InitStruct.Prescaler = rcc.PCLK1_Frequency / 100000 - 1;     // 10us
23.     TIM_InitStruct.CounterMode = LL_TIM_COUNTERMODE_UP;
24.     TIM_InitStruct.Autoreload = (UInt16) - 1;
25.     TIM_InitStruct.ClockDivision = LL_TIM_CLOCKDIVISION_DIV1;
26.     LL_TIM_Init(TIM2, &TIM_InitStruct);
27.     LL_TIM_DisableARRPreload(TIM2);
28.     LL_TIM_SetClockSource(TIM2, LL_TIM_CLOCKSOURCE_INTERNAL);
29.     LL_TIM_SetTriggerOutput(TIM2, LL_TIM_TRGO_RESET);
30.     LL_TIM_DisableMasterSlaveMode(TIM2);
31.
32.     total = 0;
33.     counter = 0;
34.     LL_TIM_EnableCounter(TIM2);
35. }
36. Time LocalGetTimeNow(void)
37. {
38.     update();
39.     return total;
40. }
41. Time LocalIncreaseTime(Time base, UInt32 timeSpan)
42. {
43.     update();
44.     return base + 100 * timeSpan;
45. }
46. UInt32 LocalGetTimeSpan(Time base)
47. {
48.     update();
```

```
49.         return (UInt32)(total - base) / 100;
50.     }
51.     void LocalIdle(UInt32 maxTimeSpan)
52.     {
53.             update();
54.     }
```

这里不能通过配置 SysTick 实现,因其已被用作全局计时并已被 USB 实现组件调用。

## 16.8 模拟用户行为

在 Application/User/Core 组新建源文件 application.c 并生成其头文件 application.h,用于实现和声明用户交互逻辑。所有的用户交互只实现一个按键和一个指示灯。

对应的引脚配置已经由软件包生成的代码实现,因此无需在模块初始化方法内做任何事,只需在其他方法内调用框架提供的相关方法即可。

```
1.      #include < stm32f0xx_hal_gpio.h >
2.
3.      void ApplicationInitialize(void)
4.      {
5.      }
6.      int ApplicationGetButton(void)
7.      {
8.          return (HAL_GPIO_ReadPin(B1_GPIO_Port, B1_Pin)! = GPIO_PIN_RESET) ? 1 : 0;
9.      }
10.     void ApplicationSetIndicator(int state)
11.     {
12.         if (state != 0)
13.         {
14.             HAL_GPIO_WritePin(LD3_GPIO_Port, LD3_Pin, GPIO_PIN_SET);
15.         }
16.         else
17.         {
18.             HAL_GPIO_WritePin(LD3_GPIO_Port, LD3_Pin, GPIO_PIN_RESET);
19.         }
20.     }
```

在 main.c 内实现方法 simulate,实现为检测到按键按下后启动模拟用户行为。它由 main 方法调用并工作在一个无限循环内。调用 simulate 所需的参数及其依赖的指针请读者自行构造。

```
1.      static void simulate(HidCompositeHandle const * hidComposite)
2.      {
3.          while (ApplicationGetButton() == 0)
4.          {
5.          }
6.          Act(&platformInvoker, hidComposite);
7.      }
```

完整的实现源代码参考 $\source\STM32F072B - Disco。

# 第17章

# Stm32F207 USB（Stm32CubeIDE）

本章实现一个用于 Stm32F207 芯片的固件，实现 USB HID 复合设备，其中 Stm32F207 是 ST 公司提供的一款 Cortex-M3 内核的芯片。使用的硬件是 Nucleo-F207ZG，它是 ST 公司提供的一个开发板。使用该芯片内的 OTG_FS 外设驱动 USB 接口，它能实现为 USB 主机、USB 设备或 USB OTG，本章将其实现为 USB 设备。

## 17.1 开发环境

使用 Stm32CubeIDE 作为集成开发环境，它由 ST 公司提供，基于 Eclipse 实现。Stm32CubeIDE 默认多线程编译、速度较快；支持跨平台开发；对于熟悉 Eclipse 的开发者进一步降低了入门门槛。

生成代码模块对资源的依赖与 Stm32CubeMX 完全相同，均由嵌入式软件包（embedded software package）实现。事实上，Stm32CubeMX 的主要功能是以组件的形式集成入 Stm32CubeIDE 的。首次安装或添加新工程时尽量在联网状态下使用，它可能需要在线更新一些数据库内容。虽然基于 Eclipse，但它独立包含运行所需的 Java 组件，无需额外安装、配置，也不会和系统已有的 Java 环境发生冲突。

Stm32CubeIDE 和嵌入式软件包都可在 ST 公司的官方网站得到，用户可以免费使用。

## 17.2 基本组件和配置

首次启动集成开发环境需要指派一个工作区（Workspace）路径，读者可以根据自己的需求选择，一个工作区内可存在多个工程项目（Project）。

进入主界面后选择 Help→Manage embedded software packages；在弹出的窗口中单击左下角的“From local...”，选择已下载的嵌入式软件包 stm32cube_fw_f2_v190。这里也可以不安装嵌入式软件包，因为在新建工程时如果需要的嵌入式软件包没有安

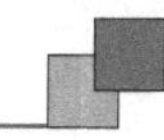

装，则工具软件将在线获取并安装。

在左上角菜单栏中选择 File→New→STM32 Project 新建工程。在弹出的窗口中选择 Board Selector 并在右下列表中选择 NUCLEO－F207ZG，单击 Next 按钮继续。随后在弹出的窗口中的 Project Name 文本框中输入项目名称，它在工作区内必须是唯一的。其余保持默认并单击 Finish 按钮。

此时界面显示一个后缀为 ioc 的文件，由于选择的是开发板，时钟、引脚等大部分资源都已正常配置。我们需要对时钟源、USB、计时器作一定配置。默认的内置 RC 振荡精度不足以满足 USB 对时钟精度的要求，因此需要使用外部高速时钟并将其作为系统使用源。计时器在最后用于实现计时和延迟功能。

展开左侧的 System Core 栏并选择 RCC，在右侧的 RCC Mode and Configuration 子窗口中的 Mode 中将 High Speed Clock（HSE）的值由 BYPASS Clock Source 变更为 Crystal/Ceramic Resonator，以使外部晶体作为高速时钟。

在右侧窗口上方的 Clock Configuration 中配置时钟树，将 PLL Source Mux 选择为 HSE，“/M”“＊N”“/P”“/Q”的值分别设置为“/8”“X 240”“/2”“/5”，使包括 USB 在内的系统使用高速时钟做时钟源。其他保持默认即可。

展开左侧的 Timers 栏并选择 TIM2，在右侧的 TIM2 Mode and Configuration 子窗口中 Mode 中将 Clock Source 的值由 Disable 变更为 Internal Clock，在 Configuration 中确认 Counter Mode 的值为 Up。其他设置保持默认，稍后将在源代码中调整实现。

展开左侧的 Middleware 栏并选择 USB_DEVICE，在右侧的 USB_DEVICE Mode and Configuration 子窗口中的 Mode 中将 Class For FS IP 的值由 Disable 变更为 Custom Human Interface Device。选择 Parameter Settings，将 CUSTOM_HID_FS_BINTERVAL 的值设置为 1，表示轮询间隔为 1 ms；将 USB_SELF_POWERED 设置为 Disabled，表示设备没有自带电源，依赖 USB 端口供电。

USB_DEVICE 的其他配置保持默认即可，报告长度、接口数量，描述符长度等数据与 HID 实例相关，稍后将在源代码中调整实现。

在顶端的 Project Manager 中选择左侧的 Advanced Settings，将 TIM 的值由 HAL 改为 LL。

将未使用的组件移除、禁用或恢复默认有助于减少生成的代码，在此不细述，不操作也不影响后续的操作。

保存该文件，将弹出对话框询问是否生成源代码，它根据以上配置生成对应的源代码；如果此时不生成，也可以在 Project Explorer 中右击 ioc 文件，在弹出的快捷菜单中选择 Generate Code 实现相同的功能。

虽然以后可以随时双击打开 ioc 文件并编辑，使用相同的方法更新源代码，但我们要避免这样做。后文将调整部分生成的源代码，因为重新生成可能导致对应的调整丢失。

所有由开发环境生成的代码文件，只有被包裹在以下形式的注释之间的可以在重新生成代码时保留。自行添加的文件则完全不受影响，即使它所在的文件夹是由开发环境自动生成的。

```
/* USER CODE BEGINXXX */
// User code
/* USER CODE ENDXXX */
```

此时右击项目图标，在弹出的快捷菜单中选择 Build Project 可以构建项目工程。

## 17.3 基本框架

Core 文件夹内是核心业务逻辑，新建项目之初其中仅有初始化逻辑和部分框架，我们新建的代码文件也应该置于其中。

Driver 文件夹内是外设驱动代码，将通过寄存器访问外设的方法封装为 C 语言方法。

Middlewares 文件夹内是中间件，包含实现为 HID 设备的数据和逻辑，它调用了底层外设驱动。中间件作为一组数据和逻辑，可以适应不同的底层平台，平台不同时桥接为不同的底层驱动即可。Middlewares\ST\STM32_USB_Device_Library\Class 内包含定义的设备类数据和逻辑，它将整个 USB 设备实现为仅一个 HID 接口的设备，配置描述符（包括接口描述符、设备类描述符、端点描述符等）、HID 报告描述符均包含在其中。Middlewares\ST\STM32_USB_Device_Library\Core 内包含解析 USB 数据实现逻辑。

USB_DEVICE 文件夹内是封装后的 USB 设备调用方法，用于暴露出一个特定功能的 USB 设备所需的接口。其中的 USB_DEVICE\App 内包含设备描述符及其附属的厂商 ID、产品 ID、制造商字符串、产品字符串、序列号字符串；同时，它还提供了配置字符串和接口字符串，但并没有区分多个配置或多个接口的区别。其中，USB_DEVICE\Target 内包含部分平台逻辑供中间件调用。

嵌入式软件包没有设计成可支持我们所需的场景：一方面场景所需的 HID 接口数量、描述符都由 HID 被桥接的 HID 复合设备维护，无需中间件维护；另一方面库提供的 HID 实例复合设备仅提供了 HID 功能接口，没有提供任何 USB 功能接口，而过程中二者的界限并不清晰。此外，从 ioc 文件配置界面或生成的代码看，软件包都只能支持单个接口的 USB 设备，未能达到复合 HID 设备需求。因此，Middlewares 和 USB_DEVICE 文件夹内自动生成的代码将被一定程度的调整，其中 USB_DEVICE 文件夹内的内容将被大量变更。

## 17.4 逻辑引用和类型定义

右击 Core\Inc，在弹出的快捷菜单中选择 New→Header File，新建 platform. h 文件，并在其中定义前文源代码中使用的基元类型。

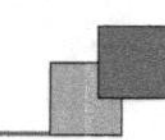

逻辑引用直接包含第 12 章构造的源代码。在 Core\Inc 内新建 extern. h 文件，其中以 include 形式引用头文件（hid－composite. h，action. h）以及项目内的 platform. h；在 Core\Src 内新建 extern. c 文件，其中以 include 形式引用源文件（hid－composite. c，action. c）和同名头文件。

## 17.5 实现单个 HID 实例

在 USB_DEVICE\Target\usbd_conf. h 文件中包含 HID 实例定义文件并定义 hidtag：

```
1.    /* USER CODE BEGIN INCLUDE */
2.    #include "extern.h"
3.    #define hidtag Keyboard
4.    /* USER CODE END INCLUDE */
```

**定义 HID 实例上下文并初始化：**在 USB_DEVICE\APP\usb_device. c 内对应的 USER CODE 段内分别定义 HidInstanceContext 对象并在同名头文件内声明、声明传入的输入报告方法、在 MX_USB_DEVICE_Init 方法内初始化该对象，其中传入的输入报告方法先不实现。

```
1.     *  -- Insert your variables declaration here -
2.      */
3.    /* USER CODE BEGIN 0 */
4.    HidInstanceContext hidInstance;
5.
6.    /* USER CODE END 0 */
```

……

```
1.    /* USER CODE BEGIN 1 */
2.    static Void onInputReport(Void* destination, Void const* buffer, UInt32 length)
3.    {
4.    }
5.
6.    /* USER CODE END 1 */
```

……

```
1.        /* USER CODE BEGIN USB_DEVICE_Init_PreTreatment */
2.        HidInstanceInitialize(&hidInstance, onInputReport, Null, Null);
3.        /* USER CODE END USB_DEVICE_Init_PreTreatment */
```

这时不能将该逻辑置于 CUSTOM_HID_Init_FS 方法内，因为前者仅在 USB 正常初始化后会被调用。以 HidKeyboardSendKeys 方法为例，我们设计的系统需要保证正常运行时均可正确调用 HidKeyboardSendKeys 方法，但它依赖 HidKeyboardInitialize 已完成。因此，不能将 HidKeyboardInitialize 方法置于依赖 USB 正常连接的调用逻辑链内，必须在设备启动之初就完成 HidKeyboardInitialize 调用。

**访问 HID 实例上下文：**在 USB_DEVICE\App\usb_device. h 内声明 HID 实例上下文。

```
1.    extern HidInstanceContext hidInstance;
```

**调整配置描述符、接口描述符：**默认的代码区别对待全速、高速、其他速度设备，支持使用不同的配置描述符，这里使用完全相同的描述符。

在 Middlewares\ST\STM32_USB_Device_Library\Class\CustomHID\Inc\usbd_customhid.c 文件内删除 USBD_CUSTOM_HID_CfgHSDesc、USBD_CUSTOM_HID_OtherSpeedCfgDesc 数组，并删除访问它们的方法 USBD_CUSTOM_HID_GetHSCfgDesc、USBD_CUSTOM_HID_GetOtherSpeedCfgDesc（此处略过源代码）。随后将 USBD_CUSTOM_HID 初始化使用的 USBD_CUSTOM_HID_CfgHSDesc、USBD_CUSTOM_HID_OtherSpeedCfgDesc 替换为 USBD_CUSTOM_HID_CfgFSDesc。

```
1.    USBD_ClassTypeDef  USBD_CUSTOM_HID =
2.    {
3.        USBD_CUSTOM_HID_Init,
4.        USBD_CUSTOM_HID_DeInit,
5.        USBD_CUSTOM_HID_Setup,
6.        NULL, /* EP0_TxSent */
7.        USBD_CUSTOM_HID_EP0_RxReady, /* EP0_RxReady */ /* STATUS STAGE IN */
8.        USBD_CUSTOM_HID_DataIn, /* DataIn */
9.        USBD_CUSTOM_HID_DataOut,
10.       NULL, /* SOF */
11.       NULL,
12.       NULL,
13.       USBD_CUSTOM_HID_GetFSCfgDesc, //USBD_CUSTOM_HID_GetHSCfgDesc,
14.       USBD_CUSTOM_HID_GetFSCfgDesc,
15.       USBD_CUSTOM_HID_GetFSCfgDesc, //USBD_CUSTOM_HID_GetOtherSpeedCfgDesc,
16.       USBD_CUSTOM_HID_GetDeviceQualifierDesc,
17.   };
```

在 Middlewares\ST\STM32_USB_Device_Library\Class\CustomHID\Inc\usbd_customhid.h 内变更 CUSTOM_HID_EPIN_SIZE 和 CUSTOM_HID_EPOUT_SIZE 的值定义，它们用于构造接口描述符。

```
1.    #define CUSTOM_HID_EPIN_SIZE                HidInstanceMaxInputReportSize
2.    #define CUSTOM_HID_EPOUT_SIZE               HidInstanceMaxOutputReportSize
```

在 USB_DEVICE\Target\usbd_conf.h 内变更 USBD_CUSTOM_HID_REPORT_DESC_SIZE 的值定义，它用于构造接口描述符。

```
1.    #define USBD_CUSTOM_HID_REPORT_DESC_SIZE     sizeof(*HidInstanceGetReportDescriptor())
```

**替换报告描述符及数据行为：**软件包提供的代码从 USB_DEVICE\App\usbd_custom_hid_if.c 将报告描述符和报告事件回调装入数据结构 USBD_CustomHID_fops_FS 并传入中间件实现功能，它仅支持一个 USB 接口，即一个 HID 实例；中间件在 Middlewares\ST\STM32_USB_Device_Library\Class\CustomHID\Src\usbd_customhid.c 内接收这些数据，并已动态申请一段内存用于容纳一个数据结构 USBD_CUSTOM_HID_HandleTypeDef，其中包含单个 HID 接口的状态信息和一个数据缓存。删除文件中的 CUSTOM_HID_ReportDesc_FS 数组，它原本用于承载报告描述

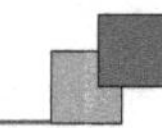

符。这里将实施较大变更。

USB_DEVICE\App\usbd_custom_hid_if.c 需要以 include 方式引用 usb_device.h。

Middlewares\ST\STM32_USB_Device_Library\Class\CustomHID\Inc\usbd_customhid.h 内的数据结构 USBD_CustomHID_fops_FS 改为用于所有 HID 接口，以函数指针方式提供报告描述符，移除 Init 和 DeInit 函数指针，将报告事件分拆为输入报告、设置特征报告、获取特征报告事件，考虑到将来会应用于多个 HID 接口，每个方法均保留了 index 参数用于识别接口。

```
1.   typedef struct _USBD_CUSTOM_HID_Itf
2.   {
3.        Boolean( * getReportDescriptor)(uint8_t index, Void * data, UInt16 capacity,
   UInt32 * length);
4.       Void( * output)(uint8_t index, Void const * data, UInt32 length);
5.       Boolean( * getFeature)(uint8_t index, UInt8 reportId, Void * data, UInt32 capacity,
   UInt32 * length);
6.       Boolean( * setFeature)(uint8_t index, UInt8 reportId, Void const * data, UInt32 length);
7.   //  uint8_t                  * pReport;
8.   //  int8_t ( * Init)(void);
9.   //  int8_t ( * DeInit)(void);
10.  //  int8_t ( * OutEvent)(uint8_t event_idx, uint8_t state);
11.  } USBD_CUSTOM_HID_ItfTypeDef;
```

USB_DEVICE\App\usbd_custom_hid_if.c 内实施相应变更。

```
1.   static Boolean getReportDescriptor(uint8_t index, Void * data, UInt16 capacity, UInt32
     * length)
2.   {
3.       uint32_t i;
4.       UInt8 const * source;
5.       UInt32 len;
6.
7.       len = sizeof( * HidInstanceGetReportDescriptor());
8.       source = (UInt8 const * )HidInstanceGetReportDescriptor();
9.       if (capacity < len)
10.      {
11.          return False;
12.      }
13.      for (i = 0; i < len; i++)
14.      {
15.          ((UInt8 * )data)[i] = source[i];
16.      }
17.       * length = len;
18.      return True;
19.  }
20.  static Void output(uint8_t index, Void const * data, UInt32 length)
21.  {
22.      HidInstanceOutputReport(&hidInstance, data, length);
23.  }
```

```
24.    static Boolean getFeature(uint8_t index, UInt8 reportId, Void * data, UInt32 capacity,
       UInt32 * length)
25.    {
26.        return HidInstanceGetFeatureReport(&hidInstance, reportId, data, capacity, length);
27.    }
28.    static Boolean setFeature(uint8_t index, UInt8 reportId, Void const * data, UInt32 length)
29.    {
30.        return HidInstanceSetFeatureReport(&hidInstance, reportId, data, length);
31.    }
```

……

```
1.     USBD_CUSTOM_HID_ItfTypeDef USBD_CustomHID_fops_FS =
2.     {
3.         getReportDescriptor,
4.         output,
5.         getFeature,
6.         setFeature,
7.     };
```

Middlewares\ST\STM32_USB_Device_Library\Class\CustomHID\Inc\usbd_customhid.h 内的数据结构 USBD_CUSTOM_HID_HandleTypeDef 仍用于单个 HID 接口，但其中的缓存空间单独取出用于所有 HID 接口。IsReportAvailable 字段原本用于记录报告数据状态，现替换为枚举类型以同时记录报告类型，并添加 index 和 reportId 字段，后文会提到其作用。

```
1.     typedef enum
2.     {
3.         Report_NotAvailable, Report_Feature, Report_Output
4.     }
5.     ReportType;
6.
7.     typedef struct
8.     {
9.     //  uint8_t                  Report_buf[USBD_CUSTOMHID_OUTREPORT_BUF_SIZE];
10.        uint32_t                 Protocol;
11.        uint32_t                 IdleState;
12.        uint32_t                 AltSetting;
13.        ReportType               reportType;
14.        uint8_t                  index;
15.        uint8_t                  reportId;
16.        CUSTOM_HID_StateTypeDef       state;
17.    }
18.    USBD_CUSTOM_HID_HandleTypeDef;
```

Middlewares\ST\STM32_USB_Device_Library\Class\CustomHID\Inc\usbd_customhid.c 内的数据结构 USBD_CUSTOM_HID_HandleTypeDef 实例不再由动态内存申请得到，改为独立的静态变量实现并显式初始化默认值。

```
1.     __ALIGN_BEGIN static uint8_t Report_buf[USBD_CUSTOMHID_OUTREPORT_BUF_SIZE] __ALIGN_END;
2.     static USBD_CUSTOM_HID_HandleTypeDef hidHandle;
```

……

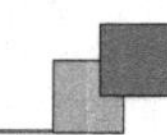

```
1.        hidHandle.Protocol = 0;
2.        hidHandle.IdleState = 0;
3.        hidHandle.AltSetting = 0;
4.        hidHandle.reportType = Report_NotAvailable;
5.        hidHandle.index = 0;
6.        hidHandle.reportId = 0;
7.        hidHandle.state = CUSTOM_HID_IDLE;
8.        pdev->pClassData = &hidHandle;
9.    //  pdev->pClassData = USBD_malloc(sizeof(USBD_CUSTOM_HID_HandleTypeDef));
```

……

```
1.    //    USBD_free(pdev->pClassData);
```

Middlewares\ST\STM32_USB_Device_Library\Class\CustomHID\Src\usbd_customhid.c 内移除所有对数据结构 USBD_CUSTOM_HID_ItfTypeDef 的 Init、DeInit 字段的调用，暂时移除 OutEvent 字段的调用。原有的报告描述符相关逻辑改为填充至指定位置后返回。

```
1.            if (((USBD_CUSTOM_HID_ItfTypeDef *)pdev->pUserData)->getReportDescrip-
   tor(req->wIndex & 0xff, Report_buf, sizeof(Report_buf), &t) == False)
2.            {
3.                USBD_CtlError(pdev, req);
4.                ret = USBD_FAIL;
5.                break;
6.            }
7.            len = MIN((uint16_t)t, req->wLength);
8.            pbuf = Report_buf;
9.    //        len = MIN(USBD_CUSTOM_HID_REPORT_DESC_SIZE, req->wLength);
10.   //        pbuf = ((USBD_CUSTOM_HID_ItfTypeDef *)pdev->pUserData)->pReport;
```

由于 USB 的串行传输特性，所有的缓存都可以使用相同的内存空间 Report_buf，前提是任何场景它都足够大。此处暂时先将它声明为固定长度的空间，此后 USBD_CUSTOMHID_OUTREPORT_BUF_SIZE 宏将不再有用，可以删除。

```
1.    __ALIGN_BEGIN static uint8_t Report_buf[0x1000] __ALIGN_END;
```

**调整控制传输的数据行为：**控制传输可以实现获取特征报告、设置特征报告、输出报告，它们都实现于 Middlewares\ST\STM32_USB_Device_Library\Class\CustomHID\Src\usbd_customhid.c。

获取特征报告行为需要在 USBD_CUSTOM_HID_Setup 方法内添加分支，在平行于 CUSTOM_HID_REQ_SET_REPORT 分支的位置添加分支 CUSTOM_HID_REQ_GET_REPORT，并在其中调用数据结构 USBD_CUSTOM_HID_ItfTypeDef 的 getFeature 方法。

```
1.          case CUSTOM_HID_REQ_GET_REPORT:
2.            if ((req->wValue >> 8) == 0x03) // Feature
3.            {
4.                if (((USBD_CUSTOM_HID_ItfTypeDef *)pdev->pUserData)->getFeature
   (req->wIndex & 0xff, req->wValue & 0xff, Report_buf, sizeof(Report_buf), &t) !=
   False)
```

```
5.              {
6.                  USBD_CtlSendData(pdev, Report_buf, (uint16_t)t);
7.                  break;
8.              }
9.          }
10.         USBD_CtlError(pdev, req);
11.         ret = USBD_FAIL;
12.         break;
```

设置特征报告和输出报告需要调整 USBD_CUSTOM_HID_Setup 方法内的 CUSTOM_HID_REQ_SET_REPORT 分支和 USBD_CUSTOM_HID_EP0_RxReady 方法，前者启动数据事务时发生，后者完成数据传输后发生。在启动数据事务时须记录报告类型、接口索引、报告 ID。

```
1.      case CUSTOM_HID_REQ_SET_REPORT:
2.          switch (req->wValue >> 8)
3.          {
4.          case 0x02: // Output
5.              hhid->reportType = Report_Output;
6.              hhid->index = req->wIndex & 0xff;
7.              break;
8.          case 0x03: // Feature
9.              hhid->reportType = Report_Feature;
10.             hhid->index = req->wIndex & 0xff;
11.             hhid->reportId = req->wValue & 0xff;
12.             break;
13.         default:
14.             hhid->reportType = Report_NotAvailable;
15.             break;
16.         }
17.         USBD_CtlPrepareRx(pdev, Report_buf, req->wLength);
18.         break;
```

……

```
1.  static uint8_t USBD_CUSTOM_HID_EP0_RxReady(USBD_HandleTypeDef * pdev)
2.  {
3.      USBD_CUSTOM_HID_HandleTypeDef * hhid = (USBD_CUSTOM_HID_HandleTypeDef * )pdev->
    pClassData;
4.
5.      switch (hhid->reportType)
6.      {
7.      case Report_NotAvailable:
8.          break;
9.      case Report_Feature:
10.         if (((USBD_CUSTOM_HID_ItfTypeDef * )pdev->pUserData)->setFeature(hhid->in-
    dex, hhid->reportId, Report_buf, pdev->ep0_data_len) == False)
11.         {
12.             return USBD_FAIL;
13.         }
14.         break;
```

```
15.         case Report_Output:
16.             ((USBD_CUSTOM_HID_ItfTypeDef *)pdev->pUserData)->output(hhid->index, Re-
    port_buf, pdev->ep0_data_len);
17.             break;
18.         }
19.         hhid->reportType = Report_NotAvailable;
20.
21.         return USBD_OK;
22.     }
```

**调整中断输出数据行为：**中断输出的数据用作输出报告，实现于 Middlewares\ST\STM32_USB_Device_Library\Class\CustomHID\Src\usbd_customhid. c。调整 USBD_CUSTOM_HID_DataOut 方法的实现。[①]

```
1.     static uint8_t  USBD_CUSTOM_HID_DataOut(USBD_HandleTypeDef *pdev,
2.                                             uint8_t epnum)
3.     {
4.         ((USBD_CUSTOM_HID_ItfTypeDef *)pdev->pUserData)->output(0, Report_buf,USBD_LL_
    GetRxDataSize(pdev, epnum));
5.
6.         USBD_LL_PrepareReceive(pdev, CUSTOM_HID_EPOUT_ADDR, Report_buf,CUSTOM_HID_EPOUT_SIZE);
7.
8.         return USBD_OK;
9.     }
```

**调整中断输入数据行为：**默认的代码一次只能发送一个数据包，短时间内多次调用则后续的数据包可能被丢弃。我们将为其实现一个队列，用于容纳多个数据包，并且在一包数据发送完成时立即启动后续的数据传输。

在 USB_DEVICE\App\usbd_custom_hid_if. c 内实现 USBD_SendReport，并声明于同名头文件中。

```
1.     void USBD_SendReport(void const * report, uint16_t len)
2.     {
3.         USBD_CUSTOM_HID_SendReport(&hUsbDeviceFS, (uint8_t *)report, len);
4.     }
```

在 Middlewares\ST\STM32_USB_Device_Library\Class\CustomHID\Src\usbd_customhid. c 内声明一个队列，改写 USBD_CUSTOM_HID_SendReport 方法使其调用队列，改写 USBD_CUSTOM_HID_DataIn 方法使数据发送完成时启动后续数据传输。

定义一个数据结构实现队列及其访问方法。这里使用了链表形式的队列，实现了多个端点共享一个队列，同时不会因为某个端点未被主机轮询而导致其他端点的数据被阻塞在队列内。其中 tag 参数将用于区分待发送数据对应的 USB 实例。为了避免某个 USB 实例数据堆积造成整个队列被阻塞，代码中限定了相同 tag 占用的最大元素

① 在调用 USBD_LL_PrepareReceive 时将 size 参数设置为输入报告大小的最大值，依据芯片特性，中断输出端点传输的数据不足此数值时不会触发数据接收完成事件。因此，如果单个 HID 实例内存在多个大小不同的输出报告，则该方法不能实现目的。

数量，超过此数量则丢弃最新的数据。实际上，队列空间不足时丢弃最早的数据是更合理的设计，但丢弃当前数据是最简单的实现方法，这部分逻辑不是本书阐述的重点，因此选择简单的方法。

```
1.    typedef struct _Fifo
2.    {
3.        UInt8 first;
4.        struct _Node
5.        {
6.            enum _NodeState
7.            {
8.                NodeState_Idle, NodeState_Queued, NodeState_Pending,
9.            } state;
10.           UInt8 next;
11.           UInt8 tag;
12.            __ALIGN_BEGIN uint8_t data[HidInstanceMaxInputReportSize < 1 ? 1 : HidIn-
    stanceMaxInputReportSize] __ALIGN_END;
13.           UInt16 length;
14.       } elements[8];
15.   }
16.   Fifo;
17.   #define MAX_ELEMENT_COUNT_SAME_TAG_IN_FIFO  5
18.
19.   static Void fifoInitialize(Fifo * fifo)
20.   {
21.       UInt32 i;
22.
23.       fifo->first = sizeof(fifo->elements) / sizeof(fifo->elements[0]);
24.       for (i = 0; i < sizeof(fifo->elements) / sizeof(fifo->elements[0]); i++)
25.       {
26.           fifo->elements[i].state = NodeState_Idle;
27.       }
28.   }
29.   static Void fifoPushback(Fifo * fifo, UInt8 tag, UInt8 const * data, UInt16 length)
30.   {
31.       UInt8 * last;
32.       UInt8 i, j;
33.
34.       for (i = 0; i < sizeof(fifo->elements) / sizeof(fifo->elements[0]); i++)
35.       {
36.           if (fifo->elements[i].state == NodeState_Idle)
37.           {
38.               break;
39.           }
40.       }
41.       if (i >= sizeof(fifo->elements) / sizeof(fifo->elements[0]))
42.       {
43.           return;
44.       }
45.       if (length > sizeof(fifo->elements[i].data))
```

```
46.         {
47.             return;
48.         }
49.         last = &fifo->first;
50.         j = 0;
51.         while ((*last) < sizeof(fifo->elements) / sizeof(fifo->elements[0]))
52.         {
53.             if (fifo->elements[*last].tag == tag)
54.             {
55.                 j++;
56.             }
57.             last = &fifo->elements[*last].next;
58.         }
59.         if (j >= MAX_ELEMENT_COUNT_SAME_TAG_IN_FIFO)
60.         {
61.             return;
62.         }
63.         *last = i;
64.         fifo->elements[i].state = NodeState_Queued;
65.         fifo->elements[i].next = sizeof(fifo->elements) / sizeof(fifo->elements[0]);
66.         fifo->elements[i].tag = tag;
67.         for (j = 0; j < length; j++)
68.         {
69.             fifo->elements[i].data[j] = data[j];
70.         }
71.         fifo->elements[i].length = length;
72.     }
73.     static Void fifoPeek(Fifo * fifo, UInt8 tag, UInt8 const ** data, UInt16 * length)
74.     {
75.         UInt8 search;
76. 
77.         search = fifo->first;
78.         while (search < sizeof(fifo->elements) / sizeof(fifo->elements[0]))
79.         {
80.             if (fifo->elements[search].tag == tag)
81.             {
82.                 if (fifo->elements[search].state == NodeState_Queued)
83.                 {
84.                     fifo->elements[search].state = NodeState_Pending;
85.                     *data = fifo->elements[search].data;
86.                     *length = fifo->elements[search].length;
87.                     return;
88.                 }
89.             }
90.             search = fifo->elements[search].next;
91.         }
92.         *data = Null;
93.         *length = 0;
94.     }
```

```
95.   static Void fifoRemove(Fifo * fifo, UInt8 tag)
96.   {
97.       UInt8 * search;
98.
99.       search = &fifo->first;
100.      while (( * search) < sizeof(fifo->elements) / sizeof(fifo->elements[0]))
101.      {
102.          if (fifo->elements[ * search].tag == tag)
103.          {
104.              if (fifo->elements[ * search].state == NodeState_Pending)
105.              {
106.                  fifo->elements[ * search].state = NodeState_Idle;
107.                  * search = fifo->elements[ * search].next;
108.                  return;
109.              }
110.          }
111.          search = &fifo->elements[ * search].next;
112.      }
113.  }
114.
115.  static Fifo inputFifo;
```

在 USBD_CUSTOM_HID_Init 方法内初始化该队列。

```
1.    fifoInitialize(&inputFifo);
```

改写 USBD_CUSTOM_HID_SendReport 方法和 USBD_CUSTOM_HID_DataIn 方法,使其调用队列。其中运行逻辑要运行在禁用 USB 中断时,以避免主循环和中断同时访问数据时造成的逻辑错误,同时 USB 中断对响应延迟不敏感,队列相关全部逻辑运行时禁用中断不会影响正常工作。此外还需注意数据传输完成前不应将元素从队列中移除,否则在该位置写入新的数据可能导致传输数据错误。此时调用方法中的 tag 参数都使用零值。

```
1.    uint8_t USBD_CUSTOM_HID_SendReport(USBD_HandleTypeDef   * pdev,
2.                                       uint8_t * report,
3.                                       uint16_t len)
4.    {
5.        USBD_CUSTOM_HID_HandleTypeDef * hhid = (USBD_CUSTOM_HID_HandleTypeDef * )pdev->
   pClassData;
6.        uint8_t const * data;
7.        uint16_t length;
8.        uint32_t flag;
9.
10.       flag = NVIC_GetEnableIRQ(OTG_FS_IRQn);
11.       NVIC_DisableIRQ(OTG_FS_IRQn);
12.       if (pdev->dev_state == USBD_STATE_CONFIGURED)
13.       {
14.           fifoPushback(&inputFifo, 0, report, len);
15.           if (hhid->state == CUSTOM_HID_IDLE)
16.           {
```

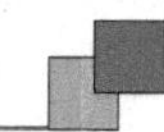

```
17.                 hhid->state = CUSTOM_HID_BUSY;
18.                 fifoPeek(&inputFifo,0, &data, &length);
19.                 USBD_LL_Transmit(pdev, CUSTOM_HID_EPIN_ADDR, (uint8_t *)data, length);
20.             }
21.         }
22.         if (flag != 0)
23.         {
24.             NVIC_EnableIRQ(OTG_FS_IRQn);
25.         }
26.         return USBD_OK;
27.     }
```

……

```
1.      static uint8_t  USBD_CUSTOM_HID_DataIn(USBD_HandleTypeDef * pdev,
2.                                              uint8_t epnum)
3.      {
4.          uint8_t const * data;
5.          uint16_t length;
6.          uint32_t flag;
7.
8.          flag = NVIC_GetEnableIRQ(OTG_FS_IRQn);
9.          NVIC_DisableIRQ(OTG_FS_IRQn);
10.         fifoRemove(&inputFifo, 0);
11.         fifoPeek(&inputFifo,0, &data, &length);
12.         if (data != NULL)
13.         {
14.             USBD_LL_Transmit(pdev, CUSTOM_HID_EPIN_ADDR, (uint8_t *)data, length);
15.         }
16.         else
17.         {
18.             ((USBD_CUSTOM_HID_HandleTypeDef *)pdev->pClassData)->state = CUSTOM_HID_
    IDLE;
19.         }
20.         if (flag != 0)
21.         {
22.             NVIC_EnableIRQ(OTG_FS_IRQn);
23.         }
24.         return USBD_OK;
25.     }
```

调整后的方法同时降低了调用限制，调用完成后传入的地址就可以用于其他用途（例如下一包待传输的数据）；相对应的，调整之前的代码在调用发送之后、发送完成之前不应修改对应地址中的数据。

**调用中断输入方法：**实现 USB_DEVICE\App\usb_device.c 内初始化 HID 实例时的传入方法。

```
1.      static Void onInputReport(Void * destination, Void const * buffer, UInt32 length)
2.      {
3.          USBD_SendReport(buffer, (uint16_t)length);
4.      }
```

**定义合适的缓存空间：**前文比较随意地定义了 Report_buf 占用的空间，实际上它需要容纳的数据包括输出报告、特征报告、报告描述符，因此只要取其中最大值定义即可。考虑到不可定义零长度数组，可能为零的数值限定最小值为 1。

```
1.    typedef union
2.    {
3.        uint8_t fo[HidInstanceMaxOutputReportSize < 1 ? 1 : HidInstanceMaxOutputReportS-
ize];
4.        uint8_t ff[HidInstanceMaxFeatureReportSize < 1 ? 1 : HidInstanceMaxFeatureReport-
Size];
5.        uint8_t frd[sizeof( * HidInstanceGetReportDescriptor())];
6.    }
7.    BufferType;
8.    __ALIGN_BEGIN static uint8_t Report_buf[sizeof(BufferType)] __ALIGN_END;
```

**修正一些软件包的代码缺陷：**自动代码存在一些缺陷，在默认情形下不影响使用，但场景复杂度提高时可能影响使用。

自动代码不支持超过 255 B 的配置描述符、HID 报告描述符和报告数据包，原因是以上数值在 USB 定义中以 2 B 描述，但代码中总是将高字节数值设为零。在 Middlewares\ST\STM32_USB_Device_Library\Class\CustomHID\Inc\usbd_customhid.c 内改写描述符内对 USB_CUSTOM_HID_CONFIG_DESC_SIZ、USBD_CUSTOM_HID_REPORT_DESC_SIZE（配置描述符、接口描述符内各一次）、CUSTOM_HID_EPIN_SIZE、CUSTOM_HID_EPOUT_SIZE 的引用。

```
1.    LOBYTE(USB_CUSTOM_HID_CONFIG_DESC_SIZ) USB_CUSTOM_HID_CONFIG_DESC_SIZ,
2.        /* wTotalLength: Bytes returned */
3.    HIBYTE(USB_CUSTOM_HID_CONFIG_DESC_SIZ)0x00,
```

……

```
1.    LOBYTE(USBD_CUSTOM_HID_REPORT_DESC_SIZE)USBD_CUSTOM_HID_REPORT_DESC_SIZE,/* wItem-
      Length: Total length of Report descriptor */
2.    HIBYTE(USBD_CUSTOM_HID_REPORT_DESC_SIZE) 0,
```

……

```
1.    LOBYTE(CUSTOM_HID_EPIN_SIZE)CUSTOM_HID_EPIN_SIZE, /* wMaxPacketSize: 2 Byte max */
2.    HIBYTE(CUSTOM_HID_EPIN_SIZE)0x00,
```

……

```
1.    LOBYTE(CUSTOM_HID_EPOUT_SIZE) CUSTOM_HID_EPOUT_SIZE,  /* wMaxPacketSize: 2 Bytes max  */
2.    HIBYTE(CUSTOM_HID_EPOUT_SIZE) 0x00,
```

自动代码对接口数量判断有误，在 Middlewares\ST\STM32_USB_Device_Library\Core\Src\usbd_ctlreq.c 中可见引用 USBD_MAX_NUM_INTERFACES 的代码。由于接口索引从零开始计数，因此用于判定接口索引范围的符号应当不含数值相等条件。

```
1.    //            if (LOBYTE(req->wIndex) <= USBD_MAX_NUM_INTERFACES)
2.                if (LOBYTE(req->wIndex) < USBD_MAX_NUM_INTERFACES)
```

此时插入 USB 可识别键盘设备，如果将 USB_DEVICE\Target\usbd_conf.h 内的

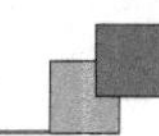

hidtag 变更为 MultiTouch，可以识别出 5 点触摸设备。

## 17.6 实现复合 HID 设备

在以上基础上，将对应一个 HID 实例的资源、逻辑改为使用 FOREACH_HID_INSTANCE 为每个 HID 实例实施一组。

在 Middlewares\ST\STM32_USB_Device_Library\Class\CustomHID\Inc\usbd_customhid.h 中改变宏的数值定义，部分常数宏改为带参数宏。

```
1.    #define CUSTOM_HID_EPIN_ADDR(index)            (0x80 | ((index) + 1))
2.    #define CUSTOM_HID_EPIN_SIZE(tag)              HidMaxInputReportSize(tag)
3.    #define CUSTOM_HID_EPOUT_ADDR(index)           (0x00 | ((index) + 1))
4.    #define CUSTOM_HID_EPOUT_SIZE(tag)             HidMaxOutputReportSize(tag)
5.    #define USB_CUSTOM_HID_CONFIG_DESC_SIZ         (HID_INSTANCE_COUNT * 32 + 9)
```

在 USB_DEVICE\Target\usbd_conf.h 中有类似变更。

```
1.    #define USBD_MAX_NUM_INTERFACES      HID_INSTANCE_COUNT
2.    #define USBD_CUSTOM_HID_REPORT_DESC_SIZE(_tag)      sizeof( * HidGetReportDescriptor(_tag)())
```

对所有引用以上宏的代码做相应变更，所有变更都集中在 USB_DEVICE\Target\usbd_conf.h/c、Middlewares\ST\STM32_USB_Device_Library\Class\CustomHID\Inc\usbd_customhid.h/c、USB_DEVICE\App\usbd_custom_hid_if.h/c、USB_DEVICE\App\usb_device.c 中。

在 usbd_conf.c 内的 USBD_LL_Init 方法中为每个端点配置 FIFO，所有输出数据共用一个 FIFO，所有输入数据分别占用一个 FIFO。FIFO 长度以 4 B 为单位表示，能够容纳对应数据长度即可。硬件限定 FIFO 长度总量(包括 Rx FIFO 在内)不能超过 1.25 KB，即所有数值之和不能超过 0x140；硬件同时限定每个 FIFO 的最小值为 16。

```
1.        HAL_PCDEx_SetRxFiFo(&hpcd_USB_OTG_FS, 0x80);
2.        HAL_PCDEx_SetTxFiFo(&hpcd_USB_OTG_FS, 0, 0x40);
3.    #define HID_LOCAL_STATEMENT(_index, _tag)   HAL_PCDEx_SetTxFiFo(&hpcd_USB_OTG_FS, _index +
      1, (HidMaxInputReportSize(_tag) < 0x40) ? 0x10 : (HidMaxInputReportSize(_tag) + 3) / 4);
4.    FOREACH_HID_INSTANCE(HID_LOCAL_STATEMENT)
5.    #undef HID_LOCAL_STATEMENT
6.    //  HAL_PCDEx_SetTxFiFo(&hpcd_USB_OTG_FS, 1, 0x80);
```

在 usbd_customhid.c 内变更定义的配置描述符、接口描述符，其中变更了配置描述符内的接口数量和每个接口、端点、设备类描述符中描述的接口索引数值、端点地址、报告描述符长度、报告数据包长度等。

```
1.    #define USBD_CUSTOM_HID_DESC(_index, _tag) \
2.            9, USB_DESC_TYPE_INTERFACE, (_index), 0, 2, 3, 0, 0, 0,
3.    __ALIGN_BEGIN static uint8_t USBD_CUSTOM_HID_CfgFSDesc[USB_CUSTOM_HID_CONFIG_DESC_
      SIZ] __ALIGN_END =
4.    {
5.        0x09, /* bLength: Configuration Descriptor size */
6.        USB_DESC_TYPE_CONFIGURATION, /* bDescriptorType: Configuration */
```

```
7.         LOBYTE(USB_CUSTOM_HID_CONFIG_DESC_SIZ),
8.         /* wTotalLength: Bytes returned */
9.         HIBYTE(USB_CUSTOM_HID_CONFIG_DESC_SIZ),
10.        HID_INSTANCE_COUNT,
11.        0x01,         /* bConfigurationValue: Configuration value */
12.        0x00,         /* iConfiguration: Index of string descriptor describing
13.        the configuration */
14.        0xC0,         /* bmAttributes: bus powered */
15.        0x32,         /* MaxPower 100 mA: this current is used for detecting Vbus */
16.
17.    #define HID_LOCAL_STATEMENT(_index, _tag)   \
18.        USBD_CUSTOM_HID_DESC(_index, tag) \
19.        9, CUSTOM_HID_DESCRIPTOR_TYPE, 0x11, 1, 0, 1, 0x22, LOBYTE(USBD_CUSTOM_HID_REPORT_
    DESC_SIZE(_tag)), HIBYTE(USBD_CUSTOM_HID_REPORT_DESC_SIZE(_tag)), \
20.        7, USB_DESC_TYPE_ENDPOINT, CUSTOM_HID_EPIN_ADDR(_index),3, LOBYTE(CUSTOM_HID_
    EPIN_SIZE(_tag)), HIBYTE(CUSTOM_HID_EPIN_SIZE(_tag)), CUSTOM_HID_FS_BINTERVAL,
    \
21.        7, USB_DESC_TYPE_ENDPOINT, CUSTOM_HID_EPOUT_ADDR(_index),3, LOBYTE(CUSTOM_HID_
    EPIN_SIZE(_tag)), HIBYTE(CUSTOM_HID_EPIN_SIZE(_tag)), CUSTOM_HID_FS_BINTERVAL,
22.        FOREACH_HID_INSTANCE(HID_LOCAL_STATEMENT)
23.        #undef HID_LOCAL_STATEMENT
24.    };
```

……

```
1.     static struct
2.     {
3.         __ALIGN_BEGIN uint8_t data[USB_CUSTOM_HID_DESC_SIZ] __ALIGN_END;
4.     }
5.     USBD_CUSTOM_HID_Desc[] =
6.     {
7.     #define HID_LOCAL_STATEMENT(_index, _tag)   { { USBD_CUSTOM_HID_DESC(_index, _tag)
       } },
8.     FOREACH_HID_INSTANCE(HID_LOCAL_STATEMENT)
9.     #undef HID_LOCAL_STATEMENT
10.    };
```

在 usbd_customhid.c 内调整输入报告的实现方式。在 USBD_CUSTOM_HID_SendReport 参数中添加 index 以表示 HID 实例索引，USBD_CUSTOM_HID_SendReport 方法和 USBD_CUSTOM_HID_DataIn 方法访问输入队列时使用端点地址作为队列元素的 tag 值。需要注意，源代码中识别端点的变量 epnum、ep_addr 等的定义不完全一致[①]，差异在于表示传输方向的最高位，唯一可确定的是自动生成的代码是可用的。因此，端点地址用作队列的 tag 值时要取低位，并且向库代码传递参数时附加最高位。

usb_device.c 将单个 HID 实例改为多个 HID 实例定义，并在 usb_device.h 内同步变更其声明。在 MX_USB_DEVICE_Init 方法内对 HID 实例的初始化也改为多个

① 名为 epnum 的参数有时注释为 endpoint index，有时注释为 Endpoint number；名为 ep_addr 的参数有时注释为 endpoint address，有时注释为 Endpoint number。

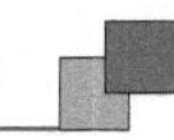

初始化调用，其中回调方法中的 destination 直接用作 HID 实例索引数值。

```
1.    #define HID_LOCAL_STATEMENT(_index, _tag)   HidContext(_tag) hidInstance ## _in-
dex;
2.    FOREACH_HID_INSTANCE(HID_LOCAL_STATEMENT)
3.    #undef HID_LOCAL_STATEMENT
```

……

```
1.    static Void onInputReport(Void * destination, Void const * buffer, UInt32 length)
2.    {
3.        USBD_SendReport((uint8_t)(int)destination, buffer, (uint16_t)length);
4.    }
5.    void MX_USB_DEVICE_Init(void)
6.    {
7.        /* USER CODE BEGIN USB_DEVICE_Init_PreTreatment */
8.     #define HID_LOCAL_STATEMENT(_index, _tag)       HidInitialize(_tag)(&hidInstance
      ## _index, onInputReport, Null, (Void * )(int)_index);
9.    FOREACH_HID_INSTANCE(HID_LOCAL_STATEMENT)
10.   #undef HID_LOCAL_STATEMENT
```

在 usbd_custom_hid_if.c 内更改 getReportDescriptor、output、getFeature、setFeature 方法使其将信息转发至对应 HID 实例。其中需要 switch-case 形式的识别，依其展开形式改写为基于 FOREACH_HID_INSTANCE 宏的实现方式。以下仅以 getFeature 为例，其他类似。

```
1.    static Boolean getFeature(uint8_t index, UInt8 reportId, Void * data, UInt32 capacity,
      UInt32 * length)
2.    {
3.        switch (index)
4.        {
5.    #define HID_LOCAL_STATEMENT(_index, _tag) \
6.        case _index: \
7.            return HidGetFeatureReport(_tag)(&hidInstance ## _index, reportId, data, ca-
    pacity, length);
8.    FOREACH_HID_INSTANCE(HID_LOCAL_STATEMENT)
9.    #undef HID_LOCAL_STATEMENT
10.       }
11.       return False;
12.   }
```

在此基础上首先删除 hidtag 定义，然后在编译错误的代码位置将其改为正确逻辑，包括在 usbd_customhid.c 内变更 USBD_CUSTOM_HID_Init 方法的操作、在 USBD_CUSTOM_HID_DeInit 方法中对端点进行的操作；变更 USBD_CUSTOM_HID_DataOut 方法中转发数据至对应的 HID 实例的操作；调整用于缓存数据的 Report_buf 长度使其可容纳所有输出报告、特征报告、报告描述符的操作；用于输入队列的单个元素长度，使其可容纳所有输入报告的操作。

细节请参考源代码 $\source\Nucleo-F207ZG。

# 17.7 平台调用

在工程 Core\Src 和 Core\Inc 内新建源文件 local.c 及其头文件 local.h 用于实现和声明用户交互逻辑。使用时钟 TIM2 实现。

本节使用一个时钟 TIM2 实现计时，其时钟源位 APB1 时钟 2 倍频即 60 MHz，预分频至 100 kHz，以 16 位方式循环递增计数。一个循环周期计数器更新 65 536 次，每次更新间隔为 10 μs，周期时间为 65 536×10 μs=655.36 ms。实现时只需以小于时钟周期 655.36 ms 的间隔更新数值即可。每次更新均获取计数值，并将该值与上次的计数值差值累加入当前时刻值，它的精度为 10 μs。

**获取当前时刻：**更新上述计数值并将当前时刻值返回。

**平移时刻：**使用基准时刻数值附加待平移的时间，并将时间换算为计数值。

**获取时间差：**使用基准时刻和当前时刻差值，并将计数值换算为时间。

**挂起系统：**从不休眠，并在有机会时立即更新当前时刻值。

```
1.    #include < stm32f2xx_ll_tim.h >
2.    #include < stm32f2xx_ll_rcc.h >
3.
4.    static UInt16 counter;
5.    static Time total;
6.
7.    static void update(void)
8.    {
9.        UInt16 _counter;
10.
11.       _counter = LL_TIM_GetCounter(TIM2);
12.       total + = (UInt16)(_counter - counter);
13.       counter = _counter;
14.   }
15.   Void LocalInitialize(void)
16.   {
17.       LL_RCC_ClocksTypeDef rcc;
18.       LL_TIM_InitTypeDef TIM_InitStruct = {0};
19.
20.       LL_RCC_GetSystemClocksFreq(&rcc);
21.
22.       TIM_InitStruct.Prescaler = rcc.PCLK1_Frequency * 2 / 100000 - 1;    // 10us
23.       TIM_InitStruct.CounterMode = LL_TIM_COUNTERMODE_UP;
24.       TIM_InitStruct.Autoreload = (UInt16) - 1;
25.       TIM_InitStruct.ClockDivision = LL_TIM_CLOCKDIVISION_DIV1;
26.       LL_TIM_Init(TIM2, &TIM_InitStruct);
27.       LL_TIM_DisableARRPreload(TIM2);
28.       LL_TIM_SetClockSource(TIM2, LL_TIM_CLOCKSOURCE_INTERNAL);
29.       LL_TIM_SetTriggerOutput(TIM2, LL_TIM_TRGO_RESET);
30.       LL_TIM_DisableMasterSlaveMode(TIM2);
31.
```

```
32.         total = 0;
33.         counter = 0;
34.         LL_TIM_EnableCounter(TIM2);
35.     }
36.     Time LocalGetTimeNow(void)
37.     {
38.         update();
39.         return total;
40.     }
41.     Time LocalIncreaseTime(Time base, UInt32 timeSpan)
42.     {
43.         update();
44.         return base + 100 * timeSpan;
45.     }
46.     UInt32 LocalGetTimeSpan(Time base)
47.     {
48.         update();
49.         return (UInt32)(total - base) / 100;
50.     }
51.     void LocalIdle(UInt32 maxTimeSpan)
52.     {
53.         update();
54.     }
```

这里不能通过配置 SysTick 实现，因为其已被用作全局计时并已被 USB 实现组件调用。

## 17.8 模拟用户行为

在工程 Core\Src 和 Core\Inc 内新建源文件 application.c 及其头文件 application.h 用于实现和声明用户交互逻辑。所有的用户交互只实现一个按键和一个指示灯。

对应的引脚配置已经由软件包生成的代码实现，因此无需在模块初始化方法内做任何事，只需在其他方法内调用框架提供的相关方法即可。

```
1.      #include < stm32f2xx_hal_gpio.h >

3.      void ApplicationInitialize(void)
4.      {
5.      }
6.      int ApplicationGetButton(void)
7.      {
8.          return (HAL_GPIO_ReadPin(USER_Btn_GPIO_Port, USER_Btn_Pin) != GPIO_PIN_RESET) ? 1 : 0;
9.      }
10.     void ApplicationSetIndicator(int state)
11.     {
12.         if (state != 0)
13.         {
14.             HAL_GPIO_WritePin(LD1_GPIO_Port, LD1_Pin, GPIO_PIN_SET);
15.         }
```

```
16.    else
17.        {
18.            HAL_GPIO_WritePin(LD1_GPIO_Port, LD1_Pin, GPIO_PIN_RESET);
19.        }
20.    }
```

在 main.c 内实现方法 simulate,实现为检测到按键按下后启动模拟用户行为。它由 main 方法调用并工作在一个无限循环内。对于调用 simulate 所需的参数及其依赖的指针,请读者自行构造。

```
1.     static void simulate(HidCompositeHandle const * hidComposite)
2.     {
3.         while (ApplicationGetButton() == 0)
4.         {
5.         }
6.         Act(&platformInvoker, hidComposite);
7.     }
```

完整的实现源代码参考 $\source\Nucleo - F207ZG。

# 第 18 章

# Microchip - Sam4S USB (Microchip Studio)

本章实现一个用于 Sam4S 芯片的固件,实现 USB HID 复合设备。其中 Sam4S 是 Microchip 公司提供的一款 Cortex - M4 内核的芯片。使用的硬件是 Atmel SAM4S Xplained Pro,它是 Microchip 公司提供的一个开发板。

## 18.1 开发环境

使用 Microchip Studio 作为集成开发环境,它的前身为 Atmel Studio,基于 Visual Studio 实现,仅可用于 Windows 平台下。内部集成了 ASF(Advanced Software Framework,高级软件框架①),ASF 以组件方式提供了大量通用代码和样例代码。

Microchip Studio 可以在 Microchip 公司的官方网站得到,用户可以免费使用。

## 18.2 基本组件和配置

在主界面下,选择 File→New→Project;在弹出的窗口中的左上角选择 C/C++,在右侧选择 GCC C ASF Board Project,输入名称和位置,单击 OK 按钮。在弹出的窗口中的 Device Family 下拉菜单中选择 SAM4S,以筛选中央显示的设备范围,设备列表选择 ATSAM4SD32C,下侧平台选择 SAM4S Xplained Pro - ATSAM4SD32C,单击 OK 按钮。这时项目文件和目录已生成。

右击项目图标,在弹出的快捷菜单中选择 ASF Wizard。

在弹出的窗口的左侧分别找到 TC - Timer Counter (driver)和 USB Device (service)并通过"Add >> "按钮添加到右侧,在 USB Device (service)右侧的下拉菜单中选择 hid_generic,并单击下方的 Apply 按钮完成添加组件。

此时右击项目图标,在弹出的快捷菜单中选择 Build 或 Rebuild 可以构建项目工

① 前身为 Atmel Software Framework,Atmel 软件框架。

程，这里有暂时忽略发生的警告。

如果构建不成功，可能是因为 USB 组件的时钟源未配置。默认场景下时钟是否完成 USB 时钟配置与 ASF 版本有关，已配置的可以跳过本段。双击项目文件夹内的 src\config\conf_clock.h 文件，在其中添加以下代码以配置 USB 时钟源。一般情况下只要解除注释相关代码即可，默认的代码与 ASF 的版本有关。

```
1.    #define CONFIG_PLL1_SOURCE          PLL_SRC_MAINCK_XTAL
2.    #define CONFIG_PLL1_MUL             16
3.    #define CONFIG_PLL1_DIV             2
4.    #define CONFIG_USBCLK_SOURCE        USBCLK_SRC_PLL1
5.    #define CONFIG_USBCLK_DIV           2
```

下方的注释已经阐述了配置的数值，PLLA 和 PLLB 实际就是 PLL0 和 PLL1：

```
1.    // ===== Target frequency (System clock)
2.    // - XTAL frequency: 12MHz
3.    // - System clock source: PLLA
4.    // - System clock prescaler: 2 (divided by 2)
5.    // - PLLA source: XTAL
6.    // - PLLA output: XTAL * 20 / 1
7.    // - System clock: 12 * 20 / 1 / 2 = 120MHz
8.    // ===== Target frequency (USB Clock)
9.    // - USB clock source: PLLB
10.   // - USB clock divider: 2 (divided by 2)
11.   // - PLLB output: XTAL * 16 / 2
12.   // - USB clock: 12 * 16 / 2 / 2 = 48MHz
```

在 main.c 里需要配置时钟，否则系统工作在默认时钟状态下。在 main 方法内的头部（board_init 之前）插入 sysclk_init 调用以配置时钟。前面的注释由 ASF 自动生成，部分版本的 ASF 可能没有该注释。

```
1.        /* Insert system clock initialization code here (sysclk_init()). */
2.        sysclk_init();
```

Sam4S 默认是开启看门狗的，所以启动后要保持“喂狗”或及时禁用看门狗，否则将在约 16 s 后重启系统。调用 udc_start 可以启动 USB 设备类。启动后使用一个无限循环使代码保持运行，USB 相关事务会在中断内完成。在 src\main.c 内的 main 方法内实现以下代码：

```
1.        wdt_disable(WDT);
2.        udc_start();
3.        for (;;)
4.        {
5.        }
```

这样的代码构建后写入设备，就可以识别到一个厂商定义的 HID 设备。

如果下方有用于演示的框架代码，需要一并删除，其内容及是否存在与 ASF 版本有关。

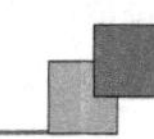

# 18.3　基本框架

源代码中实现 HID 的代码主要位于 src\ASF\common\services\usb\class\hid 文件夹内，以下将该文件夹简称为 $ hid。

一个 USB 接口的配置方法聚合于一个 udi_api_t 类型中，定义于 $ hid\device\generic\udi_hid_generic.c 中，它包含一组函数指针。每个 USB 接口定义的类型聚合的值存储在 $ hid\device\generic\udi_hid_generic_desc.c 中。

ASF 提供的源代码支持获取空闲、设置空闲，但它仅支持了一个数值，也就是说，只支持一个格式的输入报告，但我们的自定义输入报告可能不止一个。我们使用最简单的方式实现：忽略设置值，获取值总是返回 0。在 $ hid\device\udi_hid.c 中找到 udi_hid_setup 方法，删除其中对 rate 赋值的语句：

```
1.    //*rate = udd_g_ctrlreq.req.wValue >> 8;
```

ASF 提供的源代码支持了获取协议、设置协议，我们不需要支持引导模式，同时在 $ hid\device\generic\udi_hid_generic.h 的 UDI_HID_GENERIC_DESC 中可以看到描述符也没有支持引导模式。我们使用类似的方式实现：忽略设置值，获取值总是返回 0。在 $ hid\device\udi_hid.c 中找到 udi_hid_setup 方法，删除其中对 protocol 赋值的语句：

```
1.    //*protocol = udd_g_ctrlreq.req.wValue;
```

注意到 $ hid\device\generic\udi_hid_generic.c 和 $ hid\device\generic\udi_hid_generic_desc.c 中各描述符定义都限定为按字（WORD）对齐，但我们自己的跨平台代码并未保证对齐限定，如果遵循此限定，就需要把报告描述符复制到符合要求的地址，这将增加内存的占用。对于控制传输的内容，追踪代码到 src\ASF\sam\drivers\udp\udp_device.c 中的 udd_ctrl_in_received 和 udd_ctrl_out_received 方法可以看到不仅没有实际限定，甚至它是逐字节压入队列的。对于中断传输，在同一个文件内的 udd_ep_in_sent 和 udd_ep_out_received 中可以看到，也没有对齐限定。因此后期可以自由地传入任意可访问的指针作为地址。

必须注意以上仅表明对于 Sam4S 可以这样使用，不代表其他使用 ASF 的工程也可以如此使用，即使 ASF 提供的访问接口完全一致。例如 Cortex - M0＋内核的芯片就已不适用。

这时可以先将上文提到的 protocol 和 rate 值改为 const 定义，并改变 udi_hid_generic_enable 内逻辑、改变 udi_hid_setup 的参数表以修正编译警告和错误。

```
1.    //! To store current rate of HID generic
2.    static uint8_t const udi_hid_generic_rate = 0;
3.    //! To store current protocol of HID generic
4.    static uint8_t const udi_hid_generic_protocol = 0;
```

因为 ASF 对控制端点写入和读出数据的结构共享了 udd_ctrl_request_t 结构体，它的 payload 字段无法限定为常量指针。同理，中断端点使用了 udd_ep_job_t 结构体，它的 buf 字段也无法限定为常量指针，因此所有常量指针在传递至以上结构前需要显式转换指针类型。

## 18.4 逻辑引用和类型定义

右击 src 文件夹，在弹出的快捷菜单中选择 Add→New Item，并在弹出的窗口中选择 Include File，文件名输入 platform.h，并在其中定义前文源代码中使用的基元类型。

逻辑引用直接包含第 12 章构造的源代码。在 src 文件夹内新建 extern.h 文件，其中以 include 形式引用头文件（hid－composite.h，action.h）以及项目内的 platform.h；在相同位置新建 extern.c 文件，其中以 include 形式引用源文件（hid－composite.c，action.c）和同名头文件。

这里先处理前文忽略掉的编译警告。单击 Build 按钮后，窗口下方的 Error List 子窗口中有几个警告，直接双击就可以定位发生警告的代码位置。

## 18.5 实现单个 HID 实例

在 src\config\conf_usb.h 文件中包含 HID 实例定义文件并定义了 hidtag：

```
1.    #include "extern.h"
2.    #define hidtag Keyboard
```

**定义 HID 实例上下文并初始化：**在 src\main.c 内定义 HidInstanceContext 对象并在 main 方法内初始化，传入的输入报告方法先不实现。

```
1.    HidInstanceContext hidInstance;
2.
3.    static Void onInputReport(Void * destination, Void const * buffer, UInt32 length)
4.    {
5.        // TODO
6.    }
7.    int main (void)
8.    {
9.    /* Insert system clock initialization code here (sysclk_init()). */
10.       sysclk_init();
11.
12.   board_init();
13.
14.       HidInstanceInitialize(&hidInstance, onInputReport, Null, Null);
15.       /* Insert application code here, after the board has been initialized. */
16.       wdt_disable(WDT);
17.       udc_start();
18.       for (;;)
19.       {
20.       }
21.   }
```

**访问 HID 实例上下文：**在 src\conf_usb.h 内声明 HID 实例上下文，它被定义在

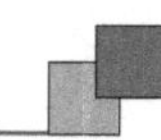

src\main.c 内。

```
1.    extern HidInstanceContext hidInstance;
```

**替换接口描述符：** 在 $hid\device\generic\udi_hid_generic.h 内变更.hid.wDescriptorLength、.ep_in.wMaxPacketSize、.ep_out.wMaxPacketSize 字段，并变更.ep_in.bInterval、.ep_out.bInterval 以改变轮询间隔，使用 HID 实例提供的类型或常数描述。

```
1.    //! Content of HID generic interface descriptor for all speed
2.    #define UDI_HID_GENERIC_DESC    {\
3.        .iface.bLength              = sizeof(usb_iface_desc_t),\
4.        .iface.bDescriptorType      = USB_DT_INTERFACE,\
5.        .iface.bInterfaceNumber     = UDI_HID_GENERIC_IFACE_NUMBER,\
6.        .iface.bAlternateSetting    = 0,\
7.        .iface.bNumEndpoints        = 2,\
8.        .iface.bInterfaceClass      = HID_CLASS,\
9.        .iface.bInterfaceSubClass   = HID_SUB_CLASS_NOBOOT,\
10.       .iface.bInterfaceProtocol   = HID_PROTOCOL_GENERIC,\
11.       .iface.iInterface           = UDI_HID_GENERIC_STRING_ID,\
12.       .hid.bLength                = sizeof(usb_hid_descriptor_t),\
13.       .hid.bDescriptorType        = USB_DT_HID,\
14.       .hid.bcdHID                 = LE16(USB_HID_BDC_V1_11),\
15.       .hid.bCountryCode           = USB_HID_NO_COUNTRY_CODE,\
16.       .hid.bNumDescriptors        = USB_HID_NUM_DESC,\
17.       .hid.bRDescriptorType       = USB_DT_HID_REPORT,\
18.       .hid.wDescriptorLength      = LE16(sizeof(*HidInstanceGetReportDescriptor())),\
19.       .ep_in.bLength              = sizeof(usb_ep_desc_t),\
20.       .ep_in.bDescriptorType      = USB_DT_ENDPOINT,\
21.       .ep_in.bEndpointAddress     = UDI_HID_GENERIC_EP_IN,\
22.       .ep_in.bmAttributes         = USB_EP_TYPE_INTERRUPT,\
23.       .ep_in.wMaxPacketSize       = LE16(HidInstanceMaxInputReportSize),\
24.       .ep_in.bInterval            = 1,\
25.       .ep_out.bLength             = sizeof(usb_ep_desc_t),\
26.       .ep_out.bDescriptorType     = USB_DT_ENDPOINT,\
27.       .ep_out.bEndpointAddress    = UDI_HID_GENERIC_EP_OUT,\
28.       .ep_out.bmAttributes        = USB_EP_TYPE_INTERRUPT,\
29.       .ep_out.wMaxPacketSize      = LE16(HidInstanceMaxOutputReportSize),\
30.       .ep_out.bInterval           = 1,\
31.       }
```

**替换报告描述符：** 在 $hid\device\generic\udi_hid_generic.h 内删除结构 udi_hid_generic_report_desc_t 的定义，在 $hid\device\generic\udi_hid_generic.c 内删除变量 udi_hid_generic_report_desc 的定义。将参数 &udi_hid_generic_report_desc 改为 HidInstanceGetReportDescriptor()，这时会存在编译错误，稍后替换接口描述符时会修正。

```
1.    bool udi_hid_generic_setup(void)
2.    {
3.    return udi_hid_setup(&udi_hid_generic_rate,
4.                         &udi_hid_generic_protocol,
5.                         (uint8_t *) HidInstanceGetReportDescriptor(),
6.                         udi_hid_generic_setreport);
7.    }
```

**调整报告内容空间**：在 $hid\device\generic\udi_hid_generic.c 内调整输入、输出、特征报告存储空间，考虑到无对应报告时报告长度声明为零，但零长度数组不能正确编译。为了风格统一，调整报告存储空间时设置长度下限为 1。

```
1.    //! Report to send
2.    COMPILER_WORD_ALIGNED
3.        static uint8_t udi_hid_generic_report_in[(HidInstanceMaxInputReportSize != 0) ?
  HidInstanceMaxInputReportSize : 1];
4.    //! Report to receive
5.    COMPILER_WORD_ALIGNED
6.        static uint8_t udi_hid_generic_report_out[(HidInstanceMaxOutputReportSize != 0) ?
  HidInstanceMaxOutputReportSize : 1];
7.    //! Report to receive via SetFeature
8.    COMPILER_WORD_ALIGNED
9.        static uint8_t udi_hid_generic_report_feature[(HidInstanceMaxFeatureReportSize
  != 0) ? HidInstanceMaxFeatureReportSize : 1];
```

**调整中断输出数据行为**：ASF 提供的中断输出数据仅支持固定长度的报告，在 $hid\device\generic\udi_hid_generic.c 内改写，并删除 UDI_HID_GENERIC_REPORT_OUT 宏。

```
1.    static void udi_hid_generic_report_out_received(udd_ep_status_t status,
2.    iram_size_t nb_received, udd_ep_id_t ep)
3.    {
4.    UNUSED(ep);
5.    if (UDD_EP_TRANSFER_OK != status)
6.    return;// Abort reception
7.
8.    HidInstanceOutputReport(&hidInstance, udi_hid_generic_report_out, nb_received);
9.    udi_hid_generic_report_out_enable();
10.   }
```

**调整中断输入数据行为**：ASF 提供的中断输入数据仅支持固定长度的报报告，并且不支持数据队列。当多点触摸设备报告数据时可能会连续发送多个数据包，简单抛弃后续的数据是不合理的行为。在 $hid\device\generic\udi_hid_generic.c 内改写输入报告的内存定义、初始化变量赋值、输入报告方法、输入完成回调方法，并删除无用的变量 udi_hid_generic_b_report_in_free。其中 EP_INPUT_FIFO_SIZE 定义在 src\conf_usb.h 内。

```
1.    //! Report to send
2.    static struct
3.    {
4.    COMPILER_WORD_ALIGNED
5.            uint8_t data[(HidInstanceMaxInputReportSize != 0) ? HidInstanceMaxInpu-
  tReportSize : 1];
6.          uint length;
7.    } udi_hid_generic_report_in[EP_INPUT_FIFO_SIZE];
8.    static uint reportInDequeueIndex;
9.    static uint reportInQueueLength;
10.
11.   bool udi_hid_generic_enable(void)
12.   {
```

```
13.   // Initialize internal values
14.       reportInDequeueIndex = 0;
15.       reportInQueueLength = 0;
16.   if (! udi_hid_generic_report_out_enable())
17.   return false;
18.   return UDI_HID_GENERIC_ENABLE_EXT();
19.   }
20.   bool udi_hid_generic_send_report_in(uint8_t * data, uint length)
21.   {
22.       if (length > sizeof(udi_hid_generic_report_in[(reportInDequeueIndex + reportIn-
    QueueLength) % EP_INPUT_FIFO_SIZE].data))
23.       {
24.           return false;
25.       }
26.
27.       irqflags_t flags = cpu_irq_save();
28.       if (reportInQueueLength > = EP_INPUT_FIFO_SIZE)
29.       {
30.           cpu_irq_restore(flags);
31.           return false;
32.       }
33.       memcpy(udi_hid_generic_report_in[(reportInDequeueIndex + reportInQueueLength)
    % EP_INPUT_FIFO_SIZE].data, data, length);
34.       udi_hid_generic_report_in[(reportInDequeueIndex + reportInQueueLength) % EP_IN-
    PUT_FIFO_SIZE].length = length;
35.       reportInQueueLength++;
36.       udd_ep_run(UDI_HID_GENERIC_EP_IN, false, udi_hid_generic_report_in[reportInDe-
    queueIndex].data, udi_hid_generic_report_in[reportInDequeueIndex].length, udi_hid_
    generic_report_in_sent);
37.       cpu_irq_restore(flags);
38.       return true;
39.   }
40.
41.   static void udi_hid_generic_report_in_sent(udd_ep_status_t status,
42.         iram_size_t nb_sent, udd_ep_id_t ep)
43.   {
44.   UNUSED(status);
45.   UNUSED(nb_sent);
46.   UNUSED(ep);
47.
48.       irqflags_t flags = cpu_irq_save();
49.       if (reportInQueueLength > 0)
50.       {
51.           reportInQueueLength--;
52.           reportInDequeueIndex = (reportInDequeueIndex + 1) % EP_INPUT_FIFO_SIZE;
53.           if (reportInQueueLength > 0)
54.           {
55.               udd_ep_run(UDI_HID_GENERIC_EP_IN, false, udi_hid_generic_report_in[re-
    portInDequeueIndex].data, udi_hid_generic_report_in[reportInDequeueIndex].length,
    udi_hid_generic_report_in_sent);
56.           }
```

```
57.         }
58.         cpu_irq_restore(flags);
59.     }
```

**调整控制传输的数据行为：** ASF 提供的通过控制传输实现报告响应不够完备，它没有支持获取特征报告、没有支持多个长度不同的报告、没有支持通过控制传输设置输出报告。通过阅读源代码发现 udi_hid_setup 方法传入的第四个参数为函数指针，在获取报告和设置报告时均会调用。在 $hid\device\generic\udi_hid_generic.c 内删除原有的 udi_hid_generic_setreport 及其内部设置的回调方法 udi_hid_generic_setfeature_valid，并重新实现完整的逻辑，实现为 udi_hid_generic_setup_report 和 udi_hid_generic_set_report_valid。同时删除 src\config\conf_usb 内的 UDI_HID_GENERIC_SET_FEATURE 宏。

```
1.    static void udi_hid_generic_set_report_valid(void)
2.    {
3.        switch (udd_g_ctrlreq.req.bRequest)
4.        {
5.        case USB_REQ_HID_SET_REPORT:
6.            switch (udd_g_ctrlreq.req.wValue >> 8)
7.            {
8.            case USB_HID_REPORT_TYPE_FEATURE:
9.                if (HidInstanceSetFeatureReport(&hidInstance, udd_g_ctrlreq.req.wValue &
   0xff, udi_hid_generic_report_feature, udd_g_ctrlreq.req.wLength) == False)
10.               {
11.                   return;// Bad data
12.               }
13.               break;
14.           case USB_HID_REPORT_TYPE_OUTPUT:
15.               HidInstanceOutputReport(&hidInstance, udi_hid_generic_report_out, udd_g_
   ctrlreq.req.wLength);
16.               break;
17.           }
18.       }
19.   }
20.   static bool udi_hid_generic_setup_report(void)
21.   {
22.       UInt32 length;
23.       uint i;
24.
25.       if (0 != udd_g_ctrlreq.req.wIndex) // interface
26.       {
27.           return false;
28.       }
29.       switch (udd_g_ctrlreq.req.bRequest)
30.       {
31.       case USB_REQ_HID_GET_REPORT:
32.           switch (udd_g_ctrlreq.req.wValue >> 8)
33.           {
34.           case USB_HID_REPORT_TYPE_FEATURE:
```

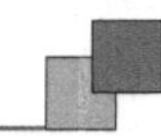

```
35.                if (HidInstanceGetFeatureReport(&hidInstance, udd_g_ctrlreq.req.wValue &
    0xff, udi_hid_generic_report_feature, sizeof(udi_hid_generic_report_feature),
    &length) == False)
36.                {
37.                    return false;
38.                }
39.                udd_g_ctrlreq.payload = (uint8_t *)&udi_hid_generic_report_feature;
40.                udd_g_ctrlreq.callback = NULL;
41.                udd_g_ctrlreq.payload_size = (uint16_t)length;
42.                return true;
43.                break;
44.            case USB_HID_REPORT_TYPE_INPUT:
45.                i = (reportInDequeueIndex + EP_INPUT_FIFO_SIZE - 1) % EP_INPUT_FIFO_SIZE;
46.                udd_g_ctrlreq.payload = (uint8_t *)&udi_hid_generic_report_in[i].data;
47.                udd_g_ctrlreq.callback = NULL;
48.                udd_g_ctrlreq.payload_size = udi_hid_generic_report_in[i].length;
49.                return true;
50.                break;
51.            }
52.            break;
53.        case USB_REQ_HID_SET_REPORT:
54.            switch (udd_g_ctrlreq.req.wValue >> 8)
55.            {
56.            case USB_HID_REPORT_TYPE_FEATURE:
57.                udd_g_ctrlreq.payload = (uint8_t *)&udi_hid_generic_report_feature;
58.                udd_g_ctrlreq.callback = udi_hid_generic_set_report_valid;
59.                udd_g_ctrlreq.payload_size = sizeof(udi_hid_generic_report_feature);
60.                return true;
61.                break;
62.            case USB_HID_REPORT_TYPE_OUTPUT:
63.                udd_g_ctrlreq.payload = (uint8_t *)&udi_hid_generic_report_out;
64.                udd_g_ctrlreq.callback = udi_hid_generic_set_report_valid;
65.                udd_g_ctrlreq.payload_size = sizeof(udi_hid_generic_report_out);
66.                return true;
67.                break;
68.            }
69.            break;
70.        }
71.        return false;
72.    }
73.    bool udi_hid_generic_setup(void)
74.    {
75.    return udi_hid_setup(&udi_hid_generic_rate,
76.                         &udi_hid_generic_protocol,
77.                         (uint8_t *) HidInstanceGetReportDescriptor(),
78.                         udi_hid_generic_setup_report);
79.    }
```

**调用中断输入方法：**实现 src\main.c 内初始化 HID 实例时的传入方法。

```
1.    static Void onInputReport(Void * destination, Void const * buffer, UInt32 length)
2.    {
3.        udi_hid_generic_send_report_in((uint8_t *)buffer, length);
4.    }
```

此时插入 USB 可识别键盘设备，如果将 src\config\conf_usb. h 内的 hidtag 变更为 MultiTouch，则可以识别出 5 点触摸设备。

## 18.6 实现复合 HID 设备

在以上基础上，将对应一个 HID 实例的资源、逻辑改为使用 FOREACH_HID_INSTANCE 为每个 HID 实例实施一组。

在 $hid\device\generic\udi_hid_generic_conf. h 内调整 USB 接口定义、端点定义和端点数量。

```
1.    #define  UDI_HID_GENERIC_EP_OUT(_index, _tag)    (((_index) * 2 + 2) | USB_EP_DIR_OUT)
2.    #define  UDI_HID_GENERIC_EP_IN(_index, _tag)     (((_index) * 2 + 1) | USB_EP_DIR_IN)
3.    #define  UDI_HID_GENERIC_IFACE_NUMBER(_index, _tag)     (_index)
4.    #undef USB_DEVICE_MAX_EP   // undefine this definition in header file
5.    #define  USB_DEVICE_MAX_EP     (HID_INSTANCE_COUNT * 2)
```

在 $hid\device\generic\udi_hid_generic_conf. c 内调整 USB 接口数量。

```
1.    #define  USB_DEVICE_NB_INTERFACE       HID_INSTANCE_COUNT
```

配置描述符中的接口描述符由一个字段变更为一个数组，生成它的宏加入参数_index 和_tag，并作为参数宏传入 FOREACH_HID_INSTANCE。

```
1.    #define UDI_HID_GENERIC_DESC(_index, _tag)     {\
2.        .iface.bLength                = sizeof(usb_iface_desc_t),\
3.        .iface.bDescriptorType        = USB_DT_INTERFACE,\
4.        .iface.bInterfaceNumber       = UDI_HID_GENERIC_IFACE_NUMBER(_index, _tag),\
5.        .iface.bAlternateSetting      = 0,\
6.        .iface.bNumEndpoints          = 2,\
7.        .iface.bInterfaceClass        = HID_CLASS,\
8.        .iface.bInterfaceSubClass     = HID_SUB_CLASS_NOBOOT,\
9.        .iface.bInterfaceProtocol     = HID_PROTOCOL_GENERIC,\
10.       .iface.iInterface             = UDI_HID_GENERIC_STRING_ID,\
11.       .hid.bLength                  = sizeof(usb_hid_descriptor_t),\
12.       .hid.bDescriptorType          = USB_DT_HID,\
13.       .hid.bcdHID                   = LE16(USB_HID_BDC_V1_11),\
14.       .hid.bCountryCode             = USB_HID_NO_COUNTRY_CODE,\
15.       .hid.bNumDescriptors          = USB_HID_NUM_DESC,\
16.       .hid.bRDescriptorType         = USB_DT_HID_REPORT,\
17.       .hid.wDescriptorLength        = LE16(sizeof( * HidGetReportDescriptor(_tag)())),\
18.       .ep_in.bLength                = sizeof(usb_ep_desc_t),\
19.       .ep_in.bDescriptorType        = USB_DT_ENDPOINT,\
20.       .ep_in.bEndpointAddress       = UDI_HID_GENERIC_EP_IN(_index, _tag),\
21.       .ep_in.bmAttributes           = USB_EP_TYPE_INTERRUPT,\
22.       .ep_in.wMaxPacketSize         = LE16(HidMaxInputReportSize(_tag)),\
```

```
23.         .ep_in.bInterval                = 1,\
24.         .ep_out.bLength                 = sizeof(usb_ep_desc_t),\
25.         .ep_out.bDescriptorType         = USB_DT_ENDPOINT,\
26.         .ep_out.bEndpointAddress        = UDI_HID_GENERIC_EP_OUT(_index, _tag),\
27.         .ep_out.bmAttributes            = USB_EP_TYPE_INTERRUPT,\
28.         .ep_out.wMaxPacketSize          = LE16(HidMaxOutputReportSize(_tag)),\
29.         .ep_out.bInterval               = 1,\
30.         },
31.     COMPILER_WORD_ALIGNED
32.     UDC_DESC_STORAGE udc_desc_t udc_desc = {
33.         .conf.bLength                   = sizeof(usb_conf_desc_t),
34.         .conf.bDescriptorType           = USB_DT_CONFIGURATION,
35.         .conf.wTotalLength              = LE16(sizeof(udc_desc_t)),
36.         .conf.bNumInterfaces            = USB_DEVICE_NB_INTERFACE,
37.         .conf.bConfigurationValue       = 1,
38.         .conf.iConfiguration            = 0,
39.         .conf.bmAttributes              = USB_CONFIG_ATTR_MUST_SET | USB_DEVICE_ATTR,
40.         .conf.bMaxPower                 = USB_CONFIG_MAX_POWER(USB_DEVICE_POWER),
41.         .hid_generic                    = { FOREACH_HID_INSTANCE(UDI_HID_GENERIC_DESC) }
42.     };
```

输入报告队列及相关数据对每个 HID 实例都需要分别维护，输出报告、特征报告数据所有 HID 实例可以重叠存放（使用联合体 union）。

```
1.      #define HID_LOCAL_STATEMENT(_index, _tag) \
2.      static struct \
3.      { \
4.          uint8_t data[(HidMaxInputReportSize(_tag) != 0) ? HidMaxInputReportSize(_tag) : 1]; \
5.          uint length; \
6.      } udi_hid_generic_report_in ## _index[EP_INPUT_FIFO_SIZE]; \
7.      static uint reportInDequeueIndex ## _index; \
8.      static uint reportInQueueLength ## _index;
9.      FOREACH_HID_INSTANCE(HID_LOCAL_STATEMENT)
10.     #undef HID_LOCAL_STATEMENT
11.
12.     static union
13.     {
14.     #define HID_LOCAL_STATEMENT(_index, _tag) \
15.         uint8_t data ## _index[(HidMaxOutputReportSize(_tag) != 0) ? HidMaxOutputReport-
    Size(_tag) : 1];
16.     FOREACH_HID_INSTANCE(HID_LOCAL_STATEMENT)
17.     #undef HID_LOCAL_STATEMENT
18.     }
19.     udi_hid_generic_report_out;
20.
21.     static union
22.     {
23.     #define HID_LOCAL_STATEMENT(_index, _tag) \
24.         uint8_t data ## _index[(HidMaxFeatureReportSize(_tag) != 0) ? HidMaxFeatureRe-
    portSize(_tag) : 1];
25.     FOREACH_HID_INSTANCE(HID_LOCAL_STATEMENT)
```

```
26.     #undef HID_LOCAL_STATEMENT
27.     }
28.     udi_hid_generic_report_feature;
```

对每个 HID 实例声明一个独立的 udi_api_t 结构对象，其中的回调的方法也为每个 HID 实例独立实现。独立实现每个方法会使用到特别大的宏以及编译完成后特别大的代码，但这样做有一个重要的好处，就是只需要简单的替换代码，任何错误都会在编译阶段暴露出来。如果使用传入参数的方式识别不同的 HID 实例，可能需要大量的 switch-case 语句，或是强制类型转换，前者使用 FOREACH_HID_INSTANCE 宏后显得晦涩难懂，后者存在则失去了利用编译器发现类型错误的机会。灵活地使用行连接符“\”极大地有助于编写巨大宏时仍然保持代码的可读性。这部分代码量较大，但操作较为机械。

细节请参考源代码 $\source\Sam4sXplainedPro\src。

## 18.7 平台调用

在工程内新建源文件 local.c 及其头文件 local.h 用于实现和声明本地定义方法。

本节使用一个外设计时计数器（Timer Counter）实现计时，使其数值以 16 位无符号数循环递增。系统主时钟频率为 120 MHz，计时计数器的使用系统主时钟 32 分频，因此每毫秒计数值为 12 000 000/1 000/32=3 750，一个循环周期计数器更新 65 536 次，周期时间为 65 536/3 750≈17.5 ms。实现时只需以小于时钟周期 17.5 ms 的间隔更新数值即可。每次更新均获取计数值，并将该值与上次的计数值差值累加入当前时刻值，它的精度为 1/3 750 ms。

**获取当前时刻：** 更新上述计数值并将其返回当前时刻值。

**平移时刻：** 使用基准时刻数值附加待平移的时间，并将时间换算为计数值。

**获取时间差：** 使用基准时刻和当前时刻差值，并将计数值换算为时间。

**挂起系统：** 从不休眠，并在有机会时立即更新当前时刻值。

```
1.     static uint32_t tick_ms;
2.     static uint16_t last;
3.     static uint64_t total;
4.
5.     static void config_tick(void)
6.     {
7.         sysclk_enable_peripheral_clock(TICKER_TC_ID);
8.         tc_init(TICKER_TC, TICKER_TC_CHANNEL, TC_CMR_WAVE | TC_CMR_TCCLKS_TIMER_CLOCK3 |
   TC_CMR_WAVSEL_UP);
9.         tc_start(TICKER_TC, TICKER_TC_CHANNEL);
10.        tick_ms = sysclk_get_peripheral_bus_hz(TICKER_TC) / 32 / 1000;
11.        last = 0;
12.        total = 0;
13.    }
14.    static void update_tick(void)
15.    {
```

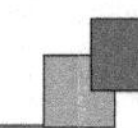

```
16.         uint16_t v;
17.
18.         v = tc_read_cv(TICKER_TC, TICKER_TC_CHANNEL);
19.         total += (uint16_t)(v - last);
20.         last = v;
21.     }
22.
23.     voidLocalInitialize(void)
24.     {
25.         config_tick();
26.     }
27.     Time LocalGetTimeNow(void)
28.     {
29.         update_tick();
30.         return total;
31.     }
32.     Time LocalIncreaseTime(Time base, uint32_t timeSpan)
33.     {
34.         return base + tick_ms * timeSpan;
35.     }
36.     uint32_t LocalGetTimeSpan(Time base)
37.     {
38.         update_tick();
39.         return (uint32_t)(total - base) / tick_ms;
40.     }
41.     void LocalIdle(void)
42.     {
43.         update_tick();
44.     }
```

这里使用了外设计时计数器，使用 SysTick 也可以获得相同功能。

## 18.8 模拟用户行为

在工程内新建源文件 application.c 及其头文件 application.h 用于实现和声明用户交互逻辑。所有的用户交互只有一个按键和一个指示灯。

由于新建工程时选择了开发板名称，自动生成的代码里已包含并调用了配置指示灯的方法，也包含了设置指示灯状态的方法。因此无需在模块初始化方法内做任何事，只需在其他方法内调用框架提供的相关方法即可。

```
1.     void ApplicationInitialize(void)
2.     {
3.     }
4.     bool ApplicationGetButton(void)
5.     {
6.         return (gpio_pin_is_low(BUTTON_0_PIN) != 0) ? true : false;
7.     }
8.     void ApplicationSetIndicator(bool state)
9.     {
```

```
10.        if (state != false)
11.        {
12.            LED_On(LED0);
13.        }
14.        else
15.        {
16.            LED_Off(LED0);
17.        }
18.    }
```

代码实现为方法 simulate，检测到按键按下时启动模拟用户行为，它由 main 方法调用并工作在一个无限循环内。

```
1.     static void simulate(HidCompositeHandle const * hidComposite)
2.     {
3.         pi = platformInvoker;
4.         while (ApplicationGetButton() == false)
5.         {
6.         }
7.         Act(&platformInvoker, hidComposite);
8.     }
```

完整的实现源代码参考 $\source\Sam4sXplainedPro\src\main.c。

# 第19章

# Freescale - K22F USB（MCUXpresso IDE）

本章实现一个用于 K22F 芯片的固件，实现 USB HID 复合设备，其中 K22F 是 Freescale 公司提供的一款 Cortex - M4F 内核的芯片。使用的硬件是 Frdm - K22F，它是 Freescale 公司支持的一个开发板。由于 Freescale 公司已并入 NXP 公司，目前该芯片、开发板的一切官方支持均由 NXP 提供。

特别值得一提的是，Frdm - K22F 上集成的开发调试工具是 OpenSDA，目前它最新的固件版本（OpenSDAv2.2）提供的调试接口为 DAPLink，它已经不是 J - Link 兼容的接口，而是使用 HID 通信实现调试功能。J－Link 兼容的接口使用了 USB 设备中的自定义接口类，需要安装对应的驱动；而使用 HID 接口则无需安装驱动。这种用法很符合本书表达的思想。

## 19.1 开发环境

使用 MCUXpresso IDE 作为集成开发环境，它由 NXP 公司提供，基于 Eclipse 实现，支持跨平台开发。对特定的开发板以 SDK 的方式提供支持，其中包括库代码、样例代码等。虽然基于 Eclipse，但它独立包含了运行所需的 Java 组件，无需额外安装、配置，也不会和系统已有的 Java 环境发生冲突。

MCUXpresso IDE 和 SDK 可以在 NXP 公司的官方网站上得到，但需要使用邮箱注册用户账号，用户可以免费使用。获取 SDK 需要在网页上配置并即时生成，生成时需选择组件，建议选择所有组件。

## 19.2 基本组件和配置

启动集成开发环境时需要指派一个工作区（Workspace）路径，读者可以根据自己的需求选择，一个工作区内可存在多个工程项目（Project）。

进入主界面关闭“欢迎”，下部可以看到 Installed SDKs。如果它未显示在前端，则可以选择“窗口”→“显示视图”→Installed SDKs(如果没有该选项,则选择“窗口”→“显示视图”→“其他”,在弹出的窗口中选择 MCUXpresso IDE\Installed SDKs 后单击“打开”按钮),它将出现在前端。

将已下载的 SDK 文件拖入 Installed SDKs 即可自动安装 SDK。

SDK 安装完成后,选择“文件”→“新建”→New C/C++ Project(如果没有该选项,则选择“文件”→“新建”→“其他”后在弹出的窗口中选择 MCUXpresso IDE\New C/C++ Project 后单击“下一步”按钮)。

在弹出的窗口中选择“frdmk22f”后单击“下一步”按钮。

在 Project name 中填入工程名;在 Component 中的 Driver 中选中 ftm,在 Middleware 中选中 USB device,其依赖项将被自动选中;其余保持默认,单击“完成”按钮①。

右击工程,在弹出的快捷菜单中选择“MCUXpresso 配置工具”→“打开引脚”。

分别单击右侧“概述”中的“功能组”中的 BOARD_InitLEDsPins 和 BOARD_InitButtonsPins 左侧的旗子图标,使其由空心变为实心,以使生成的代码调用对应的方法。

选中 BOARD_InitPins 文字,在左侧“引脚”中选中“引脚 5”“引脚 6”使其分别作为 USB_DP、USB_DM,在下方“路由引脚”中选中 TPIU 引脚并单击删除图标。

单击右侧“概述”中的“其他工具”中的 USB 图标打开外设工具;在左侧“组件”中单击 Peripheral driver 按钮右侧的“添加”按钮,并在弹出的窗口中选择 FTM 并确定。

在中间 FTM0 中将 Timer clock prescale value 的值改为 Divide by 32,将 Timer output frequency (Hz)的值改为 200。

其他配置保持默认,单击顶端工具栏中的“更新源代码”按钮并继续。

此时基本工程文件已生成,单击工具栏中的锤子图标即可编译,编译日志显示在下方的“控制台”窗口内。由于 SDK 是基于开发板的,它的主时钟、按钮、LED 等均保持默认配置即可。计时器(FTM0)的配置将用于后面的“平台调用”逻辑,此处暂不详解。

本章基本配置的完成时状态和其他嵌入式平台的有所不同,其他平台配置完成时得到的都是模板,而本章得到的是框架。换言之,其他平台下的代码已经包含了完整的逻辑,开发者需要替换已有的逻辑实现;本章的代码没有包含那些需要自定义的逻辑,自行实现之前它是不完整的。有模板需求的读者,可以将样例当作模板验证开发。作者认为,NXP 提供的库的设计思路是比较清晰的。

从阅读源代码的角度看,由于库中存在较多的回调,所以对代码阅读能力有一定的要求。但是对于熟悉面向对象思想,并且熟悉 C 语言的开发者,有助于理解源代码逻辑②。一般来说,模块结构清晰的源代码会损失一些运行效率,会增加对 ROM 和

---

① 不同版本的 SDK 细节存在差异。

② 作者阅读了 NXP 提供的库代码,但并未完全理解。感觉 NXP 库对 USB 系统中对设备配置(Configuration Value)和对接口轮候(Alternate Setting)的概念和使用方法的理解与作者自己的理解有较大差异。NXP 库代码可能认为每个接口在不同配置下都存在,并且可以有不同的行为;但作者认为,USB 定义不同的配置下接口完全被重新定义,甚至接口的数量都可以变化。不过,当设备配置和接口轮候均有唯一取值时,该库能正确运行。事实上,这种设计可以覆盖绝大多数需求。

RAM 的占用，但在目前的芯片性能条件下这不是问题。

## 19.3　基本框架

source 文件夹内的项目同名文件内包含了 main 方法。稍后自定义的头文件、源文件也都应放置在这里。

board 文件夹内的内容均由配置工具自动生成，包括引脚、时钟、外设。

usb 文件夹下是 usb 相关中间件。usb\source 内是基础 usb 逻辑，其中 usb_device_dci.h/.c 包含了直接以 USB 设备为目标的接口，usb_device_ch9.h/.c 包含了 USB 规格书第 9 章(USB Device Framework，USB 设备框架)规定的逻辑(即 USB 请求)实现。usb\class 内是以接口类为目标的接口以及接口类的逻辑(即 USB 类请求)实现，它在内部直接访问了直接以 USB 设备为目标的接口，并根据类协议分发了部分事务请求，可以认为是对 usb_device_dci.h/.c 的外层封装。

其他文件夹与本章主要内容基本无关，这里不再介绍。

SDK 中自带了许多样例工程，其中 HID 符合设备有 3 个样例，默认名称分别以 bm、freertos、lite_bm 为后缀。本章构造思路与后缀 bm 的样例一致，用户代码调用了以接口类为目标的接口。

## 19.4　逻辑引用和类型定义

右击 source，在弹出的快捷菜单中选择"新建"→Header File，新建 platform.h 文件，并在其中定义前文源代码中使用的基元类型。

逻辑引用直接包含第 12 章构造的源代码。以上相同方法新建 extern.h 文件，其中以 include 形式引用头文件(hid-composite.h，action.h)以及项目内的 platform.h；右击 source，在弹出的快捷菜单中选择"新建"→Source File 新建 extern.c 文件，其中以 include 形式引用源文件(hid-composite.c，action.c)和同名头文件。

## 19.5　实现单个 HID 实例

在 source\generated\usb_device_config.h 文件中包含 HID 实例定义文件并定义 hidtag：

```
1.    #include < extern.h >
2.    #define hidtag        Keyboard
```

**定义 HID 实例上下文并初始化：** 在 source\Frdm - K22F.c 内定义 HidInstanceContext 对象并在 main 方法内初始化，传入的输入报告方法中调用的 UsbHidReportIn 稍后将提到。

```
1.     HidInstanceContext hidInstance;
2.
3.     static Void inputReport(Void * destination, Void const * buffer, UInt32 length)
4.     {
5.         UsbHidReportIn(buffer, length);
6.     }
7.     /*
8.      * @brief   Application entry point.
9.      */
10.    int main(void) {
11.
12.        /* Init board hardware. */
13.        BOARD_InitBootPins();
14.        BOARD_InitBootClocks();
15.        BOARD_InitBootPeripherals();
16.        /* Init FSL debug console. */
17.        BOARD_InitDebugConsole();
18.
19.        PRINTF("Hello World\n");
20.
21.        HidInstanceInitialize(&hidInstance, inputReport, Null, Null);
22.        UsbHidInitialize();
23.        /* Force the counter to be placed into memory. */
24.        volatile static int i = 0 ;
25.        /* Enter an infinite loop, just incrementing a counter. */
26.        while(1) {
27.            i++ ;
28.            /* 'Dummy' NOP to allow source level single stepping of
29.                tight while() loop */
30.            __asm volatile ("nop");
31.        }
32.        return 0 ;
33.    }
```

初始化 HID 实例后调用 UsbHidInitialize 初始化 USB 设备，稍后将提到。

**访问 HID 实例上下文：**在 source\generated\usb_device_config. h 内声明 HID 实例上下文，它已被定义在 source\Frdm-K22F. c 内。

```
1.     extern HidInstanceContext hidInstance;
```

**定义 USB 常量：**在 source\generated\usb_device_config. h 文件中增加启动 USB 模块必须的定义、定义 USB 中与接口相关的数值：

```
1.    #define USB_CONTROLLER_ID         kUSB_ControllerKhci0
2.    #define USB_IRQHandler            USB0_IRQHandler
3.    #define USB_IRQn                  USB0_IRQn
4.
5.    #define USB_DEVICE_VID      0x2621
6.    #define USB_DEVICE_PID      0x0101
7.    #define USB_DEVICE_SERIAL_STRING_FS       "Hid-cross-sample"
8.    #define USB_DEVICE_LANGID     1033
9.
10.   #define USB_DEVICE_CONFIG_KHCI  1
11.   #define USB_DEVICE_CONFIG_NUM   1
12.   #define USB_DEVICE_INTERRUPT_PRIORITY (3U)
13.
14.   #define USB_CONFIGURE_INDEX      0
15.   #define USB_CONFIGURE_NUMBER     1
16.   #define USB_DEVICE_CONFIG_SELF_POWER     0
17.   #define USB_DEVICE_CONFIG_KHCI_DMA_ALIGN_BUFFER_LENGTH (64U)
18.
19.   #define USB_DEVICE_CONFIG_ENDPOINTS 2
20.   #define USB_DEVICE_IN_ENDPOINT_ADDRESS       (1 | (USB_IN << USB_DESCRIPTOR_ENDPOINT
      _ADDRESS_DIRECTION_SHIFT))
21.   #define USB_DEVICE_OUT_ENDPOINT_ADDRESS      (1 | (USB_OUT << USB_DESCRIPTOR_ENDPOINT
      _ADDRESS_DIRECTION_SHIFT))
22.   #define USB_DEVICE_CONFIG_HID                (1U)
23.
24.   #define USB_DESCRIPTOR_LENGTH_HID        9
```

**实现USB启动入口**：在source内分别新建usb－hid.c和usb－hid.h，本节以下内容都将在usb－hid.c内实现，将以逻辑关系由主及次描述。需注意源代码中的分布顺序并非依此顺序，甚至常常是相反的，因为被调用的代码位置通常要实现在调用的代码之前。

增加启动方法UsbHidInitialize及USB中断响应方法USB_IRQHandler，其中USB_IRQHandler的实现及注释均直接复制自样例：

```
1.    static usb_device_handle device;
2.
3.    void UsbHidInitialize(void)
4.    {
5.        buildConfig();
6.        if (USB_DeviceClassInit(USB_CONTROLLER_ID, &config_list, &device) != kStatus_USB_Success)
7.        {
8.            USB_DeviceClassDeinit(USB_CONTROLLER_ID);
9.            return;
10.       }
11.       USB_DeviceIsrEnable();
12.       USB_DeviceRun(device);
13.   }
14.
15.   void USB_IRQHandler(void)
16.   {
```

```
17.         USB_DeviceKhciIsrFunction(device);
18.         /* Add for ARM errata 838869, affects Cortex-M4, Cortex-M4F Store immediate overlapping
19.         exception return operation might vector to incorrect interrupt */
20.         __DSB();
21.     }
```

其中 config_list 及其内部以指针形式引用的变量均为模块内静态变量，并由 buildConfig 方法初始化。config_list 及其引用项必须定义为静态，因为被调用代码的内部将其用作指针，调用方必须保证被指向的位置总是有效。直接相关的代码如下：

```
1.      typedef struct _hid_class_config_content
2.      {
3.          usb_device_endpoint_struct_t endpoints[2];
4.          usb_device_interface_struct_t interface;
5.          usb_device_interfaces_struct_t interfaces;
6.          usb_device_interface_list_t interfaceList;
7.          usb_device_class_struct_t classInformation;
8.      }
9.      hid_class_config_content;
10.
11.     static hid_class_config_content hidClassConfigContent;
12.     static usb_device_class_config_struct_t config;
13.     static usb_device_class_config_list_struct_t config_list;
14.
15.     static usb_device_handle device;
16.
17.     static void buildConfig(void)
18.     {
19.     hidClassConfigContent.endpoints[0].endpointAddress = USB_DEVICE_IN_ENDPOINT_ADDRESS;
20.     hidClassContent.endpoints[0].transferType = USB_ENDPOINT_INTERRUPT;
21.     hidClassConfigContent.endpoints[0].maxPacketSize = HidInstanceMaxInputReportSize;
22.     hidClassConfigContent.endpoints[0].interval = 1;
23.     hidClassConfigContent.endpoints[1].endpointAddress = USB_DEVICE_OUT_ENDPOINT_ADDRESS;
24.     hidClassConfigContent.endpoints[1].transferType = USB_ENDPOINT_INTERRUPT;
25.     hidClassConfigContent.endpoints[1].maxPacketSize = HidInstanceMaxOutputReportSize;
26.     hidClassConfigContent.endpoints[1].interval = 1;
27.
28.     hidClassConfigContent.interface.alternateSetting = 0;
29.     hidClassConfigContent.interface.endpointList.endpoint = hidClassConfigContent.endpoints;
30.     hidClassConfigContent.interface.endpointList.count = sizeof(hidClassConfigContent.
        endpoints) / sizeof(hidClassConfigContent.endpoints[0]);
31.     hidClassConfigContent.interface.classSpecific = NULL;
32.
33.     hidClassConfigContent.interfaces.classCode = 0x03;
34.     hidClassConfigContent.interfaces.subclassCode = 0x00;
35.     hidClassConfigContent.interfaces.protocolCode = 0x00;
36.     hidClassConfigContent.interfaces.interfaceNumber = 0;
37.     hidClassConfigContent.interfaces.interface = &hidClassConfigContent.interface;
38.     hidClassConfigContent.interfaces.count = 1;
39.
40.     hidClassConfigContent.interfaceList.count = 1;
```

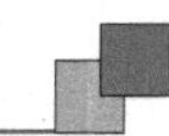

```
41.     hidClassConfigContent.interfaceList.interfaces = &hidClassConfigContent.interfaces;
42.
43.     hidClassConfigContent.classInformation.interfaceList = &hidClassConfigContent.interfaceList;
44.     hidClassConfigContent.classInformation.type = kUSB_DeviceClassTypeHid;
45.     hidClassConfigContent.classInformation.configurations = 1;
46.
47.         config.classCallback = usbDeviceClassCallback;
48.         config.classHandle = NULL;
49.         config.classInfomation = &hidClassConfigContent.classInformation;
50.
51.         config_list.config = &config;
52.         config_list.deviceCallback = usbDeviceCallback;
53.         config_list.count = 1;
54.     }
```

构造 config_list 时所需的回调方法 usbDeviceCallback 和 usbDeviceClassCallback 分别是 USB 设备回调和 USB HID 类回调。

本章中的各种描述符获取方式与样例不一致。样例代码直接将每个描述符定义在内存中并限定了对齐方式，并且在传输时直接传输对应地址；本章将包括描述符在内的所有控制传输数据映射至相同地址，并在启动输入之前将对应的内容复制至该地址。只有这样才能支持第 12 章的代码提供的报告描述符、同时一并减少了大量内存中的对齐限定，也减少了内存占用。

**实现 USB 设备回调：** 在 usbDeviceCallback 方法内实现运行逻辑，其中包括获取设备描述符、配置描述符、HID 报告描述符等实现。

```
1.      typedef struct _interface_status
2.      {
3.          uint8_t alternateSetting;
4.          volatile uint8_t isBusy;
5.      }
6.      interface_status;
7.
8.      typedef struct _device_status
9.      {
10.         uint8_t currentConfiguration;
11.     }
12.     device_status;
13.
14.     static device_status deviceStatus;
15.     static interface_status interfaceStatus;
16.
17.     static usb_status_t usbDeviceCallback(usb_device_handle handle, uint32_t callback-
        Event, void * eventParam)
18.     {
19.         usb_status_t error = kStatus_USB_Error;
20.         uint8_t * buffer;
21.         uint32_t length;
22.
```

```
23.        switch (callbackEvent) {
24.        case kUSB_DeviceEventBusReset:
25.            deviceStatus.currentConfiguration = 0;
26.            interfaceStatus.alternateSetting = 0;
27.            interfaceStatus.isBusy = 0;
28.            error = kStatus_USB_Success;
29.            break;
30.        case kUSB_DeviceEventSetConfiguration:
31.            deviceStatus.currentConfiguration = *(uint8_t *)eventParam;
32.            USB_DeviceHidRecv(config.classHandle, USB_DEVICE_OUT_ENDPOINT_ADDRESS, out-
    putTransferBuffer, HidInstanceMaxOutputReportSize);
33.            error = kStatus_USB_Success;
34.            break;
35.        case kUSB_DeviceEventSetInterface:
36.            if (deviceStatus.currentConfiguration != USB_CONFIGURE_NUMBER)
37.            {
38.                break;
39.            }
40.            if (((*((uint16_t *)eventParam)) >> 8) == 0)
41.            {
42.                interfaceStatus.alternateSetting = (uint8_t)((*((uint16_t *)event-
    Param)) & 0xff);
43.                // endpoint has been reinitialized.
44.                USB_DeviceHidRecv(config.classHandle, USB_DEVICE_OUT_ENDPOINT_ADDRESS,
    outputTransferBuffer, HidInstanceMaxOutputReportSize);
45.                error = kStatus_USB_Success;
46.            }
47.            break;
48.        case kUSB_DeviceEventGetConfiguration:
49.            *(uint8_t *)eventParam = deviceStatus.currentConfiguration;
50.            error = kStatus_USB_Success;
51.            break;
52.        case kUSB_DeviceEventGetInterface:
53.            if (deviceStatus.currentConfiguration != USB_CONFIGURE_NUMBER)
54.            {
55.                break;
56.            }
57.            if (((*((uint16_t *)eventParam)) >> 8) == 0)
58.            {
59.                *((uint8_t *)eventParam) = interfaceStatus.alternateSetting;
60.                error = kStatus_USB_Success;
61.            }
62.            break;
63.        case kUSB_DeviceEventGetDeviceDescriptor:
64.            buffer = controlTransferFillArray(device_descriptor, sizeof(device_descriptor));
65.            if (buffer == NULL)
66.            {
67.                break;
68.            }
69.            ((usb_device_get_device_descriptor_struct_t *)eventParam)->buffer = buffer;
```

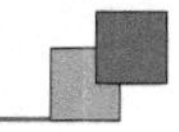

```
70.             ((usb_device_get_device_descriptor_struct_t * )eventParam) ->length = sizeof
    (device_descriptor);
71.             error = kStatus_USB_Success;
72.             break;
73.         case kUSB_DeviceEventGetConfigurationDescriptor:
74.             if (((usb_device_get_configuration_descriptor_struct_t * )eventParam) ->con-
    figuration != USB_CONFIGURE_INDEX)
75.             {
76.                 break;
77.             }
78.             buffer = controlTransferFillArray(config_descriptor, sizeof(config_descriptor));
79.             if (buffer == NULL)
80.             {
81.                 break;
82.             }
83.             ((usb_device_get_configuration_descriptor_struct_t * )eventParam) ->buffer = buffer;
84.             ((usb_device_get_configuration_descriptor_struct_t * )eventParam) ->length =
    sizeof(config_descriptor);
85.             error = kStatus_USB_Success;
86.             break;
87.         case kUSB_DeviceEventGetStringDescriptor:
88.             switch (((usb_device_get_string_descriptor_struct_t * )eventParam) ->stringIndex)
89.             {
90.             case 0:
91.                 buffer = controlTransferFillArray(string_descriptor, sizeof(string_de-
    scriptor));
92.                 length = sizeof(string_descriptor);
93.                 break;
94.             case USB_DEVICE_IDX_SERIAL_STR:
95.                 buffer = controlTransferFillStringDescriptor(USB_DEVICE_SERIAL_STRING_
    FS, &length);
96.                 break;
97.             default:
98.                 buffer = NULL;
99.                 break;
100.            }
101.            if (buffer == NULL)
102.            {
103.                break;
104.            }
105.            ((usb_device_get_string_descriptor_struct_t * )eventParam) ->buffer = buffer;
106.            ((usb_device_get_string_descriptor_struct_t * )eventParam) ->length = length;
107.            error = kStatus_USB_Success;
108.            break;
109.        case kUSB_DeviceEventGetHidDescriptor:
110.            error = kStatus_USB_InvalidRequest;
111.            break;
112.        case kUSB_DeviceEventGetHidReportDescriptor:
113.            if (((usb_device_get_hid_report_descriptor_struct_t * )eventParam) ->inter-
    faceNumber == 0)
```

```
114.            {
115.                buffer = controlTransferFillArray(HidInstanceGetReportDescriptor(), si-
    zeof( * HidInstanceGetReportDescriptor()));
116.                if (buffer == NULL)
117.                {
118.                    break;
119.                }
120.                ((usb_device_get_hid_report_descriptor_struct_t * )eventParam) ->buffer = buff-
er;
121.                ((usb_device_get_hid_report_descriptor_struct_t * )eventParam) ->length
  = sizeof( * HidInstanceGetReportDescriptor());
122.                error = kStatus_USB_Success;
123.            }
124.            break;
125.        case kUSB_DeviceEventGetHidPhysicalDescriptor:
126.            error = kStatus_USB_InvalidRequest;
127.            break;
128.        default:
129.            break;
130.        }

132.        return error;
133.    }
```

**实现 USB HID 类回调：**在 usbDeviceClassCallback 方法内实现运行逻辑，其中包括 HID 报告传输、设置获取状态等实现。HID 请求中关于 Idle① 和 Protocol 的逻辑已经在库代码中实现，此处可以不做任何操作直接返回成功。

```
1.    static usb_status_tusbDeviceClassCallback(class_handle_t classHandle, uint32_t call-
      backEvent, void * eventParam)
2.    {
3.        usb_status_t error = kStatus_USB_Error;
4.        uint8_t * buffer;
5.        uint32_t length;
6.
7.        switch (callbackEvent)
8.        {
9.            case kUSB_DeviceHidEventSendResponse:
10.               interfaceStatus.isBusy = 0;
11.               error = kStatus_USB_Success;
12.               break;
13.           case kUSB_DeviceHidEventRecvResponse:
14.               buffer = ((usb_device_endpoint_callback_message_struct_t * )eventParam) ->buffer;
15.               length = ((usb_device_endpoint_callback_message_struct_t * )eventParam)
    ->length;
16.               HidInstanceOutputReport(&hidInstance, buffer, length);
```

① 库中并未对每个报告 ID 维护一个 Idle 值，但这无关紧要，重要的是正确响应请求。

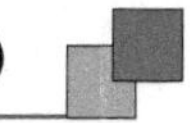

```
17.            USB_DeviceHidRecv(config.classHandle, USB_DEVICE_OUT_ENDPOINT_ADDRESS,
    outputTransferBuffer, HidInstanceMaxOutputReportSize);
18.            error = kStatus_USB_Success;
19.            break;
20.        case kUSB_DeviceHidEventGetReport:
21.            if (((usb_device_hid_report_struct_t *)eventParam)->reportType != USB_
    DEVICE_HID_REQUEST_GET_REPORT_TYPE_FEATURE)
22.            {
23.                break;
24.            }
25.            if (HidInstanceGetFeatureReport(&hidInstance, ((usb_device_hid_report_
    struct_t *)eventParam)->reportId, controlTransferBuffer, sizeof(controlTransfer-
    Buffer), &length) == False)
26.            {
27.                break;
28.            }
29.            if (((usb_device_hid_report_struct_t *)eventParam)->reportLength < length)
30.            {
31.                break;
32.            }
33.            ((usb_device_hid_report_struct_t *)eventParam)->reportBuffer = contro-
    lTransferBuffer;
34.            ((usb_device_hid_report_struct_t *)eventParam)->reportLength = length;
35.            error = kStatus_USB_Success;
36.            break;
37.        case kUSB_DeviceHidEventSetReport:
38.            buffer = ((usb_device_hid_report_struct_t *)eventParam)->reportBuffer;
39.            length = ((usb_device_hid_report_struct_t *)eventParam)->reportLength;
40.            switch (((usb_device_hid_report_struct_t *)eventParam)->reportType)
41.            {
42.            case USB_DEVICE_HID_REQUEST_GET_REPORT_TYPE_FEATURE:
43.                if (HidInstanceSetFeatureReport(&hidInstance, ((usb_device_hid_re-
    port_struct_t *)eventParam)->reportId, buffer, length) == False)
44.                {
45.                    break;
46.                }
47.                error = kStatus_USB_Success;
48.                break;
49.            case USB_DEVICE_HID_REQUEST_GET_REPORT_TYPE_OUPUT:
50.                HidInstanceOutputReport(&hidInstance, buffer, length);
51.                error = kStatus_USB_Success;
52.                break;
53.            }
54.            break;
55.        case kUSB_DeviceHidEventRequestReportBuffer:
56.            length = ((usb_device_hid_report_struct_t *)eventParam)->reportLength;
57.            if (length > sizeof(controlTransferBuffer))
58.            {
59.                break;
60.            }
```

```
61.             ((usb_device_hid_report_struct_t * )eventParam) ->reportBuffer = contro-
    lTransferBuffer;
62.             error = kStatus_USB_Success;
63.             break;
64.         case kUSB_DeviceHidEventGetIdle:
65.         case kUSB_DeviceHidEventGetProtocol:
66.         case kUSB_DeviceHidEventSetIdle:
67.         case kUSB_DeviceHidEventSetProtocol:
68.             error = kStatus_USB_Success;
69.             break;
70.         default:
71.             break;
72.     }
73.
74.     return error;
75. }
```

**实现数据封装方法：**包括输入描述符在内的数据复制逻辑由 controlTransferFillArray 和 controlTransferFillStringDescriptor 方法实现，前者直接复制描述符，后者将字符串构造为字符串描述符。此时先定义一个足够大的空间以承载所有控制传输内容。

```
1.  USB_DMA_INIT_DATA_ALIGN(USB_DATA_ALIGN_SIZE)
2.  static uint8_t controlTransferBuffer[0x1000];
3.  USB_DMA_INIT_DATA_ALIGN(USB_DATA_ALIGN_SIZE)
4.
5.  uint8_t * controlTransferFillArray(void const * source, uint32_t length)
6.  {
7.      uint32_t i;
8.
9.      if ((source == NULL) || (length > sizeof(controlTransferBuffer)))
10.     {
11.         return NULL;
12.     }
13.     for (i = 0; i < length; i++)
14.     {
15.         controlTransferBuffer[i] = ((uint8_t const * )source)[i];
16.     }
17.     return controlTransferBuffer;
18. }
19. uint8_t * controlTransferFillStringDescriptor(char const * source, uint32_t * length)
20. {
21.     uint32_t i;
22.
23.     for (i = 0; i < sizeof(controlTransferBuffer) / 2 - 1; i++)
24.     {
25.         if (source[i] == 0)
26.         {
27.             break;
28.         }
29.         controlTransferBuffer[i * 2 + 2] = source[i];
30.         controlTransferBuffer[i * 2 + 3] = '\0';
```

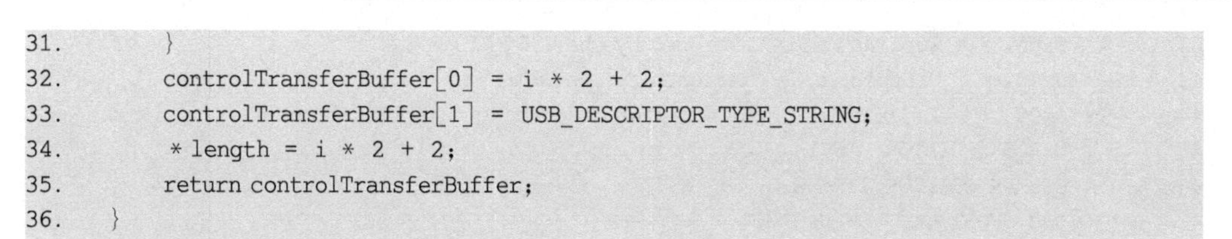

```
31.         }
32.         controlTransferBuffer[0] = i * 2 + 2;
33.         controlTransferBuffer[1] = USB_DESCRIPTOR_TYPE_STRING;
34.         *length = i * 2 + 2;
35.         return controlTransferBuffer;
36.     }
```

**定义描述符：**包括设备描述符、配置描述符、索引为 0 的字符串描述符。

```
1.      #define USB_DEVICE_IDX_SERIAL_STR         0x03U
2.
3.      static uint8_t const device_descriptor[] =
4.      {
5.          USB_DESCRIPTOR_LENGTH_DEVICE,
6.          USB_DESCRIPTOR_TYPE_DEVICE,
7.          USB_SHORT_GET_LOW(0x0200),
8.          USB_SHORT_GET_HIGH(0x0200),
9.          0x00,
10.         0x00,   /* Subclass code (assigned by the USB - IF). */
11.         0x00,   /* Protocol code (assigned by the USB - IF). */
12.         USB_CONTROL_MAX_PACKET_SIZE,   /* Maximum packet size for endpoint zero */
13.         USB_SHORT_GET_LOW(USB_DEVICE_VID),   // Vendor ID
14.         USB_SHORT_GET_HIGH(USB_DEVICE_VID),
15.         USB_SHORT_GET_LOW(USB_DEVICE_PID),   // Product ID
16.         USB_SHORT_GET_HIGH(USB_DEVICE_PID),
17.         USB_SHORT_GET_LOW(0x0100),
18.         USB_SHORT_GET_HIGH(0x0100), /* Device release number in binary - coded decimal */
19.         0x00U, /* Index of string descriptor describing manufacturer */
20.         0x00U, /* Index of string descriptor describing product */
21.         USB_DEVICE_IDX_SERIAL_STR, /* Index of string descriptor describing the device's
    serial number */
22.         1,                  /* Number of possible configurations */
23.     };
24.
25.     static uint8_t const config_descriptor[] =
26.     {
27.         USB_DESCRIPTOR_LENGTH_CONFIGURE,
28.         USB_DESCRIPTOR_TYPE_CONFIGURE,
29.         USB_SHORT_GET_LOW(41),
30.         USB_SHORT_GET_HIGH(41),
31.         1, /* Number of interfaces supported by this configuration */
32.         USB_CONFIGURE_NUMBER,
33.         0x00U, /* Index of string descriptor describing this configuration */
34.         0x80, /* Configuration characteristics */
35.         0xFA, /* Maximum power consumption of the USB */
36.         USB_DESCRIPTOR_LENGTH_INTERFACE, /* Size of this descriptor in bytes */
37.         USB_DESCRIPTOR_TYPE_INTERFACE,   /* INTERFACE Descriptor Type */
38.         0,   /* Number of this interface.    */
39.         0x00U, /* Value used to select this alternate setting for the interface identified
    in the prior field */
40.         2, /* Number of endpoints used by this interface (excluding endpoint zero).   */
41.         0x03, /* Class code (assigned by the USB - IF).   */
```

```
42.        0x00, /* Subclass code (assigned by the USB-IF). */
43.        0x00, /* Protocol code (assigned by the USB). */
44.        0x00, /* Index of string descriptor describing this interface */
45.        USB_DESCRIPTOR_LENGTH_HID,
46.        USB_DESCRIPTOR_TYPE_HID,
47.        USB_SHORT_GET_LOW(0x0100),
48.        USB_SHORT_GET_HIGH(0x0100),      /* Numeric expression identifying the HID Class
    Specification release. */
49.        0x00U, /* Numeric expression identifying country code of the localized hardware */
50.        0x01U, /* Numeric expression specifying the number of class descriptors(at least
    one report descriptor) */
51.        USB_DESCRIPTOR_TYPE_HID_REPORT, /* Constant name identifying type of class de-
    scriptor.    */
52.        USB_SHORT_GET_LOW(sizeof(*HidInstanceGetReportDescriptor())),
53.        USB_SHORT_GET_HIGH(sizeof(*HidInstanceGetReportDescriptor())),
54.        USB_DESCRIPTOR_LENGTH_ENDPOINT,
55.        USB_DESCRIPTOR_TYPE_ENDPOINT,
56.        USB_DEVICE_IN_ENDPOINT_ADDRESS,
57.        USB_ENDPOINT_INTERRUPT,
58.        USB_SHORT_GET_LOW(HidInstanceMaxInputReportSize),
59.        USB_SHORT_GET_HIGH(HidInstanceMaxInputReportSize),
60.        1, /* Interval for polling endpoint for data transfers.    */
61.        USB_DESCRIPTOR_LENGTH_ENDPOINT,
62.        USB_DESCRIPTOR_TYPE_ENDPOINT,
63.        USB_DEVICE_OUT_ENDPOINT_ADDRESS,
64.        USB_ENDPOINT_INTERRUPT,
65.        USB_SHORT_GET_LOW(HidInstanceMaxOutputReportSize),
66.        USB_SHORT_GET_HIGH(HidInstanceMaxOutputReportSize),
67.        1, /* Interval for polling endpoint for data transfers. */
68.    };
69.
70.    static uint8_t const string_descriptor[] =
71.    {
72.        0x04,
73.        USB_DESCRIPTOR_TYPE_STRING,
74.        USB_SHORT_GET_LOW(USB_DEVICE_LANGID),
75.        USB_SHORT_GET_HIGH(USB_DEVICE_LANGID),
76.    };
```

**实现输入报告方法：**定义一个用于输入报告的缓存，它必须符合设备对待传输数据地址的对齐要求。当连续多次调用发送数据时，为了避免数据丢失，使用阻塞的方法保证前一帧数据发送完成后才启动其后的数据。相比于队列，这样构造的好处是逻辑简单，没有容量上限限制。存在对应的缺点，它需要调用方满足以下条件：

- 能够忽略或消除阻塞带来的计时误差；
- 如果方法在中断中运行，它所在的中断的优先级必须低于回调所在中断（USB中断）的优先级；
- 逻辑不支持重入，即方法正在运行时不能在中断中调用相同的方法，否则会有逻辑错误（死锁）；

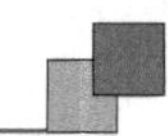

- 当传输层行为不在设计范围内时可能造成逻辑错误(死锁),设计必须接受此风险；
- 设计必须接受阻塞造成的性能浪费。

用于演示的样例满足以上所有条件。该方法对调用方是安全的,调用方可以在调用后立即重用数据所在的内存,也可以在调用后立即启动下一次调用。

```
1.    USB_DMA_INIT_DATA_ALIGN(USB_DATA_ALIGN_SIZE)
2.    static uint8_t inputTransferBuffer[(HidInstanceMaxInputReportSize > 0) ? HidInstance-
      MaxInputReportSize : 1];
3.
4.    void UsbHidReportIn(void const * buffer, uint32_t length)
5.    {
6.        if (length < sizeof(inputTransferBuffer))
7.        {
8.            return;
9.        }
10.
11.       while (interfaceStatus.isBusy != 0)
12.       {
13.           __WFI();
14.       }
15.       interfaceStatus.isBusy = 1;
16.       memcpy(inputTransferBuffer, buffer, length);
17.       if (USB_DeviceHidSend(config.classHandle, USB_DEVICE_IN_ENDPOINT_ADDRESS, input-
    TransferBuffer, length) != kStatus_USB_Success)
18.       {
19.           interfaceStatus.isBusy = 0;
20.       }
21.   }
```

此时插入 USB 可识别键盘设备,如果将 source\generated\usb_device_config.h 内的 hidtag 变更为 MultiTouch,则可以识别出 5 点触摸设备。

## 19.6 实现复合 HID 设备

在以上基础上,将对应一个 HID 实例的资源、逻辑改为使用 FOREACH_HID_INSTANCE 为每个 HID 实例实施一组。

在 source\generated\usb_device_config.h 内声明每个 HID 实例。

```
1.    #define HID_LOCAL_STATEMENT(_index, _tag) extern HidContext(_tag) hidInstance ## _index;
2.    FOREACH_HID_INSTANCE(HID_LOCAL_STATEMENT)
3.    #undef HID_LOCAL_STATEMENT
```

在 source\Frdm－K22F.c 中定义每个 HID 实例并初始化。

```
1.    #define HID_LOCAL_STATEMENT(_index, _tag) HidContext(_tag) hidInstance ## _index;
2.    FOREACH_HID_INSTANCE(HID_LOCAL_STATEMENT)
3.    #undef HID_LOCAL_STATEMENT
```

……

```
1.    #define HID_LOCAL_STATEMENT(_index, _tag) HidInitialize(_tag)(&hidInstance ## _in-
      dex, inputReport, Null, (Void*)_index);
2.        FOREACH_HID_INSTANCE(HID_LOCAL_STATEMENT)
3.    #undef HID_LOCAL_STATEMENT
```

在 source\generated\usb_device_config.h 内调整定义，包括变更 USB 需配置的端点数量、调整中断端点地址定义、配置的接口数量。

```
1.    #define USB_DEVICE_CONFIG_ENDPOINTS (HID_INSTANCE_COUNT + 1)
2.
3.    #define USB_DEVICE_IN_ENDPOINT_ADDRESS(_index, _tag)    ((_index + 1) | (USB_IN <<
      USB_DESCRIPTOR_ENDPOINT_ADDRESS_DIRECTION_SHIFT))
4.    #define USB_DEVICE_OUT_ENDPOINT_ADDRESS(_index, _tag)   ((_index + 1) | (USB_OUT <<
      USB_DESCRIPTOR_ENDPOINT_ADDRESS_DIRECTION_SHIFT))
5.    #define USB_DEVICE_CONFIG_HID                              HID_INSTANCE_COUNT
```

在 source\usb－hid.c 内调整报告描述符，包括调整报告描述符长度、接口数量、逐个描述每个接口的内容。

```
1.    static uint8_t const config_descriptor[] =
2.    {
3.        USB_DESCRIPTOR_LENGTH_CONFIGURE, /* Size of this descriptor in bytes */
4.        USB_DESCRIPTOR_TYPE_CONFIGURE,   /* CONFIGURATION Descriptor Type */
5.        USB_SHORT_GET_LOW((9 + 32 * HID_INSTANCE_COUNT)),
6.        USB_SHORT_GET_HIGH((9 + 32 * HID_INSTANCE_COUNT)),
7.        HID_INSTANCE_COUNT,
8.        USB_CONFIGURE_NUMBER,
9.        0x00U,
10.       0x80, /* Configuration characteristics */
11.       0xFA, /* Maximum power consumption of the USB */
12.   #define HID_LOCAL_STATEMENT(_index, _tag) \
13.       USB_DESCRIPTOR_LENGTH_INTERFACE, USB_DESCRIPTOR_TYPE_INTERFACE, _index, 0, 2,
    0x03, 0x00, 0x00, 0x00, \
14.       USB_DESCRIPTOR_LENGTH_HID, USB_DESCRIPTOR_TYPE_HID, USB_SHORT_GET_LOW(0x0100),
    USB_SHORT_GET_HIGH(0x0100), 0x00, 0x01, USB_DESCRIPTOR_TYPE_HID_REPORT, USB_SHORT_
    GET_LOW(sizeof(*HidGetReportDescriptor(_tag)())), USB_SHORT_GET_HIGH(sizeof(*
    HidGetReportDescriptor(_tag)())), \
15.       USB_DESCRIPTOR_LENGTH_ENDPOINT, USB_DESCRIPTOR_TYPE_ENDPOINT, USB_DEVICE_IN_END-
    POINT_ADDRESS(_index, _tag), USB_ENDPOINT_INTERRUPT, USB_SHORT_GET_LOW(HidMaxInpu-
    tReportSize(_tag)), USB_SHORT_GET_HIGH(HidMaxInputReportSize(_tag)), 1, \
16.       USB_DESCRIPTOR_LENGTH_ENDPOINT, USB_DESCRIPTOR_TYPE_ENDPOINT, USB_DEVICE_OUT_
    ENDPOINT_ADDRESS(_index, _tag), USB_ENDPOINT_INTERRUPT, USB_SHORT_GET_LOW(HidMax-
    OutputReportSize(_tag)), USB_SHORT_GET_HIGH(HidMaxOutputReportSize(_tag)), 1,
17.   FOREACH_HID_INSTANCE(HID_LOCAL_STATEMENT)
18.   #endif // HID_COMPOSITE
19.   };
```

在 source\usb-hid.c 内调整其中每个设备实例传递给库的状态和配置载体。

```
1.    static hid_class_config_content hidClassConfigContent[HID_INSTANCE_COUNT];
2.    static usb_device_class_config_struct_t config[HID_INSTANCE_COUNT];
```

在 source\usb－hid.c 内增加一个结构体常量数组，记录每个 HID 实例中的常量，以便代码中使用索引获得对应的值。由于第 12 章的代码中设置、获取特征报告的方式在 Keyboard 实例中使用了宏，所以在相关调用时只能使用 switch-case 方式实现；同理，输出报告在 MultiTouch 实例中也使用了宏。如果上述接口统一使用函数实现，这里可以将对应的函数指针一并加入该结构体中。此外，用户获取报告描述符的方法由于每个实例的类型不一致，也不能直接使用函数指针。

```
1.    static struct
2.    {
3.        class_handle_t const * classHandle;
4.        uint8_t epOutAddress;
5.        uint32_t epOutSize;
6.        uint8_t epInAddress;
7.        uint32_t epInSize;
8.        uint8_t * inputTransferBuffer;
9.    }
10.   const hidReference[] =
11.   {
12.   #define HID_LOCAL_STATEMENT(_index, _tag) \
13.       { &config[_index].classHandle, USB_DEVICE_OUT_ENDPOINT_ADDRESS(_index, _tag),
   HidMaxOutputReportSize(_tag), USB_DEVICE_IN_ENDPOINT_ADDRESS(_index, _tag), HidMax-
   InputReportSize(_tag), inputTransferBuffer ## _index },
14.   FOREACH_HID_INSTANCE(HID_LOCAL_STATEMENT)
15.   #undef HID_LOCAL_STATEMENT
16.   };
```

调整初始化上述配置的方法。

```
1.    static void buildConfig(void)
2.    {
3.        int i;
4.
5.    #define HID_LOCAL_STATEMENT(_index, _tag) \
6.        hidClassConfigContent[_index].endpoints[0].endpointAddress = USB_DEVICE_IN_END-
   POINT_ADDRESS(_index, _tag); \
7.        hidClassConfigContent[_index].endpoints[0].transferType = USB_ENDPOINT_INTERRUPT; \
8.        hidClassConfigContent[_index].endpoints[0].maxPacketSize = HidMaxInputReportS-
   ize(_tag); \
9.        hidClassConfigContent[_index].endpoints[0].interval = 1; \
10.       hidClassConfigContent[_index].endpoints[1].endpointAddress = USB_DEVICE_OUT_ENDPOINT_
   ADDRESS(_index, _tag); \
11.       hidClassConfigContent[_index].endpoints[1].transferType = USB_ENDPOINT_INTERRUPT; \
12.       hidClassConfigContent[_index].endpoints[1].maxPacketSize = HidMaxOutputReportS-
   ize(_tag); \
13.       hidClassConfigContent[_index].endpoints[1].interval = 1;
14.   FOREACH_HID_INSTANCE(HID_LOCAL_STATEMENT)
15.   #undef HID_LOCAL_STATEMENT
16.
17.       for (i = 0; i < HID_INSTANCE_COUNT; i++)
18.       {
19.           hidClassConfigContent[i].interface.alternateSetting = 0;
20.           hidClassConfigContent[i].interface.endpointList.endpoint = hidClassConfig-
   Content[i].endpoints;
```

```
21.             hidClassConfigContent[i].interface.endpointList.count = sizeof(hidClassCon-
    figContent[i].endpoints) / sizeof(hidClassConfigContent[i].endpoints[0]);
22.             hidClassConfigContent[i].interface.classSpecific = NULL;
23.
24.             hidClassConfigContent[i].interfaces.classCode = 0x03;
25.             hidClassConfigContent[i].interfaces.subclassCode = 0x00;
26.             hidClassConfigContent[i].interfaces.protocolCode = 0x00;
27.             hidClassConfigContent[i].interfaces.interfaceNumber = i;
28.             hidClassConfigContent[i].interfaces.interface = &hidClassConfigContent[i].
    interface;
29.             hidClassConfigContent[i].interfaces.count = 1;
30.
31.             hidClassConfigContent[i].interfaceList.count = 1;
32.             hidClassConfigContent[i].interfaceList.interfaces = &hidClassConfigContent
    [i].interfaces;
33.
34.             hidClassConfigContent[i].classInformation.interfaceList = &hidClassConfig
    Content[i].interfaceList;
35.             hidClassConfigContent[i].classInformation.type = kUSB_DeviceClassTypeHid;
36.             hidClassConfigContent[i].classInformation.configurations = 1;
37.
38.             config[i].classCallback = usbDeviceClassCallback;
39.             config[i].classHandle = NULL;
40.             config[i].classInfomation = &hidClassConfigContent[i].classInformation;
41.         }
42.         config_list.config = config;
43.         config_list.deviceCallback = usbDeviceCallback;
44.         config_list.count = HID_INSTANCE_COUNT;
45.     }
```

在 source\usb-hid.c 内调整传输报告用到的内存。每个输入报告定义独立的内存块，所有输出报告共享一个内存块。输出报告共享的内存块长度为所有实例所需的最大值，使用联合体配合 sizeof 关键字实现。

```
1.     typedef union
2.     {
3.     #define HID_LOCAL_STATEMENT(_index, _tag) \
4.         uint8_t data ## _index[(HidMaxOutputReportSize(_tag) > 0) ? HidMaxOutputReport-
    Size(_tag) : 1];
5.     FOREACH_HID_INSTANCE(HID_LOCAL_STATEMENT)
6.     #undef HID_LOCAL_STATEMENT
7.     }
8.     OutputBufferType;
9.     USB_DMA_INIT_DATA_ALIGN(USB_DATA_ALIGN_SIZE)
10.    static uint8_t outputTransferBuffer[sizeof(OutputBufferType)];
11.    #define HID_LOCAL_STATEMENT(_index, _tag) \
12.    USB_DMA_INIT_DATA_ALIGN(USB_DATA_ALIGN_SIZE) \
13.    static uint8_t inputTransferBuffer ## _index[(HidMaxInputReportSize(_tag) > 0) ?
    HidMaxInputReportSize(_tag) : 1];
14.    FOREACH_HID_INSTANCE(HID_LOCAL_STATEMENT)
15.    #undef HID_LOCAL_STATEMENT
```

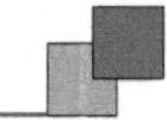

调整用于记录接口状态的变量定义。

```
1.    static interface_status interfaceStatus[HID_INSTANCE_COUNT];
```

USB 设备回调内调整为支持多接口设备，包括初始化接口状态、设置配置时启动所有输出端点、设置接口时识别接口索引并启动对应输出端点、获取接口时识别接口索引、获取报告描述符时根据接口索引传输结果。

```
1.         case kUSB_DeviceEventBusReset:
2.             deviceStatus.currentConfiguration = 0;
3.             for (i = 0; i < sizeof(interfaceStatus) / sizeof(interfaceStatus[0]); i++)
4.             {
5.                 interfaceStatus[i].alternateSetting = 0;
6.                 interfaceStatus[i].isBusy = 0;
7.             }
8.             error = kStatus_USB_Success;
9.             break;
```

……

```
1.         case kUSB_DeviceEventSetConfiguration:
2.             deviceStatus.currentConfiguration = *(uint8_t*)eventParam;
3.             for (i = 0; i < sizeof(hidReference) / sizeof(hidReference[0]); i++)
4.             {
5.                  USB_DeviceHidRecv(config[i].classHandle, hidReference[i].epOutAddress,
    outputTransferBuffer, hidReference[i].epOutSize);
6.             }
7.             error = kStatus_USB_Success;
8.             break;
```

……

```
1.         case kUSB_DeviceEventSetInterface:
2.             if (deviceStatus.currentConfiguration != USB_CONFIGURE_NUMBER)
3.             {
4.                 break;
5.             }
6.              if (((*((uint16_t*)eventParam)) >> 8) < sizeof(hidReference) / sizeof
    (hidReference[0]))
7.             {
8.                 USB_DeviceHidRecv(config[(*((uint16_t*)eventParam)) >> 8].classHan-
    dle, hidReference[(*((uint16_t*)eventParam)) >> 8].epOutAddress, outputTransfer-
    Buffer, hidReference[(*((uint16_t*)eventParam)) >> 8].epOutSize);
9.                 error = kStatus_USB_Success;
10.            }
11.            break;
```

……

```
1.         case kUSB_DeviceEventGetInterface:
2.             if (deviceStatus.currentConfiguration != USB_CONFIGURE_NUMBER)
3.             {
4.                 break;
5.             }
6.              if (((*((uint16_t*)eventParam)) >> 8) < sizeof(hidReference) / sizeof
    (hidReference[0]))
```

```
7.          {
8.              *((uint8_t *)eventParam) = interfaceStatus[(*((uint16_t *)event-
   Param)) >> 8].alternateSetting;
9.              error = kStatus_USB_Success;
10.         }
11.         break;
```

……

```
1.      case kUSB_DeviceEventGetHidReportDescriptor:
2.          buffer = NULL;
3.          switch (((usb_device_get_hid_report_descriptor_struct_t *)eventParam)->in-
   terfaceNumber)
4.          {
5.   #define HID_LOCAL_STATEMENT(_index, _tag) \
6.      case _index: \
7.          buffer = controlTransferFillArray(HidGetReportDescriptor(_tag)(), sizeof(*
   HidGetReportDescriptor(_tag)())); \
8.          length = sizeof(*HidGetReportDescriptor(_tag)()); \
9.          break;
10.  FOREACH_HID_INSTANCE(HID_LOCAL_STATEMENT)
11.  #undef HID_LOCAL_STATEMENT
12.         }
13.         if (buffer == NULL)
14.         {
15.             break;
16.         }
17.         error = kStatus_USB_Success;
18.         ((usb_device_get_hid_report_descriptor_struct_t *)eventParam)->buffer = buffer;
19.         ((usb_device_get_hid_report_descriptor_struct_t *)eventParam)->length = length;
20.         break;
```

在 USB HID 类回调内添加根据类句柄匹配目标实例的索引，并在其后使用该索引。需要实例索引参与判断的逻辑包括发送数据完成时设置标志位，接收数据完成时处理数据并启动新的接收方法，设置报告实现设置特征报告和输出报告，获取报告实现获取特征报告。

```
1.   static usb_status_t usbDeviceClassCallback(class_handle_t classHandle, uint32_t call-
     backEvent, void *eventParam)
2.   {
3.       usb_status_t error = kStatus_USB_Error;
4.       uint8_t* buffer;
5.       uint32_t length;
6.       int i;
7.
8.       for (i = 0; i < sizeof(hidReference) / sizeof(hidReference[0]); i++)
9.       {
10.          if (*hidReference[i].classHandle == classHandle)
11.          {
12.              break;
13.          }
14.      }
```

```
15.         if (i > = sizeof(hidReference) / sizeof(hidReference[0]))
16.         {
17.             return error;
18.         }
19.
20.         switch (callbackEvent)
21.         {
22.             case kUSB_DeviceHidEventSendResponse:
23.                 interfaceStatus[i].isBusy = 0;
24.                 error = kStatus_USB_Success;
25.                 break;
26.             case kUSB_DeviceHidEventRecvResponse:
27.                 buffer = ((usb_device_endpoint_callback_message_struct_t * )eventParam)
    ->buffer;
28.                 length = ((usb_device_endpoint_callback_message_struct_t * )eventParam)
    ->length;
29.                 switch (i)
30.                 {
31.   # define HID_LOCAL_STATEMENT(_index, _tag) \
32.         case _index: \
33.             HidOutputReport(_tag)(&hidInstance # # _index, buffer, length); \
34.             USB_DeviceHidRecv(config[_index].classHandle, USB_DEVICE_OUT_ENDPOINT_AD-
    DRESS(_index, _tag), outputTransferBuffer, HidMaxOutputReportSize(_tag)); \
35.             error = kStatus_USB_Success;
36.             break;
37.   FOREACH_HID_INSTANCE(HID_LOCAL_STATEMENT)
38.   # undef HID_LOCAL_STATEMENT
39.         }
40.                 break;
41.             case kUSB_DeviceHidEventGetReport:
42.                 if (((usb_device_hid_report_struct_t * )eventParam) ->reportType ! = USB_
    DEVICE_HID_REQUEST_GET_REPORT_TYPE_FEATURE)
43.                 {
44.                     break;
45.                 }
46.                 switch (i)
47.                 {
48.   # define HID_LOCAL_STATEMENT(_index, _tag) \
49.         case _index: \
50.             if (HidGetFeatureReport(_tag)(&hidInstance # # _index, ((usb_device_hid_re-
    port_struct_t * )eventParam) ->reportId, controlTransferBuffer, sizeof(controlTrans-
    ferBuffer), &length) == False) \
51.             { \
52.                 length = 0; \
53.             } \
54.             break;
55.   FOREACH_HID_INSTANCE(HID_LOCAL_STATEMENT)
56.                 }
57.   # undef HID_LOCAL_STATEMENT
58.                 if (length == 0)
59.                 {
```

```
60.                 break;
61.               }
62.               if (((usb_device_hid_report_struct_t * )eventParam) ->reportLength < length)
63.               {
64.                   break;
65.               }
66.               ((usb_device_hid_report_struct_t * )eventParam) ->reportBuffer = contro-
   lTransferBuffer;
67.               ((usb_device_hid_report_struct_t * )eventParam) ->reportLength = length;
68.               error = kStatus_USB_Success;
69.               break;
70.           case kUSB_DeviceHidEventSetReport:
71.               buffer = ((usb_device_hid_report_struct_t * )eventParam) ->reportBuffer;
72.               length = ((usb_device_hid_report_struct_t * )eventParam) ->reportLength;
73.               switch (((usb_device_hid_report_struct_t * )eventParam) ->reportType)
74.               {
75.               case USB_DEVICE_HID_REQUEST_GET_REPORT_TYPE_FEATURE:
76.                   switch (i)
77.                   {
78.   # define HID_LOCAL_STATEMENT(_index, _tag) \
79.       case _index: \
80.           if (HidSetFeatureReport(_tag)(&hidInstance # # _index, ((usb_device_hid_re-
   port_struct_t * )eventParam) ->reportId, buffer, length) == False) \
81.           { \
82.               length = 0; \
83.           } \
84.           break;
85.   FOREACH_HID_INSTANCE(HID_LOCAL_STATEMENT)
86.                   }
87.   # undef HID_LOCAL_STATEMENT
88.               if (length == 0)
89.               {
90.                 break;
91.               }
92.                   error = kStatus_USB_Success;
93.                   break;
94.               case USB_DEVICE_HID_REQUEST_GET_REPORT_TYPE_OUPUT:
95.                   switch (i)
96.                   {
97.   # define HID_LOCAL_STATEMENT(_index, _tag) \
98.       case _index: \
99.           HidOutputReport(_tag)(&hidInstance # # _index, buffer, length); \
100.          break;
101.  FOREACH_HID_INSTANCE(HID_LOCAL_STATEMENT)
102.                  }
103.  # undef HID_LOCAL_STATEMENT
104.                  error = kStatus_USB_Success;
105.                  break;
106.              }
```

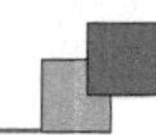

```
107.                break;
108.            case kUSB_DeviceHidEventRequestReportBuffer:
109.                length = ((usb_device_hid_report_struct_t *)eventParam)->reportLength;
110.                if (length > sizeof(controlTransferBuffer))
111.                {
112.                    break;
113.                }
114.                ((usb_device_hid_report_struct_t *)eventParam)->reportBuffer = contro-
    lTransferBuffer;
115.                error = kStatus_USB_Success;
116.                break;
117.            case kUSB_DeviceHidEventGetIdle:
118.            case kUSB_DeviceHidEventGetProtocol:
119.            case kUSB_DeviceHidEventSetIdle:
120.            case kUSB_DeviceHidEventSetProtocol:
121.                error = kStatus_USB_Success;
122.                break;
123.            default:
124.                break;
125.        }
126.
127.        return error;
128.    }
```

在 source\usb-hid.c 内调整发送输入报告方法，参数表中添加索引参数。同名头文件的方法声明同步变更。

```
1.    void UsbHidReportIn(int index, void const * buffer, uint32_t length)
2.    {
3.        if (length < hidReference[index].epInSize)
4.        {
5.            return;
6.        }
7.        while (interfaceStatus[index].isBusy != 0)
8.        {
9.            __WFI();
10.       }
11.       interfaceStatus[index].isBusy = 1;
12.       memcpy(hidReference[index].inputTransferBuffer, buffer, length);
13.        if (USB_DeviceHidSend(config[index].classHandle, hidReference[index].epInAd-
    dress, hidReference[index].inputTransferBuffer, length) != kStatus_USB_Success)
14.       {
15.           interfaceStatus[index].isBusy = 0;
16.       }
17.   }
```

在 source\Frdm - K22F.c 内用于发送数据的方法随 UsbHidReportIn 变更调整调用方式。

```
1.    static Void inputReport(Void * destination, Void const * buffer, UInt32 length)
2.    {
3.        UsbHidReportIn((int)destination, buffer, length);
4.    }
```

细节请参考源代码 $\source\Frdm - K22F。

## 19.7 平台调用

在 source 内新建 local.c 及其头文件 local.h 用于实现和声明本地定义方法。

本节使用一个外设计时器(FlexTimer Module)实现计时,前文的步骤中已经将其配置完成。在系统使用高速时钟的情况下,主频为 60 MHz,该计时器使用相同的时钟源。为了使 1 毫秒成为计时单位的整数倍,使用了 32 预分频,此时 1 毫秒是 1 ms×60 MHz÷32=1 875 计时单位。16 位计数器可表达的最大时间为 65 536/1 875≈35 ms,前文选择了循环频率为 200 Hz,即单个周期为 5 ms。实现时只需以小于 5 ms 的间隔更新数值即可。每次更新均获取计数值,并将该值与上次的计数值差值累加入当前时刻值,它的精度为 1/1 875 ms。

**获取当前时刻:** 更新上述计数值并将其返回当前时刻值。

**平移时刻:** 使用基准时刻数值附加待平移的时间,并将时间换算为计数值。

**获取时间差:** 使用基准时刻和当前时刻差值,并将计数值换算为时间。

**挂起系统:** 从不休眠,并在有机会时立即更新当前时刻值。

由于配置外设时选中了自动启动,这里无需调用启动外设计时器的方法。

```
1.    #define TICK_PER_MS 1875
2.    #define TICK_PERIOD (1875 * 5)
3.
4.    static UInt64 tick;
5.    static uint32_t lastFtmTick;
6.
7.    static void update(void)
8.    {
9.        uint32_t ftmTick;
10.
11.       ftmTick = FTM_GetCurrentTimerCount(FTM0_PERIPHERAL);
12.
13.       if (ftmTick < lastFtmTick)
14.       {
15.           tick + = TICK_PERIOD;
16.       }
17.       tick = tick + ftmTick - lastFtmTick;
18.       lastFtmTick = ftmTick;
19.   }
20.   Void LocalInitialize(void)
21.   {
22.       tick = 0;
23.       update();
24.   }
25.   Time LocalGetTimeNow(void)
26.   {
27.       update();
28.       return tick;
```

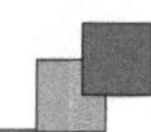

```
29.     }
30.     Time LocalIncreaseTime(Time base, UInt32 timeSpan)
31.     {
32.         return base + timeSpan * TICK_PER_MS;
33.     }
34.     UInt32 LocalGetTimeSpan(Time base)
35.     {
36.         update();
37.         return (tick - base) / TICK_PER_MS;
38.     }
39.     Void LocalIdle(UInt32 maxTimeSpan)
40.     {
41.         update();
42.     }
```

这里使用了外设计时计数器，使用 SysTick 也可以获得相同功能。

## 19.8 模拟用户行为

在 source 内新建源文件 application.c 及其头文件 application.h 用于实现和声明用户交互逻辑。所有的用户交互只有一个按键 SW2 和板上三色灯中的红灯。

由于开发板默认配置已配置了按键和指示灯，我们无需在模块初始化方法内做任何事，只需在其他方法内调用框架提供的相关方法即可。

```
1.      void ApplicationInitialize(void)
2.      {
3.      }
4.      int ApplicationGetButton(void)
5.      {
6.          return (GPIO_PinRead(BOARD_SW2_GPIO, BOARD_SW2_PIN) == 0) ? 1 : 0;
7.      }
8.      void ApplicationSetIndicator(int state)
9.      {
10.         GPIO_PinWrite(BOARD_LEDRGB_RED_GPIO, BOARD_LEDRGB_RED_PIN, (state != 0) ? 0 : 1);
11.     }
```

代码实现为方法 simulate，检测到按键按下时启动模拟用户行为，它由 main 方法调用并工作在一个无限循环内。

```
1.      static void simulate(HidCompositeHandle const * hidComposite)
2.      {
3.          pi = platformInvoker;
4.          while (ApplicationGetButton() == false)
5.          {
6.          }
7.          Act(&platformInvoker, hidComposite);
8.      }
```

完整的实现源代码参考 $\source\Frdm - K22F\source\Frdm - K22F.c。

# 第 20 章

# Nordic - nRF52840 BLE (Segger Embedded Studio)

本章实现一个用于 nRF52840 芯片的固件，实现 BLE HID 复合设备，其中 nRF52840 是 Nordic 公司提供的一款 Cortex - M4 内核的芯片。使用的硬件是 nRF52840 DK，它是由 Nordic 公司提供的一个开发板。

## 20.1 开发环境

使用 SES(Segger Embedded Studio)作为集成开发环境，它由 Segger 公司提供，支持跨平台开发。对特定的目标芯片以包(Package)的方式提供支持。

SES 可以在 Segger 公司的官方网站上得到，对于非商业应用是完全免费的，也无需注册或激活。SES 对于基于 Nordic 的 Cortex - M 内核的芯片(包括 nRF52840)开发的商业应用也是免费的[①]，但使用时需要激活许可。个人以学习目的使用可以应用非商业应用协议，即直接使用，无需任何额外操作。

在 SES 中开发用于 nRF52840 的 BLE 固件时，还需要以下组件：

- nRF MDK，用于 nRF 系列芯片开发的 SES 包；
- nRF5x Command Line Tools，用于以命令行方式写入固件；
- nRF5SDK(注意不是 nRF Connect SDK)，用于提供 SoftDevice(软设备)、库代码、样例等。

以上都可以在 Nordic 公司的官方网站[②③]下载得到。

## 20.2 基本组件和配置

安装 SES 后打开主界面，选择 Tools→Manually Install Packages，在弹出的对话

---

① https://www.segger.com/products/development-tools/embedded-studio/license/licensing-conditions。

② https://www.nordicsemi.com/Products/Development-software/nrf5-sdk。

③ https://www.nordicsemi.com/Products/Bluetooth-Low-Energy/Development-software。

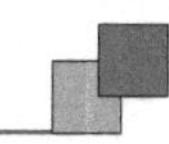

框内选择已下载的 nRF MDK 文件并确认安装。

nRF5x Command Line Tools 下载后安装至系统。

将 nRF5 SDK 直接解压缩，使用 SES 打开其中的 $\examples\ble_peripheral\ble_app_hids_mouse\pca10056\s140\ses\ble_app_hids_mouse_pca10056_s140.emProject 文件，这是一个 HID 鼠标样例，以下将以此工程为基础。需注意此工程中大量源文件均引用自该 SDK，对其实施编辑将修改对应的被引用文件，会影响引用了该文件的其他样例或用户工程。

作者使用的 SES 版本是 6.40，nRF5 SDK 版本是 17.1.0，在此组合下样例直接编译不能成功，还需要以下 2 个操作：

① 在左侧工程窗口内右击 nRF_Segger_RTT/SEGGER_RTT_Syscalls_SES.c，在弹出的快捷菜单中选择 Exclude From Build，使其不参与编译，如图 20-1 所示。

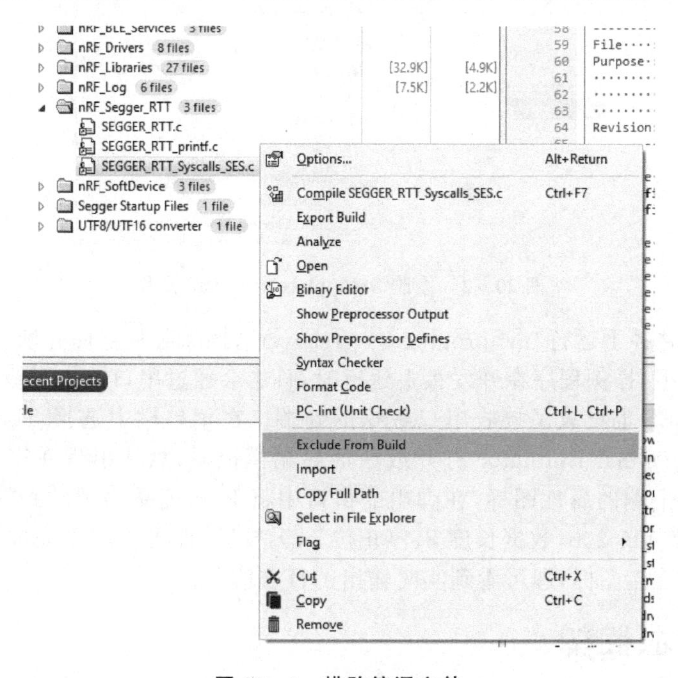


图 20-1　排除编译文件

② 在左侧工程窗口内右击 Project，在弹出的快捷菜单中选择 Exclude From Build（见图 20-2），在打开的 flash_placement.xml 内删除“size="0x4"”（共 2 处）[1]。此时右击 Project，并在弹出的快捷菜单中选择 Build 或 Rebuild 即可正确地构建工程。

开发板正确连接至计算机时，选择 Debug→Go 即可写入固件并启动调试。SES 会在启动调试前执行必要的编译、构建、写入等过程，启动调试后窗体布局会有一定的变化以方便调试；调试状态下选择 Debug→Stop 停止调试。选择 Target→Download 即可直接写入固件。

如果芯片已经被设置了读出保护状态，就可能需要在已安装 nRF5x Command

① 较早版本的 SES 没有这个问题。

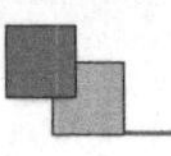

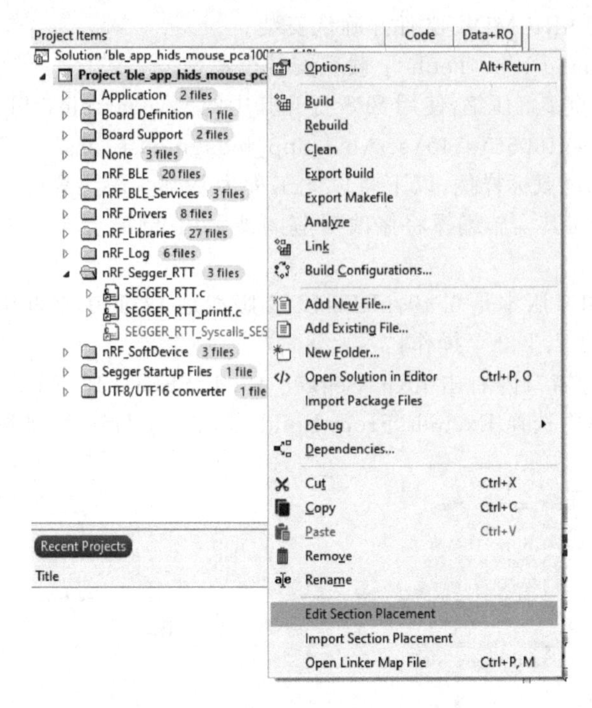


**图 20-2 修改 flash_placement.xml 文件**

Line Tools 的路径下运行“nrfjprog.exe -- recover”，擦除芯片存储并恢复初始状态。

默认状态下，样例程序在开发板上运行时，日志会通过串口输出至板上 J-Link 集成的串口上，SES 也集成了接收串口数据的终端。在菜单栏中选择 Tools→Terminal Emulator→Terminal Emulator 打开或激活终端模拟器，默认出现在窗口底端。单击终端模拟器左上侧的属性图标，在弹出的窗口中将 Port 变更为识别到的串口端口，其余默认（波特率 115 200，数据长度 8，停止位 1，无校验）即可。配置完成后单击终端模拟器左上角的连接图标，即可看到实时输出的日志信息。

## 20.3 基本框架

与其他样例不同，本章将以前文打开的样例做基础，并逐步调整代码，而非从头开始新建一个工程并逐步添加代码。这有 2 个主要原因：BLE 系统相比 USB 系统更复杂，它不仅要维护数据状态，还要维护连接、绑定、超时等状态信息和数据；目标芯片 BLE 功能所占用的资源不是由用户代码分配，而是将所有资源交给一个组件，然后用户代码按需向它申请资源并响应它的事件。

工程界面 Application、Board Definition 和 Board Support 文件夹内是用户代码组织的逻辑，其他文件夹内容都是 nRF5 SDK 提供的、可复用的文件引用。

BLE 相关的功能实现被包含在 SoftDevice 中，它的功能类似于动态链接库，存在的主体是已编译好的 hex 文件、对应的 C 语言格式的头文件。因此 SoftDevice 不参与构建（Build）过程中的任何步骤（编译（compile）和链接（link）），它独立存在于存储器中

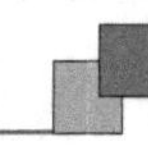

的指定位置，甚至在用户代码不变的前提下可以独立更新 SoftDevice，并且 Nordic 提供了空中（Over the Air，OTA）升级的方法。SoftDevice 的实现原理是将自己放置于可执行程序加载位置，一方面在启动时将程序执行位置跳转至真正的用户程序，另一方面提供对应方法在存储器中的地址，以供用户程序调用。SoftDevice 同时提供少量 C 语言源代码，为功能实现提供一些便利。

库代码以 C 语言源代码和链接配置形式存在，它提供对 SoftDevice 访问方法的封装，它有明显的面向对象风格，以事件驱动。其中事件分发功能使用了链接过程的导出符号，SoftDevice 访问过程使用了链接配置分配资源、启动过程使用了汇编语言访问 SystemInit 方法。以上过程均包含了 C 语言以外的部分，因此代码可读性略差。以库代码角度看，按键动作、BLE 事务、超时等都是事件，事件发生时将调用已注册的方法。

已配置的逻辑为：启动时按键 2（板上标记为 Button2）被按下则删除配对信息；休眠时，按键 1 按下唤醒；未休眠且 BLE 未连接时，按键 1 抬起启动休眠，按键 2 长按启动配对；BLE 已连接时，按键 2 长按在 BLE 断开连接后启动配对；广告超时未连接时进入休眠。

## 20.4　逻辑引用和类型定义

右击 Application 文件夹，在弹出的快捷菜单中选择“Add New File...”，在弹出的对话框中选择头文件（Header file (.h)）并输入文件名 platform.h，在其中定义前文源代码中使用的基元类型。

逻辑引用直接包含第 12 章构造的源代码。在 Application 文件夹内新建 extern.h 文件，其中以 include 形式引用头文件（hid-composite.h，action.h）以及项目内的 platform.h；在相同位置新建 extern.c 文件，其中以 include 形式引用源文件（hid-composite.c，action.c）和同名头文件。

## 20.5　实现单个 HID 实例

在 main.c 文件中包含 HID 实例定义文件并定义 hidtag：

```
1.    #include "extern.h"
2.    #define hidtag Keyboard
```

**调整设备外观参数**：在 main.c 内将 BLE_APPEARANCE_HID_KEYBOARD 变更为 BLE_APPEARANCE_GENERIC_HID。

```
1.        err_code = sd_ble_gap_appearance_set(BLE_APPEARANCE_HID_KEYBOARDBLE_APPEARANCE_
   GENERIC_HID);
```

**调整用于实现 HID 的 BLE 资源**：在 main.c 内分别修改 BLE_HIDS_DEF 宏调用参数。

```
1.    BLE_HIDS_DEF(m_hids,              /** < Structure used to identify the HID service. */
2.               NRF_SDH_BLE_TOTAL_LINK_COUNT,
3.               0x100);
```

其中,0x100 没有具体的数值意义,须保证能够容纳所有报告的数据长度。注意,即使相同类型的报告,其长度也是计算报告长度之和,而非其中的最大值。事实上,这部分空间完全是 nRF5 SDK 库用于保存特性数值副本,如果自行实现则可以重叠甚至完全不消耗这部分内存资源。

**调整报告描述符**:在 main.c 内的 hids_init 方法中的 report_map_data 定义及赋值变更为调用 HidInstanceGetReportDescriptor 方法。

```
1.        uint8_t report_map_data[sizeof( * HidInstanceGetReportDescriptor())];
2.        memcpy(report_map_data, HidInstanceGetReportDescriptor(), sizeof(report_map_data));
```

为了尽少变更后部代码且不做类型强制转换,没有直接将 report_map_data 定义为 HidInstanceReportDescriptor 类型或是直接将 HidInstanceGetReportDescriptor()作为指针传入。查看较低层源代码后可确认该特性值被存入协议栈中,因此无须定义为静态,可以节省部分内存占用。

**调整报告定义**:在 main.c 内 hids_init 方法内将静态构造报告相关参数的代码改为调用 HidInstanceEnumerateReport 动态实现。

为了调用 HidInstanceEnumerateReport,必须定义独立的结构体 EnumeratingReport 和对应的回调方法 onEnumerateReport。

```
1.     typedef struct
2.     {
3.         Boolean is_failed;
4.         ble_hids_inp_rep_init_t * input_report_array;
5.         UInt8 input_report_used;
6.         UInt8 input_report_size;
7.         ble_hids_outp_rep_init_t * output_report_array;
8.         UInt8 output_report_used;
9.         UInt8 output_report_size;
10.        ble_hids_feature_rep_init_t * feature_report_array;
11.        UInt8 feature_report_used;
12.        UInt8 feature_report_size;
13.    } EnumeratingReport;
14.    Void onEnumerateReport(Void * destination, HidReportType type, UInt8 reportId, UInt32
       reportSizeWithoutReportId)
15.    {
16.        EnumeratingReport * er;
17.        ble_hids_inp_rep_init_t * p_input_report;
18.        ble_hids_outp_rep_init_t * p_output_report;
19.        ble_hids_feature_rep_init_t * p_feature_report;
20.
21.        er = (EnumeratingReport * )destination;
22.
23.        if (er ->is_failed ! = False)
24.        {
25.            return;
26.        }
27.        switch (type)
28.        {
```

```
29.     case HidReportType_Input:
30.         if (er->input_report_used >= er->input_report_size)
31.         {
32.             er->is_failed = True;
33.             break;
34.         }
35.         p_input_report = &er->input_report_array[er->input_report_used];
36.         er->input_report_used++;
37.         p_input_report->rep_id = reportId;
38.         p_input_report->max_len = reportSizeWithoutReportId;
39.         p_input_report->rep_ref.report_id = reportId;
40.         p_input_report->rep_ref.report_type = BLE_HIDS_REP_TYPE_INPUT;
41.         p_input_report->sec.cccd_wr = SEC_JUST_WORKS;
42.         p_input_report->sec.wr = SEC_JUST_WORKS;
43.         p_input_report->sec.rd = SEC_JUST_WORKS;
44.         break;
45.     case HidReportType_Output:
46.         if (er->output_report_used >= er->output_report_size)
47.         {
48.             er->is_failed = True;
49.             break;
50.         }
51.         p_output_report = &er->output_report_array[er->output_report_used];
52.         er->output_report_used++;
53.         p_output_report->rep_id = reportId;
54.         p_output_report->max_len = reportSizeWithoutReportId;
55.         p_output_report->rep_ref.report_id = reportId;
56.         p_output_report->rep_ref.report_type = BLE_HIDS_REP_TYPE_OUTPUT;
57.         p_output_report->sec.wr = SEC_JUST_WORKS;
58.         p_output_report->sec.rd = SEC_JUST_WORKS;
59.         break;
60.     case HidReportType_Feature:
61.         if (er->feature_report_used >= er->feature_report_size)
62.         {
63.             er->is_failed = True;
64.             break;
65.         }
66.         p_feature_report = &er->feature_report_array[er->feature_report_used];
67.         er->feature_report_used++;
68.         p_feature_report->rep_id = reportId;
69.         p_feature_report->max_len = reportSizeWithoutReportId;
70.         p_feature_report->rep_ref.report_id = reportId;
71.         p_feature_report->rep_ref.report_type = BLE_HIDS_REP_TYPE_FEATURE;
72.         p_feature_report->sec.rd = SEC_JUST_WORKS;
73.         p_feature_report->sec.wr = SEC_JUST_WORKS;
74.         break;
75.     }
76. }
```

为适应多于 1 个的报告，须调整用于初始化报告特性的数组长度。同时对应变量清零的操作也需要调整，原文中的代码并不能正确支持数组数量超过 1 的情况。

```
1.        static ble_hids_inp_rep_init_t     input_report_array[3];
2.        static ble_hids_outp_rep_init_t    output_report_array[3];
3.        static ble_hids_feature_rep_init_t feature_report_array[3];
4.
5.        memset((void *)input_report_array, 0, sizeof(input_report_array));
6.        memset((void *)output_report_array, 0, sizeof(output_report_array));
7.        memset((void *)feature_report_array, 0, sizeof(feature_report_array));
```

其中的数字 3 没有具体的数值意义，需保证能够容纳对应类型的报告数量，即单个 HID 实例的输入、输出、特征报告均不能超过 3 个。由于后端引用了这些变量的地址，因此需定义为静态以保证其长期有效。由于 nRF5 SDK 后端库的限制，单个 HID 实例一种报告的最大数量由 BLE_HIDS_MAX_INPUT_REP、BLE_HIDS_MAX_OUTPUT_REP、BLE_HIDS_MAX_FEATURE_REP 宏控制，默认值均为 10，定义于 ble_hids.h 文件内。

构造报告相关参数。

```
1.        // Initialize HID Service
2.        er.is_failed = False;
3.        er.input_report_array = input_report_array;
4.        er.input_report_used = 0;
5.        er.input_report_size = sizeof(input_report_array) / sizeof(input_report_array[0]);
6.        er.output_report_array = output_report_array;
7.        er.output_report_used = 0;
8.        er.output_report_size = sizeof(output_report_array) / sizeof(output_report_array[0]);
9.        er.feature_report_array = feature_report_array;
10.       er.feature_report_used = 0;
11.       er.feature_report_size = sizeof(feature_report_array) / sizeof(feature_report_array[0]);
12.       HidInstanceEnumerateReport(onEnumerateReport, &er);
13.       if (er.is_failed != False)
14.       {
15.           APP_ERROR_CHECK(NRF_ERROR_RESOURCES);
16.       }
17.
18.       hids_init_obj.inp_rep_count              = er.input_report_used;
19.       hids_init_obj.p_inp_rep_array            = input_report_array;
20.       hids_init_obj.outp_rep_count             = er.output_report_used;
21.       hids_init_obj.p_outp_rep_array           = output_report_array;
22.       hids_init_obj.feature_rep_count          = er.feature_report_used;
23.       hids_init_obj.p_feature_rep_array        = feature_report_array;
```

同时将 is_kb 和 is_mouse 值改为 false，这个取值将决定是否添加对应的引导协议。在我们的样例中，即使报告键盘，也不实现引导协议。

```
1.        hids_init_obj.is_kb                      = false;
2.     hids_init_obj.is_mouse                      = false;
```

**添加 HID 实例定义并初始化：** 在 main.c 内添加 HID 实例定义，并在 ble_evt_handler 方法内的 BLE_GAP_EVT_CONNECTED 分支下对其实施初始化。

```
1.    static HidInstanceContext hid;
2.
3.    static Void onFeatureReportUpdate(Void * destination, UInt8 reportId, Void const *
      buffer, UInt32 length);
4.    static Void onInputReport(Void * destination, Void const * buffer, UInt32 length);
```

定义的静态方法将用于初始化实例，稍后实现。本例中获取特征报告的内容将由 onFeatureReportUpdate 回调提供，不调用 HidInstanceGetFeatureReport。

```
1.    static void ble_evt_handler(ble_evt_t const * p_ble_evt, void * p_context)
2.    {
3.        ret_code_t err_code;

5.        switch (p_ble_evt->header.evt_id)
6.        {
7.            case BLE_GAP_EVT_CONNECTED:
8.                NRF_LOG_INFO("Connected");
9.                err_code = bsp_indication_set(BSP_INDICATE_CONNECTED);
10.               APP_ERROR_CHECK(err_code);
11.               m_conn_handle = p_ble_evt->evt.gap_evt.conn_handle;
12.               err_code = nrf_ble_qwr_conn_handle_assign(&m_qwr, m_conn_handle);
13.
14.               HidInstanceInitialize(&hid, onInputReport, onFeatureReportUpdate, Null);
15.               HidKeyboardRegisterIndicator(&hid, onIndicator, Null);
16.
17.               APP_ERROR_CHECK(err_code);
18.               break;
19.       }
20.   }
```

以上源代码省略了未改变的内容。

实现输入报告：在 onInputReport 中调用 BLE 方法。

```
1.    static Void onInputReport(Void * destination, Void const * buffer, UInt32 length)
2.    {
3.        ble_hids_inp_rep_send_by_report_id(&m_hids, ((uint8_t *)buffer)[0], length - 1,
      &((uint8_t *)buffer)[1], m_conn_handle);
4.    }
```

由于已有的 BLE 方法只接受基于索引的访问方式，而目前方法内只能提供报告 ID，因此先调用一个不存在的方法，稍后再将其实现于 ble_hids 模块内。

实现输出报告和设置特征报告：在 on_hid_rep_char_write 方法内实现，原代码只支持输出报告，且基于索引访问，需要改为支持输出报告与设置特征报告、基于报告类型和报告 ID 访问的方法。

```
1.    static void on_hid_rep_char_write(ble_hids_evt_t * p_evt)
2.    {
3.        if (p_evt->params.char_write.char_id.rep_type == BLE_HIDS_REP_TYPE_OUTPUT)
4.        {
5.            ret_code_t err_code;
6.            uint8_t data[HidInstanceMaxOutputReportSize];
```

```
7.            uint8_t  report_id = p_evt->params.char_write.rep_id;
8.            uint16_t len = p_evt->params.char_write.offset + p_evt->params.char_write.len;
9.
10.           data[0] = report_id;
11.           if (ble_hids_outp_rep_get_by_report_id(&m_hids, report_id, len, 0, m_conn_
   handle, &data[1]) == NRF_SUCCESS)
12.           {
13.               HidInstanceOutputReport(&hid, data, len + 1);
14.           }
15.       }
16.       if (p_evt->params.char_write.char_id.rep_type == BLE_HIDS_REP_TYPE_FEATURE)
17.       {
18.           ret_code_t err_code;
19.           uint8_t data[HidInstanceMaxFeatureReportSize];
20.           uint8_t  report_id = p_evt->params.char_write.rep_id;
21.           uint16_t len = p_evt->params.char_write.offset + p_evt->params.char_write.len;
22.
23.           data[0] = report_id;
24.           if (ble_hids_feature_rep_get_by_report_id(&m_hids, report_id, len, 0, m_conn_
   handle, &data[1]) == NRF_SUCCESS)
25            {
26.               HidInstanceSetFeatureReport(&hid, report_id, data, len + 1);
27.           }
28.       }
29.   }
```

同样的，由于 BLE 不支持基于报告类型和报告 ID 的访问，访问了不存在的接口和字段，稍后将其实现。

**实现获取特征报告：**在 onFeatureReportUpdate 方法内更新对应的特性内容，同样需要 ble_hids 模块调整。

```
1.    static Void onFeatureReportUpdate(Void * destination, UInt8 reportId, Void const
   * buffer, UInt32 length)
2.    {
3.        ble_hids_feature_rep_set_by_report_id(&m_hids, ((uint8_t *)buffer)[0], length - 1,
   0, m_conn_handle, &((uint8_t *)buffer)[1]);
4.    }
```

**调整 HID 服务接口：**实现前文中提到的缺失的接口和字段及相应逻辑，使 ble_hids 模块支持基于报告类型和报告 ID 的数值访问方式，而样例中原有的基于索引的访问方式已不再需要。

在头文件内对 ble_hids_evet_t 结构进行调整，在 param.char_write 内添加字段 rep_type 和 rep_id。

```
1.    typedef struct
2.    {
3.        ble_hids_evt_type_t evt_type;
4.        union
5.        {
6.            struct
```

```
7.              {
8.                  ble_hids_char_id_t char_id;
9.              } notification;
10.             struct
11.             {
12.                 ble_hids_char_id_t char_id;
13.                 uint8_t             rep_type;
14.                 uint8_t             rep_id;
15.                 uint16_t            offset;
16.                 uint16_t            len;
17.                 uint8_t     const * data;
18.             } char_write;
19.             struct
20.             {
21.                 ble_hids_char_id_t char_id;
22.             } char_auth_read;
23.         } params;
24.         ble_evt_t const * p_ble_evt;
25.     } ble_hids_evt_t;
```

在 on_report_value_write 方法参数中添加 rep_type 和 rep_id，并在其中分别应用。

```
1.      static void on_report_value_write(ble_hids_t                * p_hids,
2.                                        ble_evt_t     const     * p_ble_evt,
3.                                        ble_hids_char_id_t      * p_char_id,
4.                                        uint8_t                   rep_type,
5.                                        uint8_t                   rep_id,
6.                                        uint16_t                  rep_offset,
7.                                        uint16_t                  rep_max_len)
8.      {
9.          // Update host's Output Report data
10.         ret_code_t                        err_code;
11.         uint8_t                         * p_report;
12.         ble_hids_client_context_t       * p_host;
13.         ble_gatts_evt_write_t const     * p_write = &p_ble_evt->evt.gatts_evt.params.write;
14.
15.         err_code = blcm_link_ctx_get(p_hids->p_link_ctx_storage,
16.                                      p_ble_evt->evt.gatts_evt.conn_handle,
17.                                      (void *) &p_host);
18.         BLE_HIDS_ERROR_HANDLE(p_hids, err_code);
19.
20.         // Store the written values in host's report data
21.         if ((p_host != NULL) && (p_write->len + p_write->offset <= rep_max_len))
22.         {
23.             p_report = (uint8_t *) p_host + rep_offset;
24.             memcpy(p_report, p_write->data, p_write->len);
25.         }
26.     else
27.         {
28.             return;
```

```
29.         }
30.
31.         // Notify the applicartion
32.         if (p_hids->evt_handler != NULL)
33.         {
34.             ble_hids_evt_t evt;
35.
36.             evt.evt_type                          = BLE_HIDS_EVT_REP_CHAR_WRITE;
37.             evt.params.char_write.char_id   = *p_char_id;
38.             evt.params.char_write.rep_type = rep_type;
39.             evt.params.char_write.rep_id    = rep_id;
40.             evt.params.char_write.offset    = p_ble_evt->evt.gatts_evt.params.write.offset;
41.             evt.params.char_write.len       = p_ble_evt->evt.gatts_evt.params.write.len;
42.             evt.params.char_write.data      = p_ble_evt->evt.gatts_evt.params.write.data;
43.             evt.p_ble_evt                       = p_ble_evt;
44.
45.             p_hids->evt_handler(p_hids, &evt);
46.         }
47.     }
```

构造数据访问方法并更新声明，以下仅为声明，构造方法参考原有的 ble_hids_inp_rep_send 和 ble_hids_outp_rep_get 即可。

```
1.    uint32_t ble_hids_inp_rep_send_by_report_id(ble_hids_t * p_hids,
2.                                                uint8_t     rep_id,
3.                                                uint16_t    len,
4.                                                uint8_t    * p_data,
5.                                                uint16_t    conn_handle);
6.    uint32_t ble_hids_outp_rep_get_by_report_id(ble_hids_t * p_hids,
7.                                                uint8_t     rep_id,
8.                                                uint16_t    len,
9.                                                uint8_t     offset,
10.                                               uint16_t    conn_handle,
11.                                               uint8_t    * p_outp_rep);
12.   uint32_t ble_hids_feature_rep_get_by_report_id(ble_hids_t * p_hids,
13.                                               uint8_t     rep_id,
14.                                               uint16_t    len,
15.                                               uint8_t     offset,
16.                                               uint16_t    conn_handle,
17.                                               uint8_t    * p_feature_rep);
18.   uint32_t ble_hids_feature_rep_set_by_report_id(ble_hids_t * p_hids,
19.                                               uint8_t     rep_id,
20.                                               uint16_t    len,
21.                                               uint8_t     offset,
22.                                               uint16_t    conn_handle,
23.                                               uint8_t    * p_feature_rep);
```

在此基础上编译工程，可以根据编译错误或警告逐步发现所有被依赖内容，然后逐个对其实施调整，包括 rep_value_identify 方法的参数和逻辑等。

**调整默认队列长度：**考虑到多点触摸设备单帧数据可能需要多个数据包发送，这里需要一个队列容纳暂时未发出的数据。SoftDevice 提供了特性通知的队列机制，在

main. c 内的 ble_stack_init 方法中，在调用 nrf_sdh_ble_enable 之前通过调用 sd_ble_cfg_set 配置队列长度。

```
1.          // Change Hvx tx queue size
2.          ble_cfg_t ble_cfg;
3.          memset(&ble_cfg, 0x00, sizeof(ble_cfg));
4.          ble_cfg.conn_cfg.conn_cfg_tag = APP_BLE_CONN_CFG_TAG;
5.          ble_cfg.conn_cfg.params.gatts_conn_cfg.hvn_tx_queue_size = HVX_TX_QUEUE_SIZE;
6.          err_code = sd_ble_cfg_set(BLE_CONN_CFG_GATTS, &ble_cfg, ram_start);
7.          APP_ERROR_CHECK(err_code);
```

其中的 HVX_TX_QUEUE_SIZE 定义为 10。

```
1.      #define HVX_TX_QUEUE_SIZE                    10
```

此处没有使用 main. c 内原有的 buffer 队列机制，因为它仅为设计用于键盘数据格式。

**调整最大传输单元：**考虑到不同的 HID 实例传输的数据包长度不同，需要调整最大传输单元。在 sdk_config. h 内变更 NRF_SDH_BLE_GATT_MAX_MTU_SIZE 的值为 251。251 为 BLE 4. 2 支持的最大值，定义为该值不代表总是使用最大值，BLE 连接完成后 HID 主机会发起协商至合适的数值。

```
1.      #define NRF_SDH_BLE_GATT_MAX_MTU_SIZE23251
```

**配置 SoftDevice 参数：**调整 SoftDevice 配置后须验证是否可用。启动调试或运行前打开终端模拟器，可以通过调试信息（见图 20 - 3）看到 SoftDevice 启动失败，因为分配的内存不足，并且它给出了所需的配置，内存启动位置应改为 0x20003400，内存长度应改为 0x3cc00。

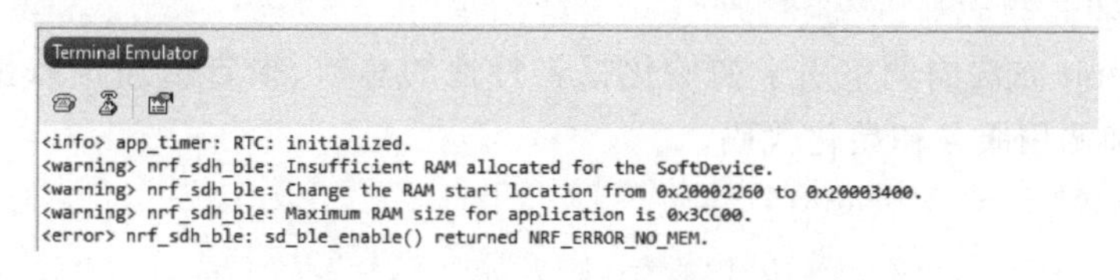


**图 20 - 3 SoftDevice 启动失败信息**

在左侧工程窗口内右击 Project，在弹出的快捷菜单中选择 Option，在弹出的窗口中的左上下拉列表中选择 Common，在左侧折叠列表中选 Linker，单击右侧 Section Placement Macros 行右侧的“…”图标。

在弹出的窗口内将 RAM_START 和 RAM_SIZE 的值分别改为 0x20003400 和 0x3cc00。

**移除无用的内容：**移除 main. c 内对 sensorsim. h 的引用和 m_caps_on 变量的定义，移除 ble_hids. c 内的 ble_hids_boot_kb_inp_rep_send 方法，然后移除一切对以上移除项有依赖的调用。如果追求精简，还可以移除 ble_hids 模块对引导协议的支持。

**修正库文件错误：**此时计算机通过蓝牙连接识别 HID 键盘设备，仅适用首次连接配对成功。芯片内部存储配对信息的区域擦除后再次配对才能成功。需要在 nRF_Librarys/peer_manager_handler.c 内调整[①]。

定义方法 sec_config。

```
1.    static void sec_config(uint16_t conn_handle)
2.    {
3.        pm_conn_sec_config_t config = { .allow_repairing = true };
4.        pm_conn_sec_config_reply(conn_handle, &config);
5.    }
```

在 pm_handler_flash_clean 的 PM_EVT_CONN_SEC_CONFIG_REQ 等 3 个值的分支内调用以上方法。

```
1.        case PM_EVT_CONN_SEC_FAILED:
2.        case PM_EVT_CONN_SEC_CONFIG_REQ:
3.        case PM_EVT_CONN_SEC_PARAMS_REQ:
4.            sec_config(p_pm_evt->conn_handle);
5.            break;
```

## 20.6 实现复合 HID 设备

在以上基础上，将对应一个 HID 实例的资源、逻辑改为使用 FOREACH_HID_INSTANCE 为每个 HID 实例实施一组，所有变更均在 main.c 内。

声明 HID 服务实例和 HID 实例。

```
1.     #define HID_DEFINE(_index,_tag) \
2.         BLE_HIDS_DEF(m_hids ## _index, NRF_SDH_BLE_TOTAL_LINK_COUNT, 0x100); \
3.         static HidContext(_tag) hid ## _index;
4.    FOREACH_HID_INSTANCE(HID_DEFINE)
```

在 hids_init 方法内调整用于初始化报告特性的总数、报告描述符数量、构造服务初始化参数和调用服务初始化代码。

```
1.    static void hids_init(void)
2.    {
3.        ret_code_t                      err_code;
4.        ble_hids_init_t                 hids_init_obj;
5.        uint8_t                         hid_info_flags;
6.
7.        static ble_hids_inp_rep_init_t     input_report_array[6];
8.        static ble_hids_outp_rep_init_t    output_report_array[6];
9.        static ble_hids_feature_rep_init_t feature_report_array[6];
10.    #define HID_LOCAL_STATEMENT(_index,_tag) \
11.        uint8_t report_map_data ## _index[sizeof( * HidGetReportDescriptor(_tag)())];
12.   FOREACH_HID_INSTANCE(HID_LOCAL_STATEMENT)
13.        #undef HID_LOCAL_STATEMENT
14.
15.        EnumeratingReport er;
```

① 即使直接运行样例也有这个问题，作者不确定下文的操作方式是否符合 nRF5 SDK 的设计思路，仅实测有效。

```
16.
17.     memset((void *)input_report_array, 0, sizeof(input_report_array));
18.     memset((void *)output_report_array, 0, sizeof(output_report_array));
19.     memset((void *)feature_report_array, 0, sizeof(feature_report_array));
20.
21.     // Initialize HID Service
22.     er.is_failed = False;
23.     er.input_report_array = input_report_array;
24.     er.input_report_used = 0;
25.     er.input_report_size = sizeof(input_report_array) / sizeof(input_report_array[0]);
26.     er.output_report_array = output_report_array;
27.     er.output_report_used = 0;
28.     er.output_report_size = sizeof(output_report_array) / sizeof(output_report_array[0]);
29.     er.feature_report_array = feature_report_array;
30.     er.feature_report_used = 0;
31.     er.feature_report_size = sizeof(feature_report_array) / sizeof(feature_report_array[0]);
32.
33.   #define HID_LOCAL_STATEMENT(_index, _tag) \
34.     HidEnumerateReport(_tag)(onEnumerateReport, &er); \
35.     if (er.is_failed != False) \
36.     { \
37.         APP_ERROR_CHECK(NRF_ERROR_RESOURCES); \
38.     } \
39.     memcpy(report_map_data ## _index, HidGetReportDescriptor(_tag)(), sizeof(report
  _map_data ## _index)); \
40.     hid_info_flags = HID_INFO_FLAG_REMOTE_WAKE_MSK | HID_INFO_FLAG_NORMALLY_CONNECT-
  ABLE_MSK; \
41.     memset(&hids_init_obj, 0, sizeof(hids_init_obj)); \
42.     hids_init_obj.evt_handler                      = on_hids_evt ## _index; \
43.     hids_init_obj.error_handler                    = service_error_handler; \
44.     hids_init_obj.inp_rep_count                    = er.input_report_used; \
45.     hids_init_obj.p_inp_rep_array                  = er.input_report_array; \
46.     hids_init_obj.outp_rep_count                   = er.output_report_used; \
47.     hids_init_obj.p_outp_rep_array                 = er.output_report_array; \
48.     hids_init_obj.feature_rep_count                = er.feature_report_used; \
49.     hids_init_obj.p_feature_rep_array              = er.feature_report_array; \
50.     hids_init_obj.rep_map.data_len                 = sizeof(report_map_data ## _index); \
51.     hids_init_obj.rep_map.p_data                   = report_map_data ## _index; \
52.     hids_init_obj.hid_information.bcd_hid          = BASE_USB_HID_SPEC_VERSION; \
53.     hids_init_obj.hid_information.b_country_code = 0; \
54.     hids_init_obj.hid_information.flags            = hid_info_flags; \
55.     hids_init_obj.included_services_count          = 0; \
56.     hids_init_obj.p_included_services_array        = NULL; \
57.     hids_init_obj.rep_map.rd_sec                   = SEC_JUST_WORKS; \
58.     hids_init_obj.hid_information.rd_sec           = SEC_JUST_WORKS; \
59.     err_code = ble_hids_init(&m_hids ## _index, &hids_init_obj); \
60.     APP_ERROR_CHECK(err_code); \
61.     er.input_report_array = &er.input_report_array[er.input_report_used]; \
62.     er.input_report_size -= er.input_report_used; \
63.     er.input_report_used = 0; \
64.     er.output_report_array = &er.output_report_array[er.output_report_used]; \
```

```
65.        er.output_report_size -= er.output_report_used; \
66.        er.output_report_used = 0; \
67.        er.feature_report_array = &er.feature_report_array[er.feature_report_used]; \
68.        er.feature_report_size -= er.feature_report_used; \
69.        er.feature_report_used = 0; \
70.
71.    FOREACH_HID_INSTANCE(HID_LOCAL_STATEMENT)
72.    #undef HID_LOCAL_STATEMENT
73.    }
```

为每个 HID 实例构建独立的事件响应方法。由于只需响应特性写入事件，已将原有的 on_hid_rep_char_write 方法相应的逻辑实现于 on_hids_evt 方法内部。

```
1.    #define HID_LOCAL_STATEMENT(_index,_tag) \
2.    static void on_hids_evt ## _index(ble_hids_t * p_hids, ble_hids_evt_t * p_evt) \
3.    { \
4.        if (p_evt->evt_type == BLE_HIDS_EVT_REP_CHAR_WRITE) \
5.        { \
6.            switch (p_evt->params.char_write.char_id.rep_type) \
7.            { \
8.            case BLE_HIDS_REP_TYPE_OUTPUT: \
9.                { \
10.                   uint8_t data[HidMaxOutputReportSize(_tag)]; \
11.                   uint8_t  report_id = p_evt->params.char_write.rep_id; \
12.                   uint16_t len = p_evt->params.char_write.offset + p_evt->params.
    char_write.len; \
13.                   data[0] = report_id; \
14.                   if (ble_hids_outp_rep_get_by_report_id(&m_hids ## _index, report_
    id, len, 0, m_conn_handle, &data[1]) == NRF_SUCCESS) \
15.
16.                 { \
17.                       HidOutputReport(_tag)(&hid ## _index, data, len + 1); \
18.                   } \
19.               } \
20.               break; \
21.           case BLE_HIDS_REP_TYPE_FEATURE: \
22.               { \
23.                   uint8_t data[HidMaxFeatureReportSize(_tag)]; \
24.                   uint8_t  report_id = p_evt->params.char_write.rep_id; \
25.                   uint16_t len = p_evt->params.char_write.offset + p_evt->params.
    char_write.len; \
26.                   data[0] = report_id; \
27.                   if (ble_hids_feature_rep_get_by_report_id(&m_hids ## _index, re-
    port_id, len, 0, m_conn_handle, &data[1]) == NRF_SUCCESS) \
28.                   { \
29.                       HidSetFeatureReport(_tag)(&hid ##_index, report_id, data, len + 1);\
30.                   } \
31.               } \
32.               break; \
33.           } \
34.       } \
```

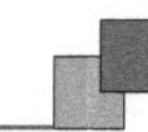

```
35.    }
36.    FOREACH_HID_INSTANCE(HID_LOCAL_STATEMENT)
```

细节请参考源代码 $ \source\nRF52840－DK\main.c。

## 20.7　平台调用

本节使用一个 nRF5 SDK 库提供的应用程序时钟(Application Timer)实现计时，样例中它已被用于实现定时任务。我们使用它定义一个计时任务实现挂起系统延迟，并使用它获取当前时刻、计算时间间隔。计时任务无需任何行为，仅用于提供一个中断以唤醒系统。

应用程序时钟使用了外设 RTC(Real Time Counter，实时计数器)，它的运行频率被配置为 16 384 Hz，精度为 1/16 384 s≈0.061 ms，该值是每次以整数毫秒做时刻平移计算时可能附加的最大误差，也是时刻表示数值的最大误差。时刻表示方法、时间间隔计算方法都已由库实现。这里不应使用芯片提供的 TIMER(计时器)外设，因为它的时钟源是高速时钟，SoftDevice 在系统空闲时可能会停用高速时钟以获得低功耗；而 RTC 的时钟源是低速时钟，它总是保持运行。。

平台调用逻辑直接实现在 main.c 内。

**获取当前时刻：** 调用 app_timer_cnt_get 方法实现。

**平移时刻：** 调用 app_timer_cnt_get 方法并在结果上附加数值。

**获取时间差：** 调用 app_timer_cnt_diff_compute 方法并换算实现。

**挂起系统：** 启动一个计时任务并调用 idle_state_handle 方法以处理任务和事件，系统事件产生后则立即返回，如果没有系统事件，该计时器任务保证超时后触发一个中断实现返回。

定义一个计时任务。

```
1.    APP_TIMER_DEF(m_act_timer_id);
```

在 timers_init 方法内初始化以上计时任务，配置为每次启动后单次触发。无需回调方法，但库不支持传入空指针，因此传入一个空方法。

```
1.        // Create action timer.
2.        err_code = app_timer_create(&m_act_timer_id,
3.                                    APP_TIMER_MODE_SINGLE_SHOT,
4.                                    dummy_timeout_handler);
5.        APP_ERROR_CHECK(err_code);
```

实现平台调用方法。Idle 内部启动计时任务，当目标时长过短时则不启用休眠并尽快返回。

```
1.    static UInt64 getTimeNow(Void * destination)
2.    {
3.        return app_timer_cnt_get();
4.    }
5.    static UInt64 increaseTime(Void * destination, UInt64 base, UInt32 timeSpan)
6.    {
```

```
7.          return base + APP_TIMER_TICKS(timeSpan);
8.      }
9.      static UInt32 getTimeSpan(Void * destination, UInt64 base)
10.     {
11.         return app_timer_cnt_diff_compute(app_timer_cnt_get(), base) * 1000 * (APP_TIM-
    ER_CONFIG_RTC_FREQUENCY + 1) / APP_TIMER_CLOCK_FREQ;
12.     }
13.     static Void idle(Void * destination, UInt32 maxTimeSpan)
14.     {
15.         uint32_t ticks;
16.
17.         ticks = APP_TIMER_TICKS(maxTimeSpan);
18.         if (ticks < APP_TIMER_MIN_TIMEOUT_TICKS)
19.         {
20.             app_sched_execute();
21.             if (NRF_LOG_PROCESS() == false)
22.             {
23.             }
24.         }
25.         else
26.         {
27.             app_timer_stop(m_act_timer_id);
28.             app_timer_start(m_act_timer_id, ticks, Null);
29.             idle_state_handle();
30.         }
31.     }
```

## 20.8 模拟用户行为

检测到按键按下时开始模拟用户行为，逻辑实现于main.c内。由于按键按下事件的调用栈在idle_state_handle内部，而执行模拟时空闲状态也要调用idle_state_handle，因此避免在按键按下事件时直接调用模拟。定义一个标记变量，检测到按键按下时标记，系统空闲时根据该标记变量启动模拟。

```
1.    static boolact_required_or_running = false;
```

在ble_evt_handler方法内设置使BLE连接时清除标记（代码有部分省略）。

```
1.        case BLE_GAP_EVT_CONNECTED:
2.            act_required_or_running = false;
```

在bsp_event_handler方法内设置使按键按下时设置标记。

```
1.            case BSP_EVENT_KEY_0:
2.                if (m_conn_handle != BLE_CONN_HANDLE_INVALID)
3.                {
4.                    act_required_or_running = true;
5.                }
6.                break;
```

主循环检测以上按键状态，并在发现按键事件后启动模拟用户行为过程。

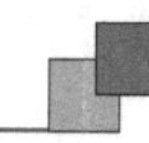

```
1.      for (;;)
2.      {
3.          if (act_required_or_running != false)
4.          {
5.              Act(&pi, &hch);
6.          }
7.          act_required_or_running = false;
8.          idle_state_handle();
9.      }
```

完整的实现源代码参考 $\source\nRF52840-DK\main.c。

## 20.9 框架实现方式

本节简单介绍 nRF52 系列芯片工程的基本逻辑结构，在 main 方法被调用之前，SystemInit 方法已被调用。Cortex-M 内核芯片的启动由中断向量表内的 Reset_Handler 开始，常见的 Cortex-M 平台开发工具都会在框架或默认生成的代码里实现为 Reset_Handler 方法内调用 main 方法，以使其符合 C 语言的规范(自 main 方法启动)。Reset_Handler 实现在 None\ses_startup_nrf_common.s 内，其中先后调用了 SystemInit 和 main。

SoftDevice 有不同的规格，根据目标芯片和所需功能选用对应的规格，一个芯片中同时只能存在至多 1 个 SoftDevice，本例中使用的是 S140。SoftDevice 使能后所需运行的逻辑都在中断中实现，需要用户处理事件时将触发 SD_EVT 或 RADIO_NOTIFICATION 中断，只要实现对应的中断函数即可捕获事件。事件发生后，用户通过 sd_ble_evt_get 或 sd_evt_get 等方法可以获得事件的详细信息。用于 BLE 的 SoftDevice 在启动之前需要通过 nrf_sdh_ble_default_cfg_set 方法配置其功能和参数，然后通过 nrf_sdh_ble_enable 方法使能。调用 nrf_sdh_ble_enable 方法时需传入一个地址，表示内存中该地址之前的内存区域被 SoftDevice 用作内存池，该内存池容量不足时方法会失败。工程中内存池长度由 flash_placement.xml 文件和链接宏 RAM_START 决定，该值由链接过程生成符号传递至以 C 语言为源代码的模块内。SoftDevice 提供功能的同时也占用了一定的系统资源，例如它限制了用户访问存储器的外设同时也提供了访问存储器的接口。具体的功能列表和资源占用情况应当参考相应规格的 SoftDevice 规格书(SoftDevice Specification)。

样例中存在多个事件分发机制，以下以 BLE 事件为例。文件 nrf_sdh_ble.h 内提供了宏 NRF_SDH_BLE_OBSERVER 用于注册一个方法，该宏可以传入一个名称、优先级、回调方法、上下文，它将作为一个结构实例被置于代码段的 sdh_ble_observers 区内并按优先级排序①。负责分发事件的 nrf_sdh_ble_evts_poll 方法在文件 nrf_sdh_ble.c 内，它将从上述代码段对应区间逐个读出所有已注册的方法实施调用。

① 仅表示编译器/链接器为 GCC/GNU 的场景，其他场景实现方法略有不同。

Nordic 可能没有为自行新建工程的开发者做充分准备，主流开发者也没有选用这种方式。因此，作者不建议初学者自行构造工程，直接在样例工程做调整实现功能比较可靠。

## 20.10 低级别构建

如果开发者能完全理解 C 语言源代码（尤其是宏的运用和方法回调）、能读懂汇编代码、理解编译原理、了解面向对象思想、理解 Cortex – M 内核架构，或理解多数时，可以以学习为目的，从新建工程开始使用 nRF5 SDK 构建工程。开发中可能需要克服一些鲜为人知的问题，生成的固件和基于样例修改出的固件不会有区别，仅工程文件在开发环境下占用磁盘空间会减少。这样做的意义主要在于提升开发者对框架实现方式的理解、对 BLE 流程和状态的理解，当然结果是因人而异的。

模板代码与样例存在不一致。例如模板 $\config\nrf52840\config\sdk_config.h 和样例 $examples\ble_peripheral\ble_app_hids_keyboard\pca10056\s140\config\sdk_conifg.h 的内容存在明显差异，前者是不完整的；用于构造中断向量表和默认中断处理方法的 ses_startup_nrf52840.s 在 SES（使用 nRF MDK）生成的工程中和 nRF5 SDK 样例中的版本不同。新建工程使用模板文件时，部分源代码可能需要额外的修改。

库代码中至少使用了两种事件分发方式。一种是前文提到的将事件响应代码写入指定代码段。这种方法显然是需要编译器（链接器）特性支持的，只阅读 C 语言代码是无法了解该调用关系的。这种方式有助于各模块灵活组合，但对于代码阅读、开发、编译器优化来说都是相当大的负担。另一种是提供一个数组承载回调方法，并动态注册。这种方法总是消耗固定的空间，注册数量不足则浪费空间，注册数量过多则无法实现，总是保持准确的注册数量则需要开发者保持关注注册逻辑调用和数组长度的关系。

库代码模块不清晰，彼此间耦合性强，存在大量交叉依赖，因此有针对性地引用部分功能模块或资源模块时很难恰到好处地使用必要的源文件。另一方面，如果全部加入工程，寄望于编译器自动优化掉未引用的代码，也是不可取的。原因是前文所述的基于代码分布、依赖编译器和链接器的事件分发方式，一个事件响应方法代码只要参与编译，就会被调用，会造成代码空间浪费，甚至可能因为未初始化而导致行为异常。因此总是要谨慎地选择加入工程的源代码，使其满足功能。

库代码中使用了大量的宏判定，并且使用了许多宏连接符号，一旦编译失败，很难迅速定位到问题。编译发生错误的地方不是真正出错的地方，而是由某个宏与设计不一致导致，而宏连接符号的大量使用导致全局搜索宏名甚至可能一无所获。如果编译成功但运行结果异常，定位到问题的难度将倍增。

库代码中很多场景依赖全局变量默认值，这些默认值依赖汇编语言编写的启动代码，它提高了理解代码的门槛，既要理解 C 语言代码，又要理解汇编语言代码，还要理解编译原理。

nRF5 SDK 提供的 C 语言源代码需要以 GCC 为编译器、提供的链接配置文件仅支

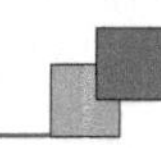

持 GNU 为链接器，但与 SES(使用 nRF MDK)生成的工程默认状态不符。SES 生成的工程默认编译器为 SEGGER，但可以在生成过程中更改配置为 GCC；链接器为SEGGER，只能在生成后改为 GNU。并且 SES 生成的工程中，用于启动的汇编文件仅支持 SEGGER 链接器，需要自行替换为支持 GCC 的版本。

库中许多行为的构造方式取决于参数数据。例如构造广告数据过程中，文件 ble_advdata.c 中有 ble_advdata_encode 方法用于构造广告数据。如果希望广告数据不含 tx_power 字段，需要使传入参数的 p_tx_power_level 成员字段为空，但代码运行之前编译器很难发现这点，因此用于构造 tx_power 字段的代码无法被编译器优化至消失，将造成代码空间浪费。类似的还由 HID 服务构造过程中的引导协议(Boot protocol)等。

库代码中存储配对、绑定等信息的逻辑实现于 fds 模块内，它从设备寄存器内读取了 flash 大小并使用了末尾部分作为存储空间。这里没有使用链接器导出符号的方式指派存储空间，那么编译链接结果过大，或是 flash 尾部区域被用作其他用途时，都是存在风险的，并且这个风险不会在编译链接过程中被感知到。开发者如果用到自定义数据存储功能，务必了解这一点。

由于库代码中的事件分发、转发，调用栈也造成了一定程度的性能和资源开销。图 20－4 所示是一个调试场景下的调用栈，从中可以看出，共有 23 层调用，其中 14 层是在分发或转发事件(以参数表中存在 evt 或类似参数为计数依据)。

**图 20－4　调用栈**

库代码中还存在大量日志输出，它占用了硬件资源、代码存储空间资源、运行时间(功耗)资源。如果关闭日志输出，须将 NRF_LOG_ENABLED 宏定义为 0。即使在样例中，仅使用 Release 编译仍然不能彻底消除调试信息的资源占用。

此外，库代码中还存在一些错误和缺陷，前文构造 HID 设备过程有所提及。

作者认为芯片和 SoftDevice 的规格书相当详细和准确，而 nRF5 SDK 附加的库文档和代码的质量都只能算差强人意。建议开发者在实际开发中离开 nRF5 SDK 的库，仅依赖芯片和 SoftDevice 规格书以及少量 C 语言头文件，自行实现功能。这样能大幅减少代码空间占用和性能开销，减少固件在设备中的空间占用，降低 BLE 设备功耗，对于许多使用 BLE 的场景来说，功耗都是一个重要的指标。其中芯片驱动的代码文件可能仍需从 nRF5 SDK 包中取得。

# 参考文献

[1] USB Implementers' Forum. Universal Serial Bus (USB)-Device Class Definition for Human Interface Devices (HID) [EB/OL]. https://www.usb.org/sites/default/files/hid1_11.pdf.

[2] USB Implementers' Forum. USB 2.0 Specification [EB/OL]. https://www.usb.org/sites/default/files/usb_20_20211008.zip.

[3] Microsoft Corporation. Windows Language Code Identifier (LCID) Reference [EB/OL]. https://winprotocoldoc.blob.core.windows.net/productionwindowsarchives/MS-LCID/%5bMS-LCID%5d.pdf.

[4] Bluetooth SIG. BLUETOOTH SPECIFICATION Version 5.0 [EB/OL]. https://www.bluetooth.org/docman/handlers/DownloadDoc.ashx? doc_id=421043.

[5] Bluetooth SIG. HID OVER GATT PROFILE SPECIFICATION [EB/OL]. https://www.bluetooth.org/docman/handlers/downloaddoc.ashx? doc_id=245141.

[6] Linux Kernel Organization, Inc.,. uhid.h [EB/OL]. https://git.kernel.org/pub/scm/linux/kernel/git/stable/linux.git/tree/include/uapi/linux/uhid.h? h=v4.19.225.

[7] Linux Kernel Organization, Inc.,. uhid.c [EB/OL]. https://git.kernel.org/pub/scm/linux/kernel/git/stable/linux.git/tree/drivers/hid/uhid.c? h=v4.19.225.

[8] Linux Kernel Organization, Inc.,. hid-core.c [EB/OL]. https://git.kernel.org/pub/scm/linux/kernel/git/stable/linux.git/tree/drivers/hid/usbhid/hid-core.c? h=v4.19.225.

[9] Microsoft Corporation. HID Over I2C Protocol Specification [EB/OL]. https://download.microsoft.com/download/7/d/d/7dd44bb7-2a7a-4505-ac1c-7227d3d96d5b/hid-over-i2c-protocol-spec-v1-0.docx.

[10] NXP Semiconductors. I2C-bus specification and user manual [EB/OL]. https://www.nxp.com/docs/en/user-guide/UM10204.pdf.

[11] Microsoft Corporation. HID Over SPI Protocol Specification [EB/OL]. https://download.microsoft.com/download/c/a/0/ca07aef3-3e10-4022-b1e9-c98cea99465d/HidSpiProtocolSpec.pdf.

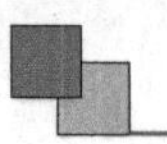



[12] USB Implementers' Forum. HID Usage Tables FOR Universal Serial Bus (USB) [EB/OL]. https://www.usb.org/sites/default/files/hut1_22.pdf.

[13] Jan Axelson. USB 开发大全[M]. 4 版. 李鸿鹏,郑瑞霞,陈香凝,等译. 北京：人民邮电出版社,2011.1.

[14] Robin Heydon. 低功耗蓝牙开发权威指南[M]. 陈灿峰,刘嘉,译. 北京：机械工业出版社,2014.6.

[15] Joseph Yiu. The Definitive Guide to ARM Cortex-M3 and Cortex-M4 Processors[M]. Newnes, 2014.